常用电器及安全用电知识 360 问

张万奎　张　振　编著

中国建筑工业出版社

图书在版编目（CIP）数据

常用电器及安全用电知识 360 问/张万奎，张振编著.
北京：中国建筑工业出版社，2014.9
　ISBN 978-7-112-16675-6

　Ⅰ．①常…　Ⅱ．①张…②张…　Ⅲ．①安全用电-
问题解答　Ⅳ．①TM92-44

中国版本图书馆 CIP 数据核字（2014）第 073331 号

　　　本书共 5 章，计 360 个问题，采用问答形式，以图表配合文字，主要介绍
了安全用电、电气照明、家用电器、汽车电器和节约用电方面的知识。
　　　本书解读了正确使用用电器具和节约用电的方法，回答了预防触电、预防
电气火灾、电子式电能表的应用、节能灯的汞污染、LED 灯的蓝光、变频空
调节电、汽车电子防盗、电动汽车运营等问题，重点讲述了安全用电知识。
　　　本书是一本家庭生活指导用书，也适合电气工作人员使用。

责任编辑：张文胜　姚荣华
责任设计：董建平
责任校对：陈晶晶　刘梦然

常用电器及安全用电知识 360 问
张万奎　张　振　编著
*
中国建筑工业出版社出版、发行（北京西郊百万庄）
各地新华书店、建筑书店经销
霸州市顺浩图文科技发展有限公司制版
北京云浩印刷有限责任公司印刷
*
开本：880×1230 毫米　1/32　印张：9⅞　字数：280 千字
2014 年 10 月第一版　　2014 年 10 月第一次印刷
定价：**25.00** 元
ISBN 978-7-112-16675-6
（25465）

前　言

新型工业化、信息化、城镇化、农业现代化对电力工业的发展提出了新的要求。2013 年，我国发电装机容量为 12.47 亿千瓦，全年发电量为 52451 亿千瓦，均位列世界第一。

随着国民经济的稳定发展和人们生活水平的不断提高，生产生活用电需求也显著增长。2013 年，我国用电量达 52323 亿千瓦，其中，第一产业用电 1014 亿千瓦，第二产业用电 39143 亿千瓦，第三产业用电 6273 亿千瓦。居民生活用电 6793 亿千瓦，各项用电量都比 2012 年有明显增长。

电能的应用与普及给人们生活质量以及社会的发展产生了不可估量的作用，与人们的生活及电气设备的运行密切相关；另一方面，电能的普及对用电安全也提出了更高的要求。确保用电安全，减少因人为因素造成的电气事故发生，降低电气事故造成的经济损失，显得更加重要。因此，有必要普及安全电压、电气安全工具使用、接地与接零的作用、防止雷击、防止电气火灾、防止触电以及触电急救等安全用电知识。

电气照明在现代社会中起着十分重要的作用，节能灯、LED 等新型光源应用越来越多，我国照明用电约占全国发电量的 14%；家庭中央空调、电取暖器、厨房电器等大功率家用电器产品大量进入家庭，这就需要合理选择和安全使用这些家用电器。

在现代汽车上，燃油喷射控制、点火提前角控制、发动机怠速控制、防抱死制动控制、自动变速器控制、动力转向控制、安全气囊控制、汽车防盗控制、汽车巡航控制、车轮防滑转控制、卫星定位与导航控制等已得到普及，也需要安全使用这些汽车电器。

随着电能的广泛应用，对电的需求量正在快速增长。因此，节约用电是整个节约能源工作中十分重要的一环。有人将节能列在煤炭、石油与天然气、水利、新能源之后，称为第五大能源。我国高度重视节能工作，节约和替代石油、燃煤工业锅炉（窑炉）改造、区域热电联产、余热余压利用、电机系统节能、能量管理系统、建筑节能、绿色照明、政府机构节能、节能监测和技术服务体系建设等十大节能工程，先后列入"九五"、"十五"节能重点领域和"十一五"、"十二五"重点节能工程。

在编写本书的过程中，参考了大量的文献和技术资料。在此，对这些作品和技术书籍的所有作者的辛勤劳动，表示衷心的感谢。

由于编写者的能力和水平所限，书中疏漏和不当之处在所难免，敬请读者批评指正。

张万奎　张一振

2014 年 3 月

4

目　　录

6

第1章　安全用电

1.1　安全电压

？1. 什么是电流？什么是电压？

（1）电流。电荷有规则的流动称为电流。金属中自由电子的定向流动，液体或气体中正、负离子在相反方向上的流动都形成电流。电流的周围存在磁场，电流通过电路时使电路发热，电流通过电解质时引起电解，这些都证明了电流的存在。

电流用符号 I 表示，单位为 mA，A，kA。

（2）电压。在电路中，由于电源中电动势的作用，使电源的一端聚集正电荷，另一端聚集负电荷，形成电源的正极和负极。规定正极电位高，负极电位低。在正、负极之间连接上负载，组成闭合回路后，电流就会从高电位的正极经负载流向低电位的负极。正极与负极之间的电位差称为电压。

电压用符号 U 表示，单位为 mV，V，kV。

电压与电动势概念不同。电动势是指电源内部的一种非静电作用，它能推动正电荷不断地从低电位运动至高电位，电动势的方向是从负极指向正极，即电位升高的方向。而电压是指电路中任意两点间的电位高低之差，电压的方向是从高电位指向低电位，即电位降低的方向。

？2. 什么是电阻？

电阻可以理解为物体对电流通过所呈现的阻力。不同物质的电阻差别很大，金属的电阻较小，其电阻值随着温度的升高而增大；绝缘物的电阻很大；半导体电阻的大小介于金属和绝缘体之间，并随温度的升高而显著减小。

电路中某两点间在一定电压作用下决定电流大小的物理量称为电阻。电阻用符号 R 表示，单位为 Ω，$k\Omega$，$M\Omega$。

在一段不含电源的电路中，流过电阻 R 的电流 I 与电阻两端的电压 U 成正比，这就是部分电路欧姆定律：

$$I=\frac{U}{R} \tag{1-1}$$

同一种材料对电流的阻力，主要取决于导体的长度 L 和截面积 S。如果截面积相同，则导体越长，电阻越大；如果长度相同，则截面积越大，电阻越小。即：

$$R=\rho\frac{L}{S} \tag{1-2}$$

式中 ρ——电阻率，$\Omega\cdot mm^2/m$。

3. 什么是交流电的频率？

交流电从零开始增加到正的最大值，又减小到零；接着达到负的最大值，再回到零。这个过程为交流电的一个循环。交流电完成一个循环所需要的时间称为周期，周期用符号 T 表示。单位时间（1s）内交流电变化的周期数称为交流电的频率。

频率用符号 f 表示，单位为 Hz。频率与周期的关系为：

$$f=\frac{1}{T} \tag{1-3}$$

50Hz 或 60Hz 的交流电为工业频率交流电，300kHz 到 3000kHz 的频率为中频，而高频是指频带由 3MHz 到 30MHz 的无线电波。图 1-1 为单相正弦交流电的波形图，图中的交流电为一个半周期。

4. 什么是电功率？什么是电能？

（1）电功率。电源力在单位时间内所作的功称为电功率。电功率反映了电场力移动电荷作功的速度。直流电路中电功率用符号 P 表示，单位为 W，kW。电功率的表达式为：

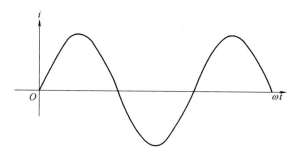

图 1-1　单相正弦交流电波形

$$P=UI \tag{1-4}$$

在单相交流电路中，功率分为有功功率、无功功率和视在功率。其表达式分别为：

$$P=UI\cos\varphi \tag{1-5}$$

$$Q=UI\sin\varphi \tag{1-6}$$

$$S=UI \tag{1-7}$$

式中　P——有功功率，kW；

Q——无功功率，kVAR；

S——视在功率，kVA。

$\cos\varphi$——功率因数。

（2）电能。电源力在一段时间内所作的功称为电能。电能用符号 A 表示，单位为 kWh。电能的表达式为：

$$A=UIt \tag{1-8}$$

5. 什么是安全电流? 安全电流主要与哪些因素有关?

人体触电后最大的摆脱电流称为安全电流。各国规定的安全电流值不完全一致，我国取 30mA（50Hz 交流）为安全电流值，但是触电时间按不超过 1s 计，因此安全电流值也称为 30mAs。如果通过人体电流不超过 30mAs 时，对人体不会有损伤；如果通过人体电流达到 50mAs 时，对人体就有致命危险；如果通过人体电流达到 100mAs 时，则一般要致人死命。100mA 也称为致命电流。

安全电流主要与下列因素有关：

（1）触电时间。触电时间在 0.2s 以下和 0.2s 以上，电流对人体的危害是大有差别的。触电时间超过 0.2s 时，致颤电流值将急剧降低。

（2）电源性质。试验表明，直流、交流和高频电流通过人体的危害程度是不同的，通常以 50～60Hz 的工频电流对人体的危害最为严重。

（3）电流路径。电流对人体的伤害程度，主要取决于心脏受损的程度。试验表明，不同路径的电流对心脏有不同的损害程度，而以电流从手到脚，特别是从一手到另一手对人最为危险。

（4）健康状况。健康人的心脏和衰弱病人的心脏对电流损害的抵抗能力是大不一样的。人的心理状态、情绪好坏以及人的体重等，也使电流对人的危害程度有所差别。

6. 什么是安全电压？

一般情况下，高压、低压和安全电压是这样规定的：

（1）高压。对地电压在 250V 以上的称为高压。在直流系统中，550V 即为高压，正负 500kV 为超高压，正负 800kV 及以上就是特高压了。

在交流系统中，6kV、10kV、110kV、220kV 为高压，交流 500kV、750kV 为超高压，1000kV 及以上就是特高压了。

（2）低压。对地电压为 250V 及以下的称为低压。直流系统中的 220V、110V，交流系统中的 220V、三相四线制和三相五线制中的 380/220V 中性点接地系统均为低压。

（3）安全电压。安全电压是相对于高压和低压而言的。安全电压是指不致使人直接致死或致残的电压。我国国家标准《安全电压》GB 3805—1983 规定的安全电压等级见表 1-1。表 1-1 中所列空载上限值电压，主要是考虑到某些重载的电气设备，其额定电压虽符合规定，但其空载电压很高，如超过规定的上限值，仍不能认为符合安全电压标准。

安全电压　　　　　　　　　　　　　　　　　　　表 1-1

安全电压(交流有效值)(V)		选用举例
额定值	空载上限值	
42	50	在有触电危险的场所使用的手持式电动工具等
36	43	在矿井、多导电粉尘等场所使用的行灯等
24	29	可供某些具有人体可能偶然触及的带电体设备选用
12	15	
6	8	

🔧 7. 人体的电阻值一般是多少?

人体电阻由皮肤电阻和体内电阻构成,皮肤电阻占较大比例。皮肤受到破坏后,人体电阻急剧下降到体内电阻。影响人体电阻的因素很多,如:人的皮肤厚薄,皮肤潮湿、多汗、有损伤,人体带有导电性粉尘。人体电阻还与通过人体电流大小、通电时间长短、接触面积大小、接触压力大小有关。此外,心理因素对人体电阻也有较大影响,越是害怕,人体电阻下降越多。

在干燥情况下,人体电阻可按 $1000 \sim 2000\Omega$ 来考虑。曾有电力工作者对人体电阻值进行过实测,实测值见表 1-2。

人体电阻实测值（单位：Ω）　　　　　　　表 1-2

序号	被测人体特征	一手对一脚	一手对两脚	两手对两脚
1	中等身材的中年工人	2550	2100	1420
2	中等身材的青年工人	2780	2100	1650
3	中等身材的青年退伍军人	2420	2170	1450
4	稍胖身材的中年干部	2820	2030	1490
5	稍瘦身材的中年干部	2640	2460	1790
6	中等身材身上有汗的干部	2400	1900	1220
7	较高身材的中年女干部	2850	2300	1700
8	较高较瘦的干部	2880	3100	2050
9	身材矮的中年女干部	2900	2160	1700
10	中等身材特瘦干部	3200	3000	2000

8. 安全电压主要与哪些因素有关？各级电压带电体的安全距离是多少？

从电气安全的角度来说，安全电压与人体电阻有关。人体电阻由体内电阻和皮肤电阻两部分构成。体内电阻约为 500Ω，与接触电压无关。皮肤电阻随皮肤表面的干湿洁污状态及接触电压而变。从人身安全的角度考虑，人体电阻一般取下限值 1700Ω（平均值为 2000Ω）。

由于安全电流为 30mA，人体电阻取 1700Ω，因此，根据式 (1-1) 所示部分电路的欧姆定律，得：

$$U=IR \tag{1-9}$$

一般人体允许持续接触的安全电压为：$30mA \times 1700\Omega = 50V$。

在邻近带电部分进行电工操作时，一定要保持可靠的安全距离。在干燥和无导电气体与尘垢的环境中，人与各级电压带电体相隔的安全距离，如表 1-3 所示。

各级电压带电体的安全距离　　　　　　　　表 1-3

带电体电压等级（kV）	相隔的安全距离（m）	
	无遮拦	有遮拦
0.4 及以下	0.3	
6～10	0.7	0.35
35	1.0	0.6
110	1.5	1.0
220	3.0	2.0

1.2　接地与防雷

9. 什么是电气上的"地"？

"地"一般指大地。由于大地内含有水分等物质，因此它是能够导电的。当一根带电的导线与大地接触时，便会形成以接触点为球心的半球形"地电场"。离接地点越近，电阻越大；离接地点越远，电阻越小。一般在距离接地点 20m 及以外的地方，已经是零电位了。而这些为零电位的地方，就是电气上的"地"。

地有参考地和局部地之分，参考地视为导电的大地部分，不受接地极影响，将其约定为零。电气上的"地"是指点电位等于零的参考地。

🔧 10. 什么是接地?

电气设备的某部分与大地之间有良好的电气连接，称为接地。埋入地中并直接与大地接触的金属导体，称为接地体；连接于接地体与电气设备之间的金属导线称为接地线，接地体和接地线统称为接地装置。接地体和接地线都可以分为自然和人工两大类。

试验表明，在距单根接地体或接地故障点约 20m 的地上，其电位趋近于零。

可以用作自然接地体和自然接地线的金属物件有:

(1) 埋设在地下、除去有可燃性或爆炸性介质之外的金属管道。

(2) 金属井管。

(3) 与大地可靠连接的建筑物和构筑物的金属结构。

(4) 水下构筑物的金属桩、分流管等。

值得注意的是，埋入地下的金属自来水管，在诸多管接头并且在接头处填充着非导电性材料，接触电阻较大，影响电气通路的导电性；此外，在地下金属自来水管的接头部位，很难装设跨接线，因此自来水管不能用作自然接地体。

可以用作自然接地线的金属物有:

(1) 建筑物的金属结构及设计规定的混凝土结构内部的钢筋。

(2) 起重机轨道或构架、电缆竖井、运输皮带钢梁、除尘器构架、配电装置外壳等生产用金属结构。

(3) 除通信电缆之外的电缆的金属架构及铅、铝包皮。

(4) 配线钢管。

人工接地装置可以采用的材料有角钢、钢管、圆钢、扁钢，特殊要求下也可以用电解铜。用一根长 2500mm 的 2″钢管，或者 2500mm×50mm×5mm 的等边角钢作为接地体，打入黑黏土质地下 800m 处的接地电阻约为 10～16Ω。

11. 什么是对地电压？什么是接地电流？

（1）对地电压。电气设备的接地部分与"大地"之间的电压称为对地电压，这是指已接地的电气设备及接地体、接地线等与"大地"间的电压。对地电压如图 1-2 中 U_E 所示。

（2）接地电流。当电气设备发生接地故障时，电流就通过接地体向大地呈半球形散开，这一电流称为接地电流，用 I_E 表示。由于半球形的球面，在距接地体越远的地方球面越大，因此，距接地体越远的地方，散流电阻越小，其电位分布曲线如图 1-2 所示。

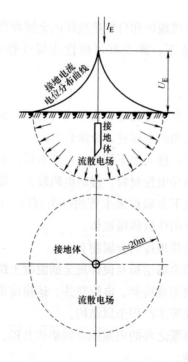

图 1-2　对地电压及接地电流分布曲线

12. 什么是接触电压？什么是跨步电压？

（1）接触电压。接触电压是指电气设备的绝缘损坏时，在身体可同时触及的两个部分之间出现的电位差。例如人站在发生接地故障的电气设备旁边，手触及设备的金属外壳，则人手与脚之间所呈现的电位差，即为接触电压，如图 1-3 中的 U_{tou}。

接触电压的大小与设备离开接地体的远近有关，设备离开接地体越近，接触电压就越小；设备离开接地体越远，接触电压就越大。

（2）跨步电压。跨步电压是指在接地故障点附近行走时，两脚之间出现的电位差。跨步电压如图 1-3 中的 U_{step}。在带电的断落导线的落地点附近及雷击时防雷装置泄放雷电流的接地体附近行走时，同样也会出现跨步电压。

跨步电压的大小与离开接地故障点的远近及跨步的大小都有关，越靠近接地故障点，或跨步越大，则跨步电压越大；越远离接地故障点，或跨步越小，则跨步电压越小；当离接地故障点 20m 及以上时，跨步电压为零。

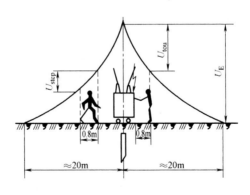

图 1-3　接触电压和跨步电压

13. 接地方式有哪些？什么是中性点、中性线、零点、零线？

接地的主要作用是保护人身和设备的安全，因此，电气设备需要采取接地措施。

根据接地目的的不同，接地分为保护接地、工作接地、重复接地、防雷接地、保护接零、专用保护零线等。

当三相电源或三相负载为星形连接时，将其尾端的公共连接点称为中性点。由中性点引出的导线称为中性线（N）。如果中性点与接地装置直接相连，则该中性点称为零点。从零点引出的导线称为零线。

电源端的零线按用途可分为：

（1）工作零线（PN）：其功能是用来连接采用额定电压为系统相电压的用电设备，还可以传导三相系统中的不平衡电流和单相电流，减小负荷中性点的电位偏移。

（2）保护零线（PE）：为保障人身安全、防止发生触电事故用的接地线。系统中所有设备的外露可导电部分通过保护线接地，可在设备发生接地故障时减小触电危险。

（3）工作和保护零线（PEN）：兼有工作零线（PN）和保护零线（PE）的功能。

14. 低压供配电系统的中性点工作制度有哪些方式?

低压供配电系统的中性点工作制度（接地方式）是指中性点是否接地。中性点接地方式分为中性点接地系统和中性点绝缘系统两大类，中性点接地系统是指将中性点采用接地装置直接接地；而中性点绝缘系统是指点中性点不接地或通过高阻抗接地。根据国际电工委员会 IEC 标准规定，按照中性点接地方式划分，低压供配电系统可分为 IT 系统、TT 系统和 TN 系统三种。

（1）IT 系统。IT 系统是指电源系统的带电部分不接地或中性点通过高阻抗接地，电气装置和设备的外露可导电部分通过保护导体连接到接地装置上，如图 1-4 所示。

当 IT 系统发生对电气装置和设备外露可导电部分或者对地的单一故障时，其故障电流较小。但当同时存在两个故障时或者在线路较长、绝缘水平较低的情况下，电击的危险性很大。采用 IT 系统时，电气装置和设备的任何带电导体不应直接接地，任何外露可导电部分应单独接地或成组地集中接地，并满足对地电压不高于50V 交流或 120V 直流的规定要求。同时还需装设绝缘监视器、过电流保护器和剩余电流动作电流保护器等保护装置。

IT 只在有的矿山井下配电采用。

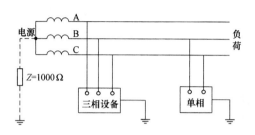

图 1-4　IT 系统保护原理图

（2）TT 系统。TT 系统是电源系统的中性点直接接地，电气装置和设备中的所有外露可导电部分通过保护导体一起连接至这些部分共用的接地装置上，如图 1-5 所示。

当某一电气装置和设备内的导体与保护导体或外露可导电部分之间发生零阻抗故障时，其外露可导电部分存在着低于相电压的危险电压。采用 TT 系统，应装设剩余电流动作保护器或过电流保护器来限制故障持续时间，允许切断时间不大于 1s。

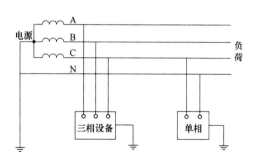

图 1-5　TT 系统保护原理图

（3）TN 系统。TN 系统指电源系统有一点（一般为中性点）直接接地，电气装置和设备中所有外露可导电部分通过保护导体与电源系统的接地点连接。当某一电气装置或设备内带电导体与保护导体或外露可导电部分之间发生零阻抗故障（碰壳）时，保护电器迅速动作，切断电源，以消除电击危险。

在同等条件下，如果低压供配电系统处于正常的运行状态，并且线路的对地电容又很小，则采用 IT 系统比采用 TT 系统、TN 系统较为安全。在故障状态下，IT 系统的危险性高于 TT 系统、TN 系统。TT 系统在故障状态下的危险性也高于 TN 系统。

由于电力系统线路比较长，并且分支线路也很多，无法保证较高的绝缘水平，因此，IT 系统应用少，较多的应用 TN 系统。

15. TN 系统分为哪些类型？

TN 系统有三种类型，如图 1-6 所示。

（1）TN-C 系统。TN-C 系统由中性导体（N）兼作保护导体（PE），形成三相四线制，如图 1-6（a）所示。TN-C 配电系统适用于无爆炸危险和安全条件较好的场所。

（2）TN-S 系统。TN-S 系统的中性导体与保护导体严格分开，形成三相五线制，如图 1-6（b）所示。对有独立变电站的车间、爆炸危险性较大或安全要求较高的场所，应采用 TN-S 系统配电。

（3）TN-C-S 系统。TN-C-S 系统的中性导体与保护导体前一部分共用，后一部分分开，形成部分三相四线制、部分三相五线制，如图 1-6（c）所示。对低压进线的车间和民用住宅楼房，可以采用 TN-C-S 系统配电。

在 TN-C、TN-S、TN-C-S 低压配电系统中，将电力变压器的中性点直接接地。中性点直接接地有以下作用：

（1）保持线电压和相电压基本稳定，380V 电压供动力设备，220V 电压供照明设备和家用电器。

（2）与 IT 系统相比较，所受限制小，安全性更高，应用范围更广。

（3）可以有效防止高压端向低压端窜电的危险。

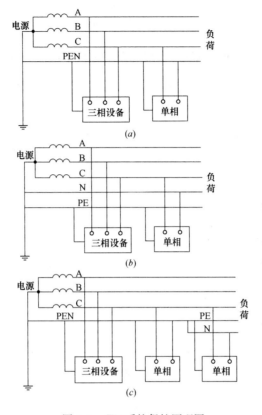

图 1-6　TN 系统保护原理图

（a）TN-C 保护系统；（b）TN-S 保护系统；（c）TN-C-S 保护系统

16. 怎样选择低压供配电系统的中性点接地方式?

应从安全性和经济性两个方面，来选择低压供配电系统的中性点接地方式（中性点工作制度）。

从安全方面考虑，工厂中的大型车间和不容易进行绝缘监视的生产厂房，均采用 TN 系统。如果线路具有较高的绝缘性能，供电范围又不大，对地电容也很小，可以采用 IT 系统。TT 系统主要用于低压共用用户，即没有安装电力变压器而直接从外面引进低压电源的小容量用户。

从经济方面考虑，TN 系统可将 380V 和 220V 两种电压同时分别用于动力设备和照明设备，节约工程投资。

17. 三相四线制低压供配电系统运行中应注意哪些事项？

采用三相四线制供配电系统［图 1-6（a）所示 TN-C 系统］时，应注意的事项有：

（1）三相负荷要尽可能分布均衡，不平衡度不宜超过 20％。

（2）电源侧中性线的接地（属工作接地）必须良好，接地电阻不大于 4Ω。

（3）要严格区分相线与 PEN 线，两者不能接错。

（4）按规程规定，将 PEN 线重复接地，接地电阻不大于 10Ω。

（5）PEN 线上不得安装任何开关和熔断器。

（6）PEN 线的截面积，铜线不小于 $10mm^2$，铝线不小于 $16mm^2$。

（7）所有电气装置和设备必须共用 PEN 线，不得另行单独接地。

（8）所有电工装置和设备的 PEN 线，以并联方式接至 PEN 干线上。

18. 什么是保护接地？保护接地有什么作用？

保护接地是将电气设备正常情况下不带电的金属外壳、框架等用接地装置与大地可靠连接。保护接地能降低电气设备因绝缘损坏时其金属外壳的对地电压，避免人体触及后发生触电事故。

当电气设备绝缘损坏时，会产生漏电，使电气设备的金属外壳带电。如果外壳没有接地，则外壳上带有相电压，人体触及后就很危险；如果外壳作了保护接地，金属外壳与大地连接在一起，接地电阻值相当小，这样就使绝大部分电流通过接地体流入地下。

人体触及已接地的漏电的电气设备时，由于人体电阻是与接地电阻并联的，而且人体电阻远大于接地电阻，因此流经人体的电流比流经接地装置的电流小很多，对人的危害就比较小。

14

🔧 19. 什么是工作接地？工作接地有什么作用？

工作接地是将电力系统中某一点直接用接地装置与大地可靠地连接，如电源中性点的接地，防雷装置的接地。工作接地能降低人体的接触电压，能迅速切断故障设备，降低电气设备和输电线路的绝缘水平。

工作接地的作用为：

（1）变压器和发电机的中性点直接接地，在正常情况下能维持相线对地的电压不变。

（2）能降低人体的接触电压。在中性点接地系统中，当一相接地而人体又触及另一相时，接触电压接近或等于相电压；而在中性点不接地系统中，同样情况下接触电压为线电压。

（3）变压器或发电机的中性点经消弧线圈接地，能在单相接地故障时，消除接地短路点的电弧。

（4）防雷设备的接地，是为了防止过电压危害电气设备。

🔧 20. 什么是重复接地？重复接地有什么作用？

在中性点直接接地的低压系统中，为确保接零安全可靠，以防止零线断线所造成的危害，系统中除工作接地之外，还必须在零线的一处或多处进行必要的接地，这就是重复接地。

重复接地是将零线上一点或多点，通过接地装置与大地再次可靠连接。当某相碰壳或中性线断路时，重复接地能降低中性线的对地电压和减轻故障程度。

如果没有零线的重复接地，当零线发生断线，并有一相碰壳时，则在断线后面的所有电气设备外壳都出现较高的对地电压，这将是十分危险的。如果零线进行了重复接地，故障时可以大大降低这个对地电压，减少危险程度。

应进行重复接地的场所有：

（1）架空干线和分支线的终端。

（2）沿线路每 1km 处。

（3）架空线路以及电缆线路引入室内的进线处。

（4）在室内接地时，将零线与所有的低压开关和控制操作台柜的接地装置连接。

21. 防雷接地有什么作用？

为了防止人和建筑物遭受雷击的危害，常在建筑物顶部装有防雷装置。防雷装置由接闪器、引下线和接地装置三部分组成，防雷装置遭受雷击时，会产生很高的电位，并在线路上形成非常高的感应过电压，为了防止高电位侵入，需要装设防雷接地装置。

22. 什么是保护接零？保护接零有什么作用？

我国 380/220V 低压配电系统广泛采用中性点直接接地的运行方式。在单相二线制和三相四线制系统中，保护接零是将电气设备正常时不带电的金属外壳、框架等与零线可靠连接。

在接零系统中，如果有电气设备发生一相碰壳故障时，就会形成一个单相短路回路，由于零线电阻很小，能在很短时间内使熔断器的熔体熔断或使继电保护装置动作，从而防止发生触电事故，保证人身安全。也就是说，保护接零能使单相碰壳变为单相短路。

即使是在发生一相碰壳故障后至熔断器熔断前的这一小段时间内，人体接触了带电的金属外壳时，也是安全的。因为线路的电阻比人体电阻小得多，电流主要经线路流通，通过人体的电流非常少。

由于保护接零的作用是使单相碰壳变为单相短路，熔断电路中的熔断器，从而保证人身安全。因此，电路中熔断器熔体的选择十分重要，必须按规定选用。不能用导线替代熔体，这将是非常危险的。

23. 专用保护零线有什么作用？

专用保护零线组成了单相三线制和三相五线制中性点直接接地

系统，与只有工作零线的单相二线制和三相四线制中性点接地系统相比较，运行更加安全可靠。单相三线制和三相五线制中性点直接接地系统从电源中性点开始，分别敷设中性线（工作零线）和专用保护零线，将电气设备的金属外壳、框架等与专用保护零线可靠连接。

24. 在什么情况下采用保护接零或保护接地？

（1）对于 1000V 以下的电气设备：变压器或发电机的中性点直接接地时，必须采用保护接零。而中性点不接地系统中，必须采用保护接地。例如，在正常情况下不带电，但在绝缘损坏时可能带电的所有金属部分，都必须接零或接地。

（2）对于电压超过 1000V 的电气设备：在所有情况下采用保护接零，与变压器中性点是否接地无关。

变压器在运行过程中，铁芯及其连接的金属构件均处于强电场之中，如果铁芯不与变压器箱体同时接地，强电场的作用会使铁芯和箱体之间存在着高电位差，有可能形成间隙放电，这是不允许的。铁芯和箱体同时接地，保证了铁芯和箱体处于同一电位，从而保证设备和人身安全。

由于芯片之间要求相互绝缘以限制涡流，变压器铁芯一般采用一点接地方式。如是将整个铁芯接地，各片之间就会相互连通，会产生很大的涡流。而片间绝缘相对较弱，它能阻止涡流，但不能阻止高压静电的泄漏。因此，铁芯一点接地对感应的高压而言，相当于整个铁芯接地。

25. 为什么在同一系统中，只宜采用同一种接地方式？

在同一低压配电系统中，一般只宜采用同一种保护方式，或者全部采用接地，或者全部采用接零，而不应同时采用接地和接零两种不同的保护方式。

如果在同一低压配电系统中，有的采用保护接地，有的采用保护接零，当采用保护接地的设备发生单相接地故障时，采用保护接零的设备外露可导电部分将带上危险电压，危及人身安全。如图1-7 所示。

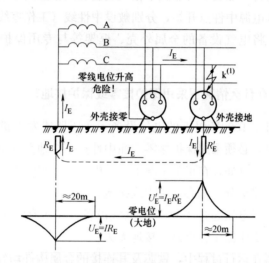

图 1-7 同一系统中有的接地、有的接零时当接地
的设备发生单相接地短路时的情形

26. 室内应当接零的电气设备有哪些?

室内电气装置和设备必须接零的部分有:
(1) 电机、电器及其操作部分;
(2) 弧焊变压器（电焊机）、照明变压器的二次线圈;
(3) 照明灯具的金属底座和金属外壳;
(4) 移动电动工具或手持电动工具。

27. 雷电是怎样产生的?

雷电是一种大气中带有大量电荷的雷云放电的结果。

大气中饱和的水蒸气的水滴在强烈的上升气流作用下，不断分裂而形成了雷云。雷云中电荷的分布是不均匀的，当云层对地的电场强度达到 $25 \sim 30 \mathrm{kV/cm}$ 时，就会使它们之间的空气被击穿，雷云对地便发生先导放电。当先导放电的通路到达大地时，大地和雷云就产生强烈的中和，出现强大的主放电。主放电的温度高达20000℃，使周围的空气猛烈膨胀，并出现耀眼的闪光和巨响，这便是雷电。

28. 什么是雷电过电压？雷电过电压有哪几种形式？

雷电过电压是由于电力系统内的设备或建筑物、构筑物遭受来自大气中的雷击或雷电感应而引起的过电压，雷电过电压产生的雷电冲击波，其电压幅值可高达1亿伏，其电流幅值可高达几十万A，因此雷电过电压对电力系统危害极大，必须加以防护。

雷电过电压一般有三种形式：

（1）直击雷。直接雷击简称直击雷。雷电直接击中电气设备、电力线路、建筑物或构筑物，其过电压引起强大的雷电流通过这些物体放电入地，从而产生破坏性极大的热效应和机械效应，相伴的还有电磁脉冲。

（2）感应雷。间接雷击，又称感应雷。雷电并未直接击中电力系统中的任何部分，而是由雷对设备、线路或其他物体的静电感应或电磁感应所产生的过电压。

（3）高电位侵入。由于架空线路或金属管道遭受直击雷或感应雷而引起的过电压波，沿线路或管道侵入建筑物，称为雷电波侵入或高电位侵入。据几个城市的统计资料，供电系统中由于高电位侵入而造成的雷害事故，占整个雷害事故的50%～70%，因此对高电位侵入的防护应特别重视。

29. 雷电有哪些危害？

雷电按形状分为线状、片状和球状三种，以线状直击雷最为常见。雷电的危害主要表现在三个方面：

（1）雷电的电磁效应。雷电极高的过电压会使电气设备绝缘发生闪络或击穿，甚至引起火灾或爆炸，造成人身伤亡。

（2）雷电的热效应。雷电流通过导体时，会产生很大的热量，造成输电线路、避雷线断股，使电气设备熔化、燃烧或爆炸。

（3）雷电的机械效应。雷云对地放电时，强大的雷电流的机械效应表现为击毁杆塔和建筑物，劈裂电力线路的电杆和横担。

30. 什么是年平均雷暴日？

凡是有雷电活动的日子，包括看到闪电和听到雷声，都称为雷暴日。

由当地气象台统计的多年雷暴日的年平均值，为年平均雷暴日数。年平均雷暴日数不超过 15 天的地区为少雷区，年平均雷暴日数超过 40 天的地区为多雷区。多雷区防雷要求高，防雷措施要加强。

31. 怎样防止雷击危害？

（1）防止直击雷危害的方法：

1）安装避雷针。1752 年，美国科学家富兰克林制作了世界上第一根现代避雷针，他将一根金属棒安置在建筑物顶部，并且用金属细线连接到地面，结果所有接近建筑物的闪电都被引导至地面，而不至于损坏建筑物。富兰克林用科学实验证明了闪电是静电高压放电现象。

避雷针由接闪器、支持物、引下线和接地装置组成，可用于地面建筑物、构筑物、设备和线路的防雷保护。

2）安装避雷线。避雷线也称架空地线，是指悬挂在高空处的接地导线，可用于架空线路和设备的防雷保护。

3）安装避雷带或避雷网。避雷带（网）是敷设在建筑物屋顶边沿上的闭路金属导体，主要用于建筑物的防雷保护。

（2）防止感应雷危害的方法：

1）防止静电感应。应将建筑物内的所有金属构件和突出屋面的金属物进行接地，相邻接地引下线的间隔在 18～22m 之间。

2）防止电磁感应。应将建筑物内平行敷设的金属管道、电缆金属保护层等进行跨接，相邻跨接点的间隔在 20～30m 之间。

3）接地装置符合要求。接地装置的接地电阻不应大于 10Ω，可与电气设备共用接地装置，连接用的接地引下线不应少于两根。

（3）防止高电位侵入危害的方法：

1）安装避雷器。避雷器用来防止高电位侵入的，具有很好的非线性电阻特性，当线路出现过电压时，能迅速将雷电电流泄入大地；当线路电压正常时，可保证线路恢复运行。常用的避雷器有阀式避雷器、排气式避雷器、金属氧化物避雷器。

2）安装保护间隙。保护间隙主要由存在空气间隙的两个金属电极构成，当线路出现过电压时，空气间隙被击穿，两电极瞬时接通，将雷电流引入大地；当线路电压正常时，可保证线路恢复运行。

32. 在户外如何预防雷击？

雷击具有一定的偶然性，也有一定的规律性。容易引发雷击的对象有：

（1）地面上的铁塔或高尖顶建筑物、构筑物。

（2）空旷地区的大树、建筑物。

（3）工厂的烟囱。

（4）山区、丘陵地区。

（5）一般建筑物的屋角、檐角、屋脊。

（6）湖泊、河岸、低洼地区、山坡与稻田水地交界处等。

因此，在户外当雷电发生时，要远离上述 6 个容易引发雷击的对象，并要注意以下几点：

（1）不要在建筑物顶部停留，要远离建筑物外露的水管、燃气管等金属物体及电力设备，也不宜在铁栅栏、金属晒衣绳、架空金属体以及铁路轨道附近停留。

（2）不要进入孤立的棚屋、岗亭等，也不宜撑铁柄伞，更不能把金属工具扛在肩上。

（3）不要在孤立的大树或烟囱下停留。如万不得已，必须与树干保持 3m 以上的距离，下蹲并双腿靠拢。

33. 在室内如何预防雷击?

如果雷电发生时人在室内,应注意以下几点:

(1) 紧闭门窗,防止球形雷电侵入室内。

(2) 不要接触天线、水管、铁丝网、金属门窗、建筑物外墙,远离电线等带电设备或其他类似金属装置。

(3) 雷电发生时,家庭使用的电器例如电视、音响、冰箱、影碟机等应停止工作,切断与室外连接的所有导线,拔下天线插头和电源插头。

1.3 安全用电基本知识

34. 为什么要采用正弦交流电?

世界各个国家和地区应用的电能,都毫不例外采用正弦交流电。这是因为:

(1) 正弦交流电容易获得,发电厂的同步发电机发出的都是正弦交流电。

(2) 正弦交流电便于理论分析计算,因为正弦量可以用复数、三角函数、指数、波形图、向量图等多种形式表示。

(3) 试验表明,只有正弦交流电加在电动机上,电动机的出力才最大,振动和噪声最小。如果交流电的波形中非正弦波的比例增多,电动机将产生很大的振动,发出令人难以承受的噪声,而且电动机的出力大大下降,根本就带不动负载。

35. 一些国家和地区的交流电电压和频率是多少?

一些国家和地区采用的交流市电电压和频率为:

中国大陆:220V,50Hz;

中国台湾:110V,60Hz;

欧盟:230V,50Hz;

俄罗斯:220V,50Hz;

美国：120V，60Hz；

日本：110V，50/60Hz。

🔧36. 为什么说 50Hz 交流电对人体危害最大?

实验表明，40~60Hz 的交流电对人体危害最大，触电的危险性大；频率越高，触电的危险性越小。高频率的交流电，由于趋肤效应，电流只有很小部分通过人体的心脏，它对人体造成灼伤而不会有生命危险。

实验结果还表明，对人体组织来说，直流电比交流电的影响要小。

🔧37. 导体、绝缘体和半导体是如何划分的?

（1）具有良好传导电流的物体为导体。如各种金属、碳、电解液都是导体，水也能导电。

（2）具有良好的电绝缘或热绝缘性能的物体称为绝缘体。如空气、木材、棉、毛、玻璃、电木、橡胶、石蜡、塑料都是绝缘体。

（3）导电性能介于导体和绝缘体之间的物体称为半导体。半导体一般为固体，呈晶体结构，如锗、硅、金属氧化物、硫化物都是半导体。

🔧38. 验电笔怎样分类?

验电笔分高压和低压两类。高压的通常称为验电器；低压的称为试电笔，或称电笔，试电笔又分为钢笔式和螺丝刀式两种，电笔由氖管、电阻、弹簧和笔身等组成，如图 1-8 所示。

🔧39. 怎样使用试电笔?

当手拿试电笔测试带电体时，带电体经试电笔、人体到大地形成回路，即使是穿了绝缘鞋或站在绝缘物上，也认为是形成了回路，因为绝缘的漏电可以使氖管起辉。交流电压下氖管两极都发光，直流电压氖管则是一极发光。

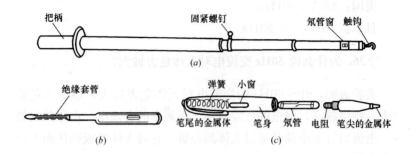

把柄　　　　固紧螺钉　　　氖管窗　触钩

(a)

绝缘套管　　　　弹簧　小窗

笔尾的金属体　笔身　氖管　电阻　笔尖的金属体

(b)　　　　　　　　　(c)

图 1-8　验电笔

(a) 10kV 高压验电笔；(b) 螺丝刀式低压验电笔；(c) 钢笔式低压验电笔

试电笔每次使用前要在带电的开关或插座上预先测试一下，检查其是否完好。

被测电压要高于氖管的起辉电压，氖管才能发光。目前常用的试电笔氖管的起辉电压为交流 65V 左右、直流 90V 左右。

试电笔使用时，必须按图 1-9 所示的方法将笔握稳，用手指触及笔尾的金属体，使氖管小窗背光朝向自己，便于观察；要防止笔尖金属体触及皮肤，以避免触电。

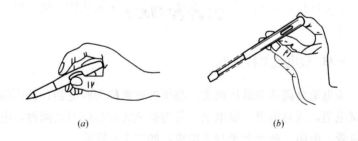

(a)　　　　　　　　　　　(b)

图 1-9　低压验电笔握法

(a) 钢笔式；(b) 螺丝刀式

40. 如何正确使用电烙铁?

电烙铁用于焊接各种铜、铁导体及电子线路。按规格分类，常用的电烙铁有 20W、25W、45W、75W、100W 几种。

正确使用电烙铁需做到：

（1）要根据大小不同的焊接件选用合适规格的电烙铁。焊接电子线路应用 45W 以下的电烙铁，过大容易烫坏元件。特别注意，不能用小瓦数电烙铁焊接较大的焊件，否则容易出现虚焊。

（2）焊接时应将焊件表面清理干净，挂上松香焊剂，再将烙铁头上锡，然后将带锡的烙铁头接触焊接处，待锡在焊接处铺开时再移走电烙铁。注意不要来回点动。否则容易出现虚焊。

🔧41. 常用的手电钻有几种？

常用的手电钻有 J1Z 型交直流两用串激式电钻和 Z3Z 型三相工频电钻。6mmJ1Z 电钻采用手枪式，使用灵活；10mmJ1Z 电钻采用环式后手柄式，同时装有侧手柄。J3Z 电钻采用双侧手柄及后托架式。

手电钻的基本结构由电动机、减速机构、钻夹头、开关（安装在手柄腔内）和适用于不同操作的手柄组成。

J1Z 电钻的电动机采用串激电动机，J3Z 电钻的电动机采用三相异步电动机。

🔧42. 单相串激电钻的结构是怎样的？

单相电钻主要由交直流两用串励电动机、减速箱、快速切断自动复位手动式开关、钻轧头等部分组成，J1Z 型单相串励电钻的结构如图 1-10 所示。

（1）定子绕组

在电动工具中，单相串励电动机一般是两极的，因此定子上有两个励磁绕组。由于电钻采用的是两极电机，转子有两条并联支路，这两条支路与定子绕组串联，因此定子绕组的电流是转子绕组电流的两倍，定子绕组所用的导线截面积必须比转子绕组的导线大一倍。

（2）电枢绕组（转子绕组）

单相串励电动机转子铁心槽数一般有 7、8、9、10、11、12、

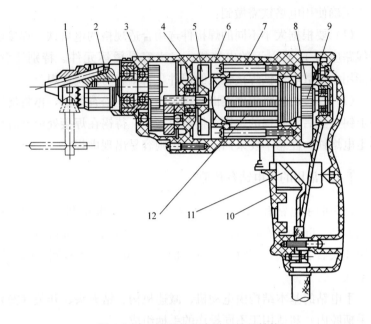

图 1-10　J1Z 型单相串激电钻的结构

1—钻夹头；2—钻轴；3—减速箱；4—中间盘；5—风扇；6—机壳；7—定子；
8—碳刷；9—整流子；10—手柄；11—开关；12—转子

13、14、15 几种，转子绕组采用 QZ 型高强度漆包线。单相串励
电动机一般是两极电机，由于槽数有时是奇数，有时是偶数，加上
绕组是双层的，其绕组的节距为：

单数槽
$$Y=\frac{Z-1}{2} \tag{1-10}$$

双数槽
$$Y=\frac{Z-2}{2} \tag{1-11}$$

式中　Y——绕组节距；

　　　Z——转子铁心槽数。

43. 单相串激电钻转子绕组如何绕制?

转子绕组的绕制方式有两种：迭绕式和对绕式。其中对绕式又
分为 V 形对绕式和平行对绕式两种。现举例说明绕制方法。

26

（1）迭绕式。以槽数 $Z=9$ 为例，单数槽与双数槽的迭绕方法完全相同。其绕组节距由式（1-10）得：

$$Y=(Z-1)/2=(9-1)/2=4$$

即 1~5 槽。首先在槽 1 与槽 5 之间绕第一个元件，再依次在槽 2 与槽 6 之间绕第二个元件，这样相邻的一个接一个地绕制下去，直到绕完为止。具体绕制顺序为：1-5、2-6、3-7、4-8、5-9、6-1、7-2、8-3、9-4，如图 1-11 中"1"绕法所示。

（2）V 形对绕式。仍以槽数 $Z=9$ 为例，其绕组节距：

$$Y=(Z-1)/2=(9-1)/2=4$$

即 1~5 槽。首先在槽 1 与槽 5 之间绕第一个元件，而后在槽 5 与槽 9 之间绕第二个元件，如此依次的一个接一个地绕制下去，即 1-5、5-9、9-4、4-8、8-3、3-7、7-2、2-6、6-1，直到绕回至 1 槽为止。具体绕制方法如图 1-11"2"绕法所示。

（3）平行对绕式。当铁心槽为偶数时采用，以 $Z=10$ 为例，其绕组节距由式（1-11）得：

$$Y=(Z-2)/2=(10-2)/2=4$$

即 1~5 槽，先在槽 1 与 5 之间绕第 1 个线圈，然后平行地在槽 6 与 10 之间绕第 2 个线圈，完成一对次嵌绕，依次嵌绕完 10 个线圈，即 1-5、6-10、10-4、5-9、9-3、4-8、8-2、3-7、7-1、2-6，如图 1-11"3"绕法所示。

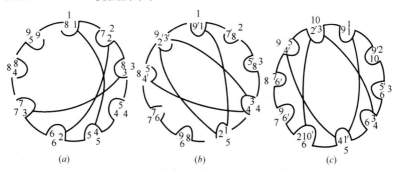

图 1-11　单相串励电动机电枢绕组嵌绕形式与绕制顺序

(a) 迭绕式（$Z=9$）；(b) V 形对绕式（$Z=9$）；(c) 平行对绕式（$Z=10$）

对绕式转子两条并联电路的电流较为平衡，并且转子绕组端部重量能均匀分布，但绕制工艺比较繁琐。迭绕式转子绕制工艺较为简单，但其两条并联电路所载电流达不到对绕式转子那样的平衡；另外，由于转子端部重量不能均匀分布，如果动平衡没有校好，转子在旋转时还会发生振动。V形对绕式绕法以线圈端面上呈"V"形相对，它的电气性能和机械平衡优于迭绕式，但当电枢为偶数时容易绕错，一般用于奇数槽较大规格电动机。而平行对绕式应用于偶数槽较大规格的电动机。

在绕制过程中，当每一绕组绕到应有的匝数时，将导线抽出槽外，再将两根线扭成一个麻花状，作为抽头之用。为了区别同一槽内接线头的先后，可将导线头套进不同颜色的导管，或将接线头作成不同长度，以便区别。

单相串励电动机的换向片数与槽数之比，一般为 2∶1 或 3∶1。当换向器片数是槽数的 2 倍或 3 倍时，一般都是 2 根或 3 根漆包线同时并绕的。如 6mm 电钻转子槽数为 9 槽，换向片数为 27，则并绕根数为 3，也就是用 3 根导线并绕，因此每个铁心槽中有 3 个绕组元件，9 个槽中有 27 个元件。第 1 槽中 3 个元件编号为 1、2、3，相邻第 2 槽中的 3 个元件编号为 4、5、6，如此依次编下去。接线时，将 27 个绕组的头和尾按照相邻编号的顺序，依次连接，即第 1 个元件的尾与第 2 个元件的头相连，第 2 个元件的尾与第 3 个元件的头相连，依次相连，直至第 27 个元件的尾与第 1 个元件的头相连，形成一个闭合回路，共连接成 27 个接线头。但相连时，应以绕组元件所在槽的位置为准，将尾拉到头处相连。再将 27 个接线头，按绕组元件所在位置，成直线地分别焊至 27 片换向器铜片上。或者根据原来拆除绕组时所记录的位置，照样焊到换向器铜片上。焊接时用松香焊剂较好，焊完后，剪掉多余的线头，刮净焊锡。最后在引出线部位用线扎紧。

44. 单相串激电钻机械维修有哪些方面？

单相串激电钻的机械故障主要是轴承损坏和齿轮损坏。电钻的轴承有滚动球轴承和含油轴承两种。在其出轴端和电动机两端均采用滚动球轴承，在中间盖中有一个含油轴承。轴承损坏后，只能按原规格更换一个新轴承。单相串励电钻常用轴承规格见表1-4。

单相串激电钻常用轴承规格   表 1-4

电钻规格	含油单列向心球轴承型号				含油轴承尺寸(mm)		
					a	b	c
J1Z-6	202	E27	E29		$9^{-0.2}_{-0.3}$	$\phi 8^{+0.035}_{+0.005}$	$\phi 12^{+0.075}_{+0.040}$
					17 ± 0.20	$\phi 5^{+0.025}_{0}$	$\phi 7.5^{+0.055}_{+0.030}$
J1Z-10	200	203	E29		10 ± 0.3	$\phi 8^{+0.035}_{+0.005}$	$\phi 12^{+0.075}_{+0.040}$
					12 ± 0.3	$\phi 10^{+0.055}_{+0.025}$	$\phi 13.5^{+0.055}_{+0.035}$
J1Z-13	200	201	303		12 ± 0.35	$\phi 8^{+0.055}_{+0.025}$	$\phi 11^{+0.055}_{+0.040}$
					12 ± 0.35	$\phi 12^{+0.18}_{+0.13}$	$\phi 8^{+0.075}_{+0.040}$
J1Z-19	203	205	60202	60201	18 ± 0.3	$\phi 12^{+0.18}_{+0.13}$	$\phi 16^{+0.075}_{+0.040}$

串激电钻中电枢上的小齿轮，系高度修正或角度修正的小模数斜齿轮，一般要在小模数滚齿机上加工才能满足精度要求，并需经高频热处理。齿轮磨损后需要更换。

🔧45. 单相串激电钻电动机维修有哪些方面？

单相串激电钻电动机常见故障现象、产生原因及修理方法见表1-5。

单相串激电钻电动机常见故障及修理方法   表 1-5

故障现象	可能原因	修理方法
电钻不能启动	1. 电源线断路 2. 开关损坏 3. 电刷与换向器不接触 4. 定子绕组断路 5. 转子电路严重断路 6. 减速齿轮轧住或损坏	1. 用万用表检查，如断线，调换电源线 2. 用万用表检查，开头损坏则更换 3. 调整电刷压力及改善接触面 4. 如果断在出线处，可重焊后使用，否则要重绕 5. 重绕转子绕组 6. 修理或更换齿轮

故障现象	可能原因	修理方法
电钻转速慢	1. 转子绕组短路或断路	1. 电钻转速慢,力矩也小,换向器与电刷间产生很大火花,火花呈红色。停车后: 1)用短路测试器检查,如果绕组短路,则重绕绕组 2)用万用表检查换向器与绕组连接处,如果发现少量断路或脱焊,应连接重焊
	2. 定子绕组接地或短路	2. 用兆欧表检查定子绕组对地绝缘,如果发现短路绕组,应加以修复或重绕
	3. 轴承磨损或减速齿轮损坏	3. 调整轴承或齿轮
换向器与电刷间火花较大	1. 定子、转子绕组短路或断路 2. 电刷与换向器接触不良 3. 电刷规格不符	1. 参考上述方法修理 2. 增加电刷压力;如果电刷太短,应更换电刷及改善接触面 3. 更换电刷
转子在某一位置上能启动,在另一位置上不能启动	换向器与转子绕组连接处有两处以上断头	查出修复
换向器发热	1. 电刷压力过大 2. 电刷规格不符	1. 调整到适当压力 2. 更换电刷

46. 怎样正确使用手电钻?

手电钻用于在电气设备及施工现场的墙壁或地面钻安装孔。使用手电钻时,将合适规格的钻夹头（J1Z 电钻为 6mm、10mm,J3Z 电钻为 13～23mm）装上并夹紧,保持钻头与被钻面垂直,钻孔时用力要适当。在钻较大的孔时,可利用托架靠胸部加压或杠杆加压。

（1）手电钻的外壳是接零的,电源橡胶软线中心黑线为接零保护线。初次使用时,不要手握电钻去插电源,应将其放在绝缘物上插电源,用试电笔检查外壳是否带电,然后再使用。

（2）手电钻使用之前，应让其先空转一会儿，以检查转动是否正常。

（3）手电钻不能在空气中含有易燃易爆、腐蚀性气体和潮湿的环境中使用。

（4）高空作业时要有相应的防护措施。

47. 常见手电钻的接地点有哪些？手电钻内部的绝缘故障有哪些？

手电钻常见的接地点有：

（1）大地本身，特别是比较潮湿的地方。

（2）与地接触的钢筋混凝土中的钢筋。

（3）水管、风管、电缆管等管线。

手电钻内部发生绝缘故障的原因有：

（1）手电钻电动机绝缘损坏或恶化，造成穿过绝缘的导体通路。

（2）绝缘表面覆盖有炭粉、金属微粒、湿气等导电薄膜，造成沿着两个绝缘系统向机壳形成爬电行径，引起绝缘表面上的导电通路。

（3）手电钻构件绝缘损坏。

手电钻触电事故发生的主要原因，在内部是由于多种绝缘损坏而引起机壳带电，在外部是由于保护系统的接地不良而失去保护作用，或在操作中不慎击中导电体而使机壳带电。

48. 使用手电钻的安全措施有哪些？

（1）手电钻采用双重绝缘，除工作绝缘外，还具有保护绝缘，使手电钻具有可靠的安全性。

（2）手电钻部件塑料化，如采用 ABS 材料。

（3）使用前对手电钻进行安全性检查，包括可靠的接地。用兆欧表测定手电钻绕组与机壳之间的绝缘电阻，应不低于 $0.5M\Omega$。带漏电保护的手电钻，使用前要按下漏电开关，检查绝缘良好后才能使用。

49. 变压器过电压是怎样产生的？过电压对变压器有什么影响？

变压器产生过电压的原因有：

（1）线路开关合闸、断开时形成的操作过电压。

（2）系统发生短路或间隙弧光放电时引起的故障过电压。

（3）直接雷击或大气雷雨放电，在输电网中感应的脉冲电压波。

过电压的特点是作用时间短，瞬时幅度大。由电力系统本身造成的过电压很少超过变压器相电压的4倍，而由大气放电或雷击引起的过电压可能超出变压器相电压的几十倍。

过电压可能击穿变压器绝缘，为防止过电压的危害，在线路和变压器结构设计上采取了一系列保护措施，如装设避雷器、静电环、加强绝缘、中心点接地等。

50. 变压器过电流是怎样产生的？过电流对变压器有什么影响？

变压器产生过电流的原因有：

（1）变压器空载合闸形成的瞬时冲击过电流。

（2）变压器二次侧负载突然短路造成的事故过电流。

空载合闸电流最大为变压器额定电流的10倍，这不会对变压器本身造成危害。而二次负载短路所造成的过电流，一般为变压器额定电流的几十倍，巨大的短路电流会在绕组中产生巨大的径向力，扯断或扭弯线圈或损坏绝缘；短路电流还会使铜损急增造成内部温度骤增而烧毁变压器。

为防止过电流的危害，通常在继电保护和变压器结构设计上充分考虑了短路事故的发生。

51. 什么是电压互感器？电压互感器的特点是什么？

电压互感器是供配电系统中配合测量仪表和继电保护的一种特殊变压器。电压互感器一次线圈匝数很多，接入高压系统；二次线圈匝数很少，额定输出 100V；负载为电压表、功率表、继电保护电压线圈等。

电压互感器相当于一个恒压源。电压互感器二次绕组内阻抗很小，接入负载本身的阻抗很大，负载基本上不影响它的工作；加上电压互感器本身吸收电网的功率非常之少，这些就保证了高压仪表的指示值精度。但当二次负载超过一定范围。也会影响二次输出电压，增加测量误差。

🎯52. 什么是电流互感器？电流互感器的特点是什么？

电流互感器是配合电流表、继电保护电流线圈，反映主电路电流量值的一种特殊变压器。电流互感器一次线圈匝数极少，一般为 1 匝或几匝；而二次线圈匝数很多。电流互感器的一次绕组串联在主电路中，二次负载为电流表、继电保护中的电流线圈。

电流互感器的特点为：

（1）由于电流互感器二次侧负载阻抗很小，工作时相当于二次短路的变压器。

（2）由于电流互感器二次侧绕组匝数很多，二次闭合回路阻抗的大小对铁芯中励磁影响较大。

（3）电流互感器相当于一个恒流源。二次回路电流的大小主要取决于二次绕组的内阻抗，这样能保证电流测量的精度。但当接入的负载超过一定范围，就会影响二次电流，增加测量误差.

🎯53. 电压互感器使用中应注意些什么？

（1）根据被测电压的高低来选择电压互感器的变比，也就是使电压互感器的一次侧额定电压大于被测电压。

（2）与电压互感器配合的仪表应选用 100V 的交流电压表，其面板刻度可以按一次被测电压的大小设计。

（3）二次测量仪表所消耗的功率不要超过电压互感器的额定容量，否则会加大测量误差。

（4）电压互感器使用时，一次侧、二次侧都要接入熔断器，防止意外的短路事故。须注意的是，电压互感器的二次侧是不能短路的，否则会使电压互感器烧毁。

54. 电流互感器使用中应注意些什么?

（1）根据被测电流的大小来选择电流互感器的变比，也就是使电流互感器的一次侧额定电流值大于被测电流，同时也要注意电流互感器额定电压的大小。

（2）与电流互感器配合的指示仪表应选用 5A 的交流电流表，其面板刻度可以按一次被测电流的大小设计。

（3）二次测量仪表所消耗的功率不要超过电流互感器的额定容量，否则会加大测量误差。

（4）电流互感器使用时，应使一次侧绕组的铁芯可靠地接地。

（5）需要特别注意的是，电流互感器的二次侧绝对不允许开路，否则，开路瞬间电流互感器二次线圈中会感应出很高的电压，损坏电流互感器绝缘，并危及操作人员的安全。这一点在操作中要特别加以注意。为此，电流互感器的二次回路中不允许装设熔断器。

55. 为什么电流互感器的二次线圈不能开路?

运行中的电流互感器，其二次侧所接的负载均为仪表或继电器的电流线圈，阻抗非常小，基本上处于短路状态。当运行中二次线圈开路后，一次侧的电流仍然不变，而二次侧电流为零，也就是说，二次侧电流产生的去磁磁通消失了。这样，一次电流全部变成励磁电流，使电流互感器的铁芯骤然饱和，将产生如下后果：

（1）由于磁路饱和，电流互感器的二次侧将产生数千伏的高压，而且磁通波形变成平顶波，使二次侧产生的感应电势出现尖顶波，对二次绝缘构成威胁，对设备和运行人员产生危险。

（2）由于铁芯的骤然饱和，使铁芯损耗增加，严重发热，绝缘有烧坏的可能。

（3）将在铁芯中产生剩磁，使电流互感器比差和角差增大，影响了计量的准确性。

因此，电流互感器在运行中是不能开路的。

56. 为什么电动机不允许过负荷运行？

电动机过负荷时，会使电动机启动困难，电动机的转速达不到额定转速。

过负荷运行使电动机电流增大，当电动机的电流超过额定电流时，温升将超过允许温升，这就会损坏电动机的绝缘，严重时会烧毁电动机绕组，因此，不允许电动机长时间过负荷运行。

另一方面，电动机也不要处于低负荷运行状态。当电动机处于低负荷情况下运行时，效率低，运行不经济；同时，低负荷运行时，功率因素降低，对电网运行也不利。如果是长期处于轻载运行的电动机，应更换容量较小的电动机。

但是，容量较小电动机并不一定比容量较大电动机省电。因为，电动机既消耗有功功率，也消耗无功功率。容量较小的电动机消耗的有功功率少，消耗的无功功率多；而容量较大的电动机消耗的有功功率多，消耗的无功功率少，更换之前要通过节电计算再确定。

57. 电动机启动后达不到额定转速有哪些原因？

（1）电源电压过低。电动机的转矩与电压的平方成正比，如果电源电压低，电动机转矩成平方下降，转差率增加，转速下降，达不到额定转速。

（2）笼型电动机转子断条，使电流减少，引起转矩降低，转差率增加，转速下降，达不到额定转速。

（3）绕线式电动机转子绕组一相接触不良或断路，转子绕组中电流减少，电动机转速慢，达不到额定转速。

（4）负荷过大。

58. 运行中电动机温度过高有哪些原因？

（1）电源电压过高或过低。

（2）负荷过大。

（3）电动机绕组故障。

（4）电动机单相（两相）运行。当运行中电动机一相熔断器的熔丝熔断，或一相开关接触点不良，都将造成电动机单相运行，引起电动机温度升高。如果不及时处理，将烧毁电动机绕组。这也是电动机损坏的主要原因。

59. 三相电动机通电后嗡嗡响而转不动的原因是什么？

三相电动机通电后嗡嗡响而转不动，主要是电源缺一相，即单相启动。而单相电动机的绕组中通入单相正弦交流电后，产生的是一个脉动磁场，它是由两个方向相反的旋转磁场合成的，因此没有启动转矩，不能启动。

出现这种问题，要立即拉下电源开关，检查出断相的故障点，排除故障，重新启动。否则，电动机的电流将骤然增加，将烧毁电动机绕组。

60. 怎样改变三相异步电动机的转向？

三相异步电动机转子的转向是由三相交流电通入定子三相绕组的相序所决定的，也就是说，电动机的转向与旋转磁场的转向一致。

只要将三相异步电动机的三根电源线中的任意两根线对调，就能使电动机反转。因为三相电动机的转向取决于旋转磁场的转向，当三相交流电的相序改变后，电动机旋转磁场的方向也跟着改变，转子就能实现反转了。

61. 为什么说胶鞋并不是绝缘鞋？

橡胶是一种绝缘材料，但并不是所有的橡胶都具有优异的绝缘性能。橡胶分为非极性橡胶和极性橡胶，普通胶鞋是由天然橡胶作原料生产的，而天然橡胶就是一种非极性橡胶，它的成分中含有少量金属离子，从而影响其绝缘性能。

绝缘鞋是指"绝缘胶鞋"，绝缘鞋是用极性橡胶生产的，它具有极好的绝缘性能。绝缘鞋可以使人体与地面绝缘，并防止跨步电压触电。常用的绝缘鞋有 20kV 绝缘短靴、6kV 矿用长靴和 5kV 电工鞋三种。

使用绝缘鞋时，应注意几下几点：

（1）应根据作业场所电压高低正确选用绝缘鞋。5kV 电工鞋只能用于 1kV 以下电压区。

（2）绝缘鞋只能作为辅助安全用具，人体不能与带电设备或带电线路接触。

（3）使用前须检查，绝缘鞋应完好，不能有破损现象。

（4）穿绝缘鞋时，应将裤管套入靴筒内；裤管不宜长及裤底外沿条高度，更不能长及地面，保持布帮干燥。

（5）非耐酸、碱、油的橡胶底绝缘鞋，不可与酸、碱、油物质接触，并应防止尖锐物刺伤。

（6）布面料的绝缘鞋只能在干燥环境下使用，避免布面潮湿或进水。

（7）电工鞋底的花纹已被磨光、并露出内部颜色时，就不能再作绝缘鞋使用了。

（8）绝缘鞋每半年应进行一次耐压试验，试验合格后方可继续使用。

62. 室内安全用电有哪些方面的要求？

有些安全用电知识与电工操作的技术要求和规定相同，如：相线必须接入开关，不可接入灯座；熔体规格必须按用电设备的实际需要选配；电气设备和器具应按使用环境选用；接地要严格按有关规定进行等。

室内安全用电的要求包括：

（1）严禁采用一线一地、二线一地和三线一地安装用电设备或器具。

（2）在一个插座或灯座上不可引接过多或功率过大的用电

器具。

（3）不得用铅丝等金属线来绑扎电源线。

（4）不得用潮湿的手去触及开关、插座和灯座等电气装置，更不可用湿布去揩抹电气装置和用电器具。

（5）没有掌握电气知识和技术的人，不可安装和拆卸电气设备、装置和线路。

（6）堆放物质、安装其他设施或搬移各种物体，要与带电的设备或导线相隔一定的安全距离（其中包括树枝与架空线的安全距离）。最小的安全距离如表 1-6 所示。

物体与带电体的最小安全距离   表 1-6

带电体电压等级（kV）	最小的安全距离（m）
10 及以下	1.5
35	3
110	4
220	5

（7）在搬移电焊机、鼓风机、电风扇、电钻和电炉等各种移动设备时，应先分离电源，更不可拖拉电源引线来移动电器设备。

（8）在潮湿环境中使用移动电器时，一定要采用 24V 安全电压电源，或采用 1∶1 隔离变压器；在锅炉、管道或蒸发器等金属容器内使用移动电器时，必须采用 12V 安全电压电源，并应有人在容器外进行监护。

（9）在雷雨时，不可走近高压电杆、铁塔和避雷针的接地导线周围，最少要相距 10m 以上，以防止雷电入地时周围存在跨步电压而造成触电事故。

（10）当有架空线断裂落到地面时，不能走近，要相距 10m 以上。万一在身边断落架空线或人已经进入具有跨步电压的区域时，要立即提起一只脚或双脚并齐，雀跃式跳出 10m 以外，切不可迈开双脚跨步奔跑，以防触电。

63. 室内电气火灾的主要原因有哪些?

(1) 电气线路使用年限长久、绝缘老化、铜铝导线连接接触不良、缺乏正常维护、发生漏电打火等原因，导致线路发热，烧坏绝缘，引起火灾。

(2) 电气线路的导线截面积选择过小，导线允许载流量小于负荷电流。例如，设计的住宅改建为娱乐场所，原来的导线截面积就过小。

(3) 熔断器熔断时的熔珠以及开关通断时，产生的火花落在下方易燃物上可能引发火灾。

(4) 电热用具、照明灯具工作时靠近易燃物或用完后忘记切断电源，如搁置在易燃基座上或用完后余热未散，立即装进可燃的包裹里，均会引起火灾。

64. 怎样预防电气火灾?

电气火灾的预防，必须从电气设备和线路的全过程作起，主要预防措施有：

(1) 选用合适的电气设备与线路。根据工程设计、生产工艺、使用条件、使用环境、使用目的、使用要求来选择合适类型的电气设备和线路。

(2) 规范安装电气设备和线路。在工程施工过程中，必须依据安装工程规范和特殊要求安装每一台电气设备和每一条线路。

(3) 正确使用电气设备和线路。

(4) 定期检查电气设备和线路。

(5) 定期维护电气设备和线路。

(6) 更换陈旧落后的电气设备和线路。

(7) 安装火灾监测和报警装置。

65. 电气火灾发生后迅速切断电源应注意些什么?

与普通火灾相比，电气火灾有以下特点：

（1）失火的电气设备可能带电，灭火时要防止触电，最好是尽快断开失火设备的电源。

（2）失火的电气设备可能充有大量的油，可能导致爆炸，使火势蔓延，须特别注意。

因此，发生电气火灾时，首先应想办法迅速切断着火设备的电源，然后再根据火灾特点进行扑救。切断电源时要注意的是：

（1）要使用绝缘工具操作。开关设备有可能受火灾影响，其绝缘强度大大降低。

（2）要注意拉闸顺序。不能带负荷拉闸，以免人为引发弧光短路故障。

（3）停电范围要恰当。不能扩大停电范围，以免影响扑救或造成其他不必要的损失。

（4）采用切断电源线的方法时，不同相要在不同部位剪断，防止发生短路。架空线路的剪断位置应选择在电源方向的支持物附近，以免导线跌落时引发接地故障或触电事故。

66. 带电灭火的措施和注意事项有哪些？

（1）应使用二氧化碳灭火器、干粉灭火器或 1211 灭火器等，这些灭火器的灭火剂均不导电，可直接用来扑灭带电设备的失火。使用二氧化碳灭火器时，要防止冻伤和窒息，因为二氧化碳是液态的，灭火时它喷射出来后，强烈扩散，大量吸热，形成温度很低（可达 $-78.5\ ℃$）的雪花状干冰，降温灭火，并隔绝氧气。因此使用二氧化碳灭火器时，要打开门窗，并要离开火区 $2\sim3m$，勿使干冰沾上皮肤，以防冻伤。

（2）不能使用一般泡沫灭火器灭火，因为其灭火剂（水溶液）具有一定的导电性，而且对电气设备绝缘有一定的腐蚀性。一般也不能用水进行灭火，因水中含有导电的杂质，用水带电灭火易发生触电事故。

（3）可使用干砂覆盖进行带电灭火，但只能是小面积的。

（4）带电灭火时，应采取防触电的可靠措施。如遇有人触电，应立即进行急救处理。

🐾67. 家庭安全用电有哪些要求？

家庭中直接使用安全电压供电，对使用者来说是安全可靠的。但是，大部分家用电器的容量比较大，不可能采用那么低的电压来供电，只能采用220V市电这样的危险电压供电。

加上接触家用电器的人，一般并不懂电，因此家庭安全用电知识十分重要。

家庭安全用电一般要求做到：布线应合理，不能私接乱搭用电线路，不能超负荷用电，不能带电接线和移动电器，随时注意电气绝缘的可靠，正确使用插头插座。

🐾68. 家庭用电线路如何布置？

家庭用电的导线应使用绝缘导线，包括接户线、进户线和室内布线。

接户线对地的距离不应小于2.5m，距离不够时应装设接户电杆。接户线在通信线上方交叉时，两线之间的垂直距离不应小于0.6m。

进户线一般要尽可能接近供电线路并避开房屋的进出口，连接点到进户点管口间的导线应有一定的松弛度，而且进户线松弛下垂的最低点要比进户点低0.2m，做成倒人字形的防水弯头。进户线穿墙时应加套管保护，瓷导管或塑料导管应内高外低安放，略有倾斜。

屋内布线应根据建筑物的性质、要求、电器分布和环境条件来选择具体方式，基本方式有明敷和暗敷两种，现阶段比较多的是采用塑料护套线敷设方式，选择布线方式的基本原则是安全、可靠、美观、经济。

🐾69. 为什么不允许私接乱搭用电线路？

家庭用电线路必须由专职电工安装，不允许私接乱搭，否则可能造成电气事故，严重威胁用电安全。

家庭用电是由低压电网以三相四线制或三相五线制供电的，用电电压都是 220V 单相电。为了实现三相负荷均衡，各个单相用户的用电量要统筹分配。只有三相负荷平衡时，中线上才没有电流，这时作为工作零线约中性线，对地电压才等于零。如果三相负荷不平衡，零线上就有电流通过，对地电压就不等于零；三相负荷不平衡程度越严重，零线电流就越大，零线的对地电压就越高，因而用户就越不安全。

私接乱搭用电的线路，接线配电往往不符合安装规程的要求，有可能造成电力分配不均衡。

70. 为什么不能超负荷用电？

用电电器的功率越大，通过电路的电流就越大。电流越大，在用电线路上的电压降落越大，而且由于电流的热效应使电器和导线及接头处的温度升高。导线上损失的电压增多了，用电电器两端的电压势必降低。如果用电电器两端的电压降低到一定程度，电器就不能正常工作；同时，由于电器和导线上的温度升高，会降低甚至破坏电器和用电线路的绝缘，引发短路、触电甚至火灾等电气事故。

因此，对于每一个家庭来说，都不能超负荷用电。首先，要根据家庭中所有用电电器的功率、功率因数，通过计算确定最大工作电流值，然后根据总的电流值选择电能表、总开关、分总熔断器和用电线路的导线截面积。如果家用电能表已经安装使用，而又要新增加一些家用电器，特别是增加空调器或微波炉等大功率的负荷，那就一定要计算增加这些负荷后总的电流值不得超过家用电能表的额定最大电流。如果超过了这个额定最大电流，就要重新选用电能表、总开关、分总熔断器，个别情况下还要重新选用导线截面积和重新布线。

71. 为什么不能带电接线？

我国的市电采用的是 220V 的正弦交流电，对人来说，触电是非常严重的事故，一定要设法避免。

在带电接线、带电更换熔断器的熔丝、带电更换灯具等带电作业时，只要稍不注意，就会发生严重的触电事故，因此不允许带电接线等带电作业。在需要加接临时线、更换电灯泡时，必须先断开电能表箱内的总开关。总开关一般是胶盖闸刀开关，只要将刀闸拉下来，室内所有线路和电器都不带电而且这种开关有明显的断开点，一看就知道电路是否已经断开。

72. 为什么不能随意移动电器设备？

不要随意移动处于工作状态的家用电器。移动正在播放节目的阴极射线管电视机，由于显像管灯丝处温度较高，有可能造成显像管管颈部分的玻璃裂开而损坏。特别是电炉这种在高温条件下工作的电热器具，它们的接线处绝缘层容易老化，非常容易在移动中使已经老化龟裂的绝缘层剥落，瓷套管也很容易破碎损坏，一旦带电移动，往往有可能使相线碰及电热器具的金属外壳，造成严重的触电事故。

73. 怎样注意电气绝缘的可靠性？

在家庭用电中必须严格禁止带电导体或导线裸露，可是在一般家庭中，却存在一些裸露带电体的薄弱环节。例如，不少房间都考虑今后安装吊灯或吊扇的需要，在房顶中央留有两根电源线；在墙壁电灯开关附近留有与吊灯匹配或与吊扇匹配的调速器连接线（留有两根线头，实际上是一根火线），有的竟然都剥开了绝缘层，让一小段导线裸露着。再如，有的导线的接头接点，插头插座的引线绝缘层剥离过多，裸露少许线芯；开关、熔断器、接线盒外壳破损；电器的端盖、护网损坏；螺口灯头外露；导线接头处绝缘胶带脱落等。对于这些地方，一定要引起注意，及时采取补救措施，保证电气绝缘的绝对可靠。

74. 怎样正确使用插座与插头？

我国主要采用中性点接地的三相四线制或三相五线制低压电网

供电，进入家庭的是单相二线制或单相三线制 220V 供电线路。因此，一般家用电器采用保护接零的方法来保证人身安全，具体做法是将用电设备正常时不带电的金属外壳连接到保护零线上。一旦用电设备绝缘破坏，将使相线碰壳变为单相短路，熔断保险丝而切断出现故障设备的电源。因而，家庭中使用的电源插头与插座的连接是否正确，对用电安全是非常重要的。

家庭用电最好采用单相三线制，也就是一根火线（相线），一根中性线（工作零线），一根专用的保护零线。目前广泛应用的还是单相二线制，其中中性线与保护零线共用一根。这种单相二线制供电，又采取保护接零的系统，绝对不允许零线断开。因为零线一旦断开，如果绝缘损坏，用电电器的金属外壳就会带电，因而引发触电事故。

单相三孔插座正确接线时，相线接至右下孔，工作零线接至左下孔，而将保护零线接入上方的一个孔中，相线可用试电笔测出，较红亮的那根线就是相线。单相三眼插头的正确接线，要注意把用电电器在正常工作时不带电的金属外壳接至上方的那一个插头上。

对于还在使用的单相二孔插座和二眼插头，不要把保护接零线接入插座孔中，也不要将用电电器的金属外壳连接线接入插头上。因为一旦插头插反，就会直接造成外壳带电，而两眼插头是无法避免这种插反的危险的。目前在有的家庭中还保留早已淘汰的圆孔二孔插头插座，这是十分危险的，很有可能造成金属外壳直接带电的触电事故，应当立即更换扁插头插座。

另外，为了安全起见，一些家用电器生产厂家在电冰箱、电视机、电取暖器等用电器具采用了不能拆线的不可重接型电源插头，用户只能配置相适应的插座，不要为了图省事适应已有的插座而改变这种安全的插头。

75. 家用电器的安全使用包括哪些方面？

家用电器的安全使用包括以下几个方面：保证电源电压与用电

电器的额定电压一致，防潮湿、防腐蚀、防高温，家用电器不使用时要及时切断电源，不能随意拆修家用电器。

76. 家用电器怎样防潮湿？

按国际上的统一规定，电器按防潮湿程度分为下述四种类型：普通型、防滴型、防溅型、水密型。

水密型电器偶尔短时受水浸，也能保证安全；防溅型电器偶尔短时受水淋和水溅，仍能保证安全；防滴型电器偶尔短时受水淋，仍能保证安全；防潮性能最差的是普通型电器。

一般家用电器采用普通型防潮结构，只适宜放置在通风干燥的地方。不要把这种类型的电器长期放置在潮湿的环境中，或者容易被雨淋水溅的地方，也不要用湿布擦洗或用水冲洗电器。因为普通型电器内没有防潮措施和设施，潮湿的环境会降低甚至损坏电器的绝缘，造成漏电和跳火，影响电器的正常运行和人身安全。

77. 家用电器怎样防腐蚀？

家用电器的金属部分，遇到酸、碱、盐的溶液，或者它们的气体，都会被腐蚀，从而影响电器正常的电气性能。电器的外壳及绝缘材料，遇到有机溶剂等化学物质也会受到不同程度的侵蚀，因此不能用酒精、汽油之类的有机溶剂擦洗电器的外壳。

放置电器的地方不能有腐蚀性气体、液体。厨房是家庭中腐蚀性物质污染比较严重的地方。煤炭中所含的硫化物在燃烧时，会转变成氧化硫等酸性气体；泄漏的天然气、煤气或液化石油气，以及它们燃烧后的产物，其中含有多种成分的腐蚀性气体；烹饪菜肴时，也会产生成分十分复杂的腐蚀性油烟尘雾。这些气体和烟尘，都会侵蚀电器，尤其是电器的接头和插头插座，最容易受腐蚀而脱焊或断裂。在有害物质中，灰尘加上潮湿，除了腐蚀作用外，还可能引起电气接触不良，或者造成高压部件跳火。

因此电冰箱、洗衣机等耐用的家用电器，一般不要放在厨房内。同时，还要注意厨房的通风换气，安装换气扇或脱排油烟机。

78. 家用电器怎样防高温？

高温会使电器的绝缘材料迅速老化，从而降低绝缘耐压强度和机械强度。如果温度超过一定限度，还会使绝缘材料被烤焦；另一方面，高温还会加速导线的接头和开关、插座、插头的氧化，从而减少导体的截面积，增加接触电阻；而导体截面积的减少以及接触电阻的增加，又会使这部分导体的温升增加。如此反复，温度越来越高，可能引起周围易燃物起火燃烧。

家用电器应该远离家庭中炉、灶等高温热源，不要让阳光直接照射，避免在高温环境中持续使用。家用电器应放置在通风散热条件好的地方，而且不要紧靠在墙壁上。

79. 家用电器不使用时，为什么要及时切断电源？

电器用具不使用时，要及时将开关拉下来或把插头从电源插座上拔下来。一些收录机、电视机，尽管没有开机使用，如果不切断电源，机内有些部件将长期受电。例如电视机显像管灯丝预热电路，有的就是利用电源插头预热的，只要插上电源插头，显像管灯丝就加上了预热电压，尽管预热电压只是额定电压的一半，但是灯丝长期通电会缩短显像管的使用寿命，而且多费电。

人临时离开家，或者较长时间离开用电场所时，应该把电视机、收录机等的电源断开，特别是电熨斗、电取暖器等电热器具，一定要将插头从电源插座上拔下来，以免引起火灾。

80. 为什么不能随意拆修家用电器？

家用电器使用时间长了，常常会出现一些毛病。对于像螺丝松动、护盖脱落、导线接触不良一类的小毛病，使用者可以自行处理。但是对于绝缘破坏、火花闪烁、声音异常、闻到焦味等故障，要及时送专业修理店修理。

在家用电器出现故障时，不熟悉电工技术的人员，不要随意拆修电器。因为他们不熟悉所使用电器的基本结构、工作原理和有关的技术数据，有的甚至连电路图和使用说明书都看不懂。在这样的情况下，随意拆修往往容易损坏器件，扩大故障范围，难以复原。即使不损坏器件，装配基本复原，但由于一些电器的螺孔是塑料件的，每拆卸一次，都会相应减少紧固件和其他有关零件的使用寿命。

81. 如何预防触电？

触电事故的发生有一定的规律，如：

（1）发生的季节性明显。据统计资料，触电事故发生的时间大多集中在 6～9 月份。

（2）低压设备多于高压设备。低压设备分布面广，而且接触的机会比高压设备多很多，接触的人员大多数又缺乏相应的电气安全知识。

（3）移动式或携带式设备多于固定式设备。移动式或携带式设备的运行掌握在使用者手中，具有移动频繁、工作条件差、设备故障率高等特点。

（4）多发生在电气连接部位。接线端子、电缆接头、灯头灯座、插头插座、控制开关等电气连接部位，其机械牢固性较差，绝缘强度较低，接触电阻较大。

（5）多因违章操作而发生。由于安全意识不强，安全制度不严，安全措施不完善，操作者素质不高等原因引进。

（6）不同行业有差别。冶金、矿业、建筑、机械等行业触电事故相对较多一些。

（7）不同年龄有差别。中青年工人、合同工、临时工和非电气工作人员相对较多一些。

（8）不同地区有差别。农村触电事故比城市触电事故多，约为3倍。

预防触电的措施有：

（1）绝缘、屏护和间距。绝缘是防止人体触及绝缘物把带电体封闭起来。陶瓷、玻璃、云母、橡胶、木材、胶木、塑料、布、纸和矿物油等都是常用的绝缘材料。屏护是采用遮拦、护栏、护盖箱闸等把带电体同外界隔绝开来。电器开关的可动部分一般不能使用绝缘，而需要屏护。高压设备不论是否有绝缘，均应采取屏护。间距就是保证必要的安全距离。间距除了防止触及或过分接近带电体外，还能起到防止火灾、防止混线、方便操作的作用。在低压工作中，最小检修距离不应小于0.1m。

（2）接地与接零。指与大地的直接连接，电气装置或电气线路带电部分的某点与大地连接、电气装置或其他装置正常时不带电部分某点与大地的人为连接都叫接地。为了防止电气设备外露的不带电导体意外带电造成危险，将该电气设备经保护接地线与深埋在地下的接地体紧密连接起来的做法叫保护接地。而保护接零是把电气设备在正常情况下不带电的金属部分与电网的零线紧密地连接起来。但应该注意，零线回路中不允许装设熔断器和开关。

（3）装设漏电保护装置。为了确保安全用电，可在380/220V低压电网中安装使用漏电断路器。在漏电断路器的保护范围内，当任何一相发生人身触电或漏电故障，电流达到整定值时（漏电保护动作电流一般为30mA），漏电断路器能迅速地自动切断电源，使触电者脱离危险。

（4）采用安全电压。这是用于小型电气设备或小容量电气线路的安全措施。根据欧姆定律，电压越大，电流也就越大。因此，可以把可能加在人身上的电压限制在某一范围内，使得在这种电压下，通过人体的电流不超过允许范围，这一电压就叫作安全电压。安全电压的工频有效值不超过50V，直流不超过120V。我国规定工频有效值的等级为42V，36V，24V，12V和6V。

82. 触电后对人体会造成哪些伤害？

根据触电电流流过人体后产生的伤害性质分为电伤和电击两种。电流通过人体时，造成人体的外部组织局部损害的属于电伤；

电流通过人体时，造成人体内部组织破坏的属于电击。

（1）电伤。电伤有烧伤、电的熔印、皮肤金属化等。

烧伤的特征是皮肤红肿、起泡或烧焦，与火烫伤相似。烧伤一般是由电弧造成的，也有的是电弧熔化金属飞溅到人体造成的。

电的熔印是在人体上留下了形状不同的痕迹，这种伤害比烧伤要轻一些，但也破坏了皮肤组织，使皮肤硬化，短期即可痊愈。

皮肤金属化是在发生电弧时，将熔化或蒸发的金属微粒喷射到皮肤上，并渗入到皮肤内，它对皮肤组织的破坏小，更短的时间就可恢复。

（2）电击。电击是人体直接接触了带电的导线或设备的带电部分，有电流流过人体，按电流的大小表现出各种现象，从肌肉痉挛直至心脏停博而死亡。

83. 触电的急救方法有哪些?

（1）首先要使触电者迅速脱离电源，脱离电源的方法有：

如果能及时拉下开关或拔出插销的，尽快拉下开关或拔出插销。

如果无法及时在开关或插销上切断电源时，就要采用与触电者绝缘的方法直接使其脱离电源，如戴绝缘手套拉开触电装置；或用干燥木棒、竹竿等挑开导线等。

要注意的是，当触电者脱离电源后有摔跌可能时，应在使之脱离电源的同时作好防摔伤的措施。

（2）触电者一旦脱离电源，应立即进行检查，如果是已经失去知觉，便要重点检查触电者的双目瞳孔是否已经放大，呼吸是否停止和心脏的跳动情况如何等。应在现场就地抢救，使触电者仰天平卧，松开衣服和腰带，打开窗户，但要注意触电者的保暖；及时通知医务人员前来抢救。根据检查结果，立即采取相应的急救措施。

对有心跳而呼吸不规则或呼吸停止的触电者，应采用"口对口"或"口对鼻"人工呼吸法进行抢救。

对有呼吸而心跳不规则或心跳停止的触电者，应采用"胸外心脏按压法"进行抢救。

对呼吸和心跳都已停止的触电者，应同时采用"口对口人工呼吸法"和"胸外心脏按压法"进行抢救。

抢救者要有耐心，抢救工作必须持续不断地进行，即使在送往医院途中，也不能停止。有些触电者，需要进行几个小时，甚至几十个小时的抢救方能苏醒。

（3）对触电者在现场抢救时，一般不可注射肾上腺素等强心针，因为这类药物会促使触电者的心室纤维颤动更加恶化，更不能采用泼冷水或压木板等缺乏科学根据的急救方法。

（4）有些失去知觉的触电者，在苏醒后会出现突然的狂奔现象，这样的狂奔往往会引起心力衰竭而死亡。抢救者必须注意，防止这种现象的发生。

对没有失去知觉的触电者，要使其保持安静，解除恐惧，不要让他走动，以免加重心脏负担；及时请医生诊治。同时，对触电者要随时观察，注意状况变化，防止事后突然出现"假死"。假死往往会在几个小时内发生。

☙84. 怎样实施口对口人工呼吸法？

（1）迅速解开触电者的衣服、裤子，松开上身的紧身衣、胸罩和围巾，使其胸部能自由扩张，不致妨碍呼吸。

（2）使触电者仰卧，不垫枕头，将头先侧向一边，清除其口腔内的血块、假牙及其他异物。如果其舌根下陷，则应将舌头拉出，使气道畅通。然后将其头部扳正，使之尽量后仰，鼻孔朝天，使气道畅通。

（3）救护人位于触电者一侧，用一只手捏紧其鼻孔，不使漏气；用另一只手将其下颌拉向正前方，使其嘴巴张开。可在其嘴上盖一层纱布，准备对其吹气。

（4）救护人作深呼吸后，紧贴触电者嘴巴，向其大口吹气，如图1-12（a）所示。如果触电者的嘴撬不开，则可捏紧其嘴唇，紧贴其鼻孔吹气。吹气时，要使触电者胸部膨胀。

（5）救护人吹气完毕后换气时，应立即离开触电者的嘴巴（或鼻孔），并放松捏紧的鼻或嘴，让其自由排气，如图 1-12（*b*）所示。

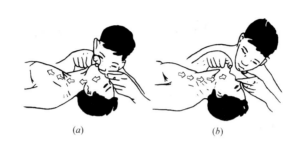

图 1-12　口对口吹气的人工呼吸法

（*a*）贴紧吹气；（*b*）放松换气

按照上述操作要求对触电者反复吹气、换气，每分钟约 12 次。对儿童施救时，鼻子不捏紧，任其自由换气，而且吹气不能过猛。

85. 怎样实施人工胸外按压心脏法？

（1）迅速解开触电者的衣服、裤子，松开上身的紧身衣、胸罩和围巾，使其胸部能自由扩张，不致妨碍呼吸。

（2）救护人位于触电者一侧，最好是跨腰跪在触电者腰部，两手相叠，手掌根部放在心窝稍高一点的地方。

（3）救护人找到触电者的正确压点后，自上而下垂直均衡地用力向下按压，压出心脏里的血液，如图 1-13（*a*）所示。

（4）按压后，掌根迅速放松，但手掌不要离开胸部，使触电者胸部自动复原，心脏扩张，使血液又回到心脏，如图 1-13（*b*）所示。

按照上述操作要求对触电者的心脏反复地进行按压和放松，每分钟约 60 次。按压时，定位要准确，用力要适当。

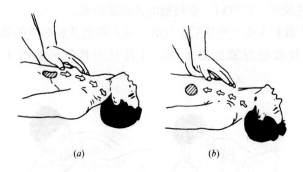

图 1-13   人工胸外按压心脏法

(a) 向下按压；(b) 放松回流

第 2 章　电 气 照 明

2.1　电能表

1. 常用的电能表有哪两种?

电能表是专门用来计量电能的电气仪表,家用电能表的作用是计量一定时间段内通过家庭电路的电能,计量单位为 kWh。

常用的电能表分为感应式(机械式)电能表和电子式电能表两大类。

(1)感应式电能表。感应式电能表是利用固定交流磁场与该磁场在可动部分的导体所感应的电流之间的作用力而工作的仪表。交流感应式电能表有结构简单、电流特性好、工作性能稳定等优点;同时也存在自身功耗大、启动电流大、易漏电、无法监控管理等缺陷。图 2-1 为一款单相感应式电能表。

图 2-1　DD28 型单相感应式有功电能表

（2）电子式电能表。电子式电能表是通过对用户供电电压和电流实时采样，采用专用的电能表集成电路，对采样电压和电流信号进行处理并相乘转换成与电能成正比的脉冲输出，通过计度器或数字显示器显示。图 2-2 所示为一款电子式电能表。

电子式电能表与机械式电能表相比较有明显优势。例如：计量精度高、负荷特性较好、误差曲线平直、功率因数补偿性能较强、防窃电能力强、自身功耗低，特别是其计量参数灵活性好、派生功能多。由于单片机的应用给电能表注入了新的活力，这些都是一般机械表难以做到的。

图 2-2　电子式电表

🦷2. 单相交流感应式电能表的结构是怎样的？

单相交流感应式电能表品种多，但结构基本相同，由测量机构和辅助部件两部分组成。

（1）测量机构。测量机构是电能表测量电能的核心部分，包括驱动元件、转动元件、制动元件、上轴承、下轴承、计度器等。

（2）辅助部分。电能表的辅助部分包括基架、底座、外壳、接线端钮盒和铭牌。其中铭牌附在表盖上或固定在计度器的框架上，铭牌上标明了制造商、表型、额定电压、标定电流、额定最大电流、频率、相数、准确度等级、电能表常数等。

3. 电能表接线端子有什么作用?

感应式有功电能表是通过自身的接线端子与外电路连接的,电能表的每一个电磁元件的线圈有 2 个出线,分别连接到相应的接线端子上。单相电能表有 4 个接线端子,还有一个电压小钩与一个端子相连接。接线端子一般是铜质的,安装在电能表下方的接线盒中,接线盒是用绝缘材料制成的支持零件,外面盖上盖板,防止触电。盖上有孔眼的螺钉可以加装封印,防止无权拆封人员开启而影响电能表计量的准确性。

4. 电能表常用的正确接线方式有哪些?

单相感应式有功电能表接线盒中有 4 个接线端子,常用的正确接线方式有两种。一种是一进一出直接接入方式,如果以与电压小钩相连的接线端子为1,自左往右数,电源相线接 1 端,电源零线接 3 端,自 2,4 端引出导线接至负荷,如图 2-3 所示。另一种是二进二出直接接入方式,电源相线和零线分别与 1,2 端相连接,自 3,4 端引出两根线接至负荷。

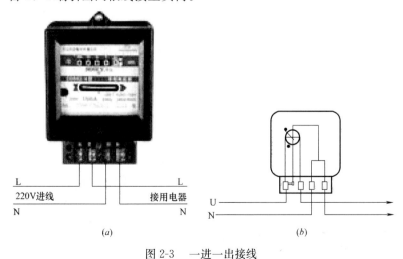

图 2-3 一进一出接线

(a) 实物图;(b) 接线图

上述两种接线方式的接线原理相同，负荷电流完全通过电流线圈，电源电压完全跨接在电压线圈上。其中一进一出接线方式的两个接线端子近似等电位，从绝缘方面来看，接线盒容易制造，国产单相电能表大多数采用如图 2-3 所示一进一出的接线方式。

电子式电能表的接线如图 2-4 所示。

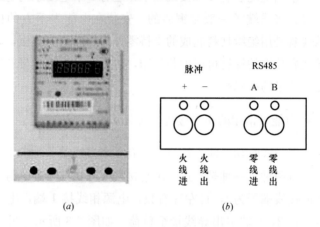

图 2-4　电子式电能表接线

(a) 实物图；(b) 接线图

5. 什么是电能表的标定电流和额定最大电流?

电能表铭牌标注的电流值为标定电流。而电能表在设计时考虑到电流线圈所能允许长时间通过的最大电流称为额定最大电流。因此，额定最大电流又表明了电能表的过载能力。

常用的家用电能表的铭牌标定电流分成 2.5A，3A，5A，10A 等几种。直接接入式单相电能表，铭牌标定电流与额定最大电流的表示方法有以下三种：

(1) 只标注了标定电流的，如 2A，5A，则额定最大电流等于标定电流的 1.5 倍。

(2) 标定电流为 2 (4) A，3 (6) A，5 (10) A，则额定最大电流等于标定电流的 2 倍，即括号里的值。

(3) 标定电流为 2 (8) A，2.5 (10) A，5 (20) A，则额定

最大电流等于标定电流的 4 倍，就是括号内的数值。

例如，电能表铭牌电流为 5A，那么实际上可以按 5A×1.5＝7.5A 来使用；电能表铭牌电流为 5（10）A，实际上可以按 10A 使用；电能表铭牌电流为 5（20）A，实际上可以按 20A 来使用。

6. 怎样选择家用电能表？

一般家庭选用直接接入式的单相电能表，有的家庭所有用电器具的总功率较大时，需要采用电流互感器。只需选用直接接入式的单相电能表的选择包括三个方面：

（1）电压选择。电能表的额定电压要与被测量电压一致，一般情况下，电能表的额定电压与市电相同，这一点可以满足。

（2）电流选择。电能表的额定最大电流，要略大于被接电路可能出现的最大电流，但不能选得过大。因为电能表的转动部分和计数机构的摩擦力较大，在小电流时转动力短小，误差将增大。另外，由于电流电磁铁铁芯的非线性带来的误差在小电流时也比较大，当负荷电流低于标定电流的 5％时，电能表很不稳定，而且误差相当大。所以电能表的电流选择要与负荷电流相适应。

（3）注意功率因数的影响。功率因数直接影响负荷电流的大小，这一点在选择电能表时要引起注意。

7. 怎样确定电能表的电流值？

用户可以根据家庭中用电器具的最小负荷和最大负荷来选定电能表的电流值。一般，以负荷电流最小时不低于电能表标定电流的 10％，最大负荷电流接近但不大于电能表的额定最大电流为宜。

最小负荷是指用户所有用电器具中容量最小的一个的容量，最大负荷是指用户所有用电器具容量之和。

8. 选择电能表时，为什么要考虑负荷功率因数的影响？

交流电路的功率中，负荷从电源吸取的有功功率，一般总是小于电源的视在功率。有功功率与视在功率之比称为功率因数，即：

$$\cos\varphi=\frac{P}{S} \tag{2-1}$$

式中　$\cos\varphi$——功率因数；

　　　　P——有功功率，W；

　　　　S——视在功率，VA。

通常情况下，由于空调器、电冰箱、洗衣机等感性负荷的存在，家庭用电设备并不是纯电阻性的，因此不能简单地用负载功率除以电压来决定负荷电流。常用家用电器的功率、功率因数及额定电流值列入表 2-1 中。

家用电器的功率、功率因数与额定电流　　表 2-1

名称	消耗功率（W）	功率因数	额定电流（A）
白炽灯	15-100	1	0.07～0.45
荧光灯	（6＋4）～（40＋8）	0.34～0.52	0.14～0.41
51cm 彩电	80	0.7～0.9	0.4～0.5
37 寸的 LG 液晶电视	185	0.7～0.9	
40 寸的三星液晶电视	210	0.7～0.9	
空调柜机	2500～4500	0.92	
空调挂机	1200～2500	0.91	
空调窗机	800～2000	0.91	
400mm 风扇	66	0.91	0.33
全自动洗衣机	200～250	0.5～0.6	
电冰箱	90～200	0.24～0.3	
电熨斗	300～1000	1	1.36～4.55
电热毯	60～150	1	
电吹风	350～550	1	1.59～2.5
电热杯	300	1	1.36
电暖风	1500	1	6.8
电烤箱	600～1200	1	2.73～5.45
电饭锅	300～1400	1	1.36～6.36
小型吸尘器	100～600	0.94	0.48～2.9

【例 2-1】 某户有 20W 荧光灯 3 个，40W 白炽灯 3 个，51cm 彩电 1 台，180W 洗衣机 1 台、130W 电冰箱 1 台，400mm 电风扇 2 台，试选用电能表。

【解】 该户用电电器中，只有白炽灯是纯阻性负载，其余的都要考虑功率因数的影响。

白炽灯电流 $\quad I_1 = \dfrac{P_1}{U} = \dfrac{40 \times 3}{220} = 0.545\text{A}$

荧光灯电流 $\quad I_2 = \dfrac{P_2}{U\cos\varphi_2} = \dfrac{20 \times 3 + 4 \times 3}{220 \times 0.5} = 0.654\text{A}$

式中 4W 是每只荧光镇流器的有功损耗。

彩电电流 $\quad I_3 = \dfrac{P_3}{U\cos\varphi_3} = \dfrac{80}{220 \times 0.8} = 0.454\text{A}$

洗衣机电流 $I_4 = \dfrac{P_4}{U\cos\varphi_4} = \dfrac{180}{220 \times 0.6} = 1.363\text{A}$

电冰箱电流 $I_5 = \dfrac{P_5}{U\cos\varphi_5} = \dfrac{130}{220 \times 0.3} = 1.969\text{A}$

风扇电流 $\quad I_6 = \dfrac{P_6}{U\cos\varphi_6} = \dfrac{66 \times 2}{220 \times 0.91} = 0.659\text{A}$

负载最大电流 $I = I_1 + I_2 + I_3 + I_4 + I_5 + I_6 = 5.644\text{A}$。这样就要选用 3（6）A 的电能表。

如果不考虑功率因数的影响，将用电电器的功率简单地加起来求得负载最大电流为：

$$I' = \frac{P}{U} = \frac{120 + 72 + 80 + 180 + 130 + 132}{220} = 3.245\text{A}$$

照此计算只需选择 2（4）A 的电能表。这样一来，电能表的电流线圈会超载，尽管电能表的电流线圈的过载能力较强，但是这种情况也应该避免。

9. 新添置容量较大的家用电器之后，怎样估算电能表能否继续使用？

电能表已经安装使用，而又新添置了空调器或电热器具等容量比较大的家用电器时，就要核算电能表的容量是否够用。

核算时，不仅要考虑同时使用的电器的总功率，还要充分估计到非电阻性负荷的功率固数。如果电能表为 3（6）A，它的额定最大电流是 6A，但允许接入的最大功率不一定为 $220×6＝1320W$。只有当用电电器都是电阻性负载时它们的功率因数都是 1 时，电能表允许的最大功率才达 1320W。如果用电电器的平均功率因数是 0.8，则 3（6）A 电能表所允许接入的最大功率只有 $220×6×0$，$8＝1056W$。

【例 2-2】 仍以例 2-1 的用户为例子，该用户使用的电能表为 3（6）A，现在不打算更换新表，又准备购进 1 台 14 升的电烤箱，功率为 600W，计算电能表是否够用。

【解】 电烤筒为电阻性负载，功率因数等于 1，电烤箱的电流为：

$$I_7＝\frac{P_7}{U}＝\frac{600}{220}＝2.727A$$

此时，可能的最大负荷电流为 $5.644＋2.727＝8.371A$。

如果是选择电能表，应该选电流值为 5（10）A 或 2.5（10）A，负荷最大电流 8.371A 没有超过电能表的额定最大电流 10A。问题是，现在电能表已选定 3（6）A，并且正在使用之中。这种情况之下，可以引入一个同时系数的概念。就是说，一个家庭的所有用电电器不可能全部同时使用，允许打一个折扣。一般取同时系数 0.7。因此最大电流为 $8.371×0.7＝5.8597A$，考虑了同时系数之后，该用户的最大负荷电流只有 5.8597A，就低于已在使用中的电能表额定最大电流 6A 了，因此，原来的电能表可以继续使用。

10. 家用电能表的安装地点如何选定？

目前普遍采用一户一表的供配电方式，电能表表箱已经标准化、系列化、通用化。电能表及其表箱可以由当地供电部门选型与安装，也可以由用户根据自己的具体情况，自行选型与安装。

多层住宅楼，每户的电能表应集中安装在各层楼的公用辅助部位，既整齐美观，又便于抄表计费。对于折式楼梯，电能表表箱设置在每层楼的半平台处；对于全跑式楼梯，电能表表箱设置在每层楼的扶梯口墙壁处。电能表表箱采用三相四线或三相五线制供电方式，各用户的电能表应尽可能均匀分布在三相上。同时，也为将来三相用电电器进入家庭作准备。

电能表表箱中的总开关一般采用瓷底胶盖闸刀开关或自动空气开关。

HK系列瓷底胶盖闸刀开关是由刀开关和熔体组合而成的一种低压电器，瓷底板上装有进线座、静触头、熔断体、出线座以及刀片式的动触头，没有专门的灭弧机构，用胶盖来防止灼伤人手。因此拉闸合闸时应动作迅速，使电弧较快地熄灭，可以减轻电弧对刀片和触头座的灼伤。这种开关容易被电弧烧坏，引起接触不良等故障，但因其结构简单，价格便宜，特别是有明显的断开点，在家用电能表箱中被广泛采用。选用开关时，要求开关的额定电压为250V，额定电流等于或大于电路最大的工作电流。常用的二极刀开关型号规格列入表2-2中。

闸刀开关不允许平装，更不能倒装，以免发生误动作。为了安全，接线时必须使动触头在分闸时不带电，因此进线一定要接在静触头上，出线接在动触头上。否则，因为动触头在分闸时带电，容易造成短路和触电事故。胶盖必须完整无缺，并且要求盖紧，旋上紧固螺丝，这样在分断电路时能防止产生的电弧飞出胶盖外而灼伤操作者。因为胶盖盒在熔体熔断时容易被电弧烧毁，所以在开关胶盒内安装熔丝的部分应用裸导线连接，不使它起熔断保护作用，而在开关出线的后面，另外装一组分总熔断器。

HK1 瓷底胶盖闸刀开关型号规格　　　　　　表 2-2

型号	极数	额定电压（V）	额定电流（A）
HK1-10			10
HK1-15	2	250	15
HK1-30			30
HK1-15			15
HK1-30	2	220	30
HK1-60			60

自动空气开关与闸刀开关和熔断器组合相比较，前者占地面积小，安装方便，操作安全。电路短路时，电磁脱扣器自动脱扣进行短路保护，故障排除后可重复使用，在电能表中应用越来越多。DZ5-20 型装置式自动开关实物见图 2-5，操作机构在中间，上面是热脱扣器，下面是电磁脱扣器，触头系统在后面。除主触头外，还具有常开（动合触头）和常闭（动断）触头各一对，上述全部结构均装在塑料外壳内，外壳上只伸出红色分断按钮、绿色闭合按钮、主触头和辅助触头的接线柱。常用的有型号 DZ5-20/200、DZ5-20/210、DZ5-20/220、DZ5-20/230。

图 2-5　DZ5-20 自动空气开关

🔧 11. 如何选用分总熔断器？

分总熔断器串联在电能表箱中，当用电电器或电气线路发生过载或短路时，熔断器中的熔体首先熔断，使用电电器或电气线路脱离电源，起到保护作用。分总熔断器是一种保护电器。

熔断器由熔体和安装熔体的熔座两部分组成。熔体是熔断器的主要部分，常做成丝状、片状或管状；熔座是熔体的保护外壳，在熔体熔断时还有灭弧作用。熔断器分为几种：插入式熔断器，如 RC1A 型；螺旋式熔断器，如 RL1 型；管式熔断器，如 RM10 型；

填料封闭式大容量熔断器，如 RTO 型。熔断器如图 2-6 所示。

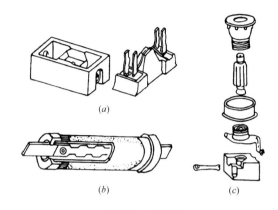

图 2-6　熔断器
(a) 插入式；(b) 管式；(c) 螺旋式

RC1A 插入式熔断器是一种瓷插式熔断器，熔体采用铅锌合金或铝片。RC1A 熔断器价格便宜，广泛用于照明电路的短路保护中。RC1A 系列瓷插式熔断器的瓷盖和瓷底均用电工瓷制成，电源线和负载线分别接在瓷底两端的静触头上，瓷底座中间有一空腔，与瓷盖凸出部分构成灭弧室。瓷插式熔断器规格型号列入表 2-3 中。

熔断器的选择原则是：熔断器的额定电压大于或者等于线路的工作电压，熔断器的额定电流大于或者等于所装熔丝的额定电流。

RC1A 插入式熔断器型号规格　　　　表 2-3

型号	额定电压(V)	额定电流(A)	熔体额定电流(A)
AC1A	380	5	2,4,5
		10	2,4,6,10
		15	6,10,15
		30	15,20,25,30
		60	30,40,50,60

12. 如何选用熔断器的熔丝?

熔丝（熔体）的材料有两种：一种是低熔点材料如铅锡合金制

成的不同直径的圆丝，即保险丝，由于其熔点低，不容易熄弧，对熔断器各部分的影响小，一般用在小电流电路中；另一种是高熔点材料如银、铜等，用在大电流电路中。

每一种规格的熔丝都有额定电流和熔断电流两个参数。通过熔丝的电流小于额定电流时，熔丝不会熔断；只有超过其额定电流并达到熔断电流时，熔丝才会熔断。通过熔丝的电流越大，熔丝熔断越快。一般规定，熔丝通过的电流为其额定电流的 1.3 倍时，应在 1h 以上熔断；通过额定电流的 1.6 倍时，应在 1h 之内熔断；通过额定电流的 2 倍时，应在 30～40s 熔断；当达到额定电流的 8～10 倍时，熔丝应瞬时熔断。

可见，熔断器对于过载是很不灵敏的，不宜作过载保护用，主要用于短路保护。熔断电流一般是熔丝额定电流的 2 倍。

选配熔丝时，必须按照电路中实际的工作电流为依据，切不可按熔断器的规格配用。对于家用电能表分总熔断器的熔丝，正确的选择方法是：熔丝的额定电流大于或等于所有用电电器额定电流之和，小于或等于电能表额定最大电流。

13. 电能表的误差是怎样产生的？

在负载条件下，只有与负载功率成正比的驱动功率和制动功率作用在转盘上，感应式电能表才能正确计量电能。实际上，除了驱动力矩和制动力矩外，还存在抑制力矩、摩擦力矩和补偿力矩等附加力矩，这些附加力矩破坏了转盘的转速与负载功率成正比的关系，引起了电能表的误差。

电能表的误差分为基本误差和附加误差。基本误差为电能表在规定的条件下测得的相对误差，它是由电能表内部结构决定的。附加误差是由于外界因素造成电能表不在规定条件下运行所形成的相对误差，它与电压、频率、波形畸变、外部磁场、倾斜度及运行不稳定、相序改变、三相电压不对称、负载不平衡等有关。

64

14. 单相感应式电能表有哪些调整装置？

调整装置能将电能表的误差调整到满足规定的误差范围内。单相电能表的调整装置有：满载调整装置、轻载调整装置、相位角调整装置和防止潜动调整装置。

15. 单相电能表的相线与零线为什么不能颠倒接入？

单相电能表的相线与零线颠倒接入，是一种错误的接线方式。在一般情况下，电能表也能计量电能，但如果用户将照明灯具、家用电器接到相线和与大地接触的水管、暖气管之间，则负荷电流可能不流过或很少流过电能表的电流线圈，造成电能表少计电量。更要注意的是，这种接线增加了不安全因素，容易造成人身触电事故。

因此，单相电能表的相线与零线是不能颠倒接线的。

16. 怎样改变电能表的转动方向？

电能表转盘的旋转方向取决于旋转磁场的转动方向，如果改变旋转磁场的转向，就能改变电能表的转向。也就是说，改变电流线圈中电流的方向，则电流磁通的方向改变；改变电压线圈中电流的方向，则电压磁通的方向改变，这些都能改变电能表的转向。

17. 安装电能表有哪些具体要求？

电能表的安装，原则上应按照有关规程的规定进行。一般的要求有：

（1）安装电能表的地方应干净明亮，便于抄表读数。电能表离地面高度一般不低于 1.6m，低了不安全。

（2）安装电能表的地方的温度应在 0～40℃之间，对热源的距离不小于 0.3m，并且温度高低变化不大。温度过高或过低或变化剧烈，都会降低表的准确度。试验表明，准确度为 2.0 级的电能表，温度每改变 1℃ 误差变化 1%。

（3）安装电能表的地方以干燥为宜，湿度不应超过85％，而且不应含有腐蚀性气体，否则容易腐蚀、氧化，损坏电能表的部件和电气线路的绝缘，因而不能保证电能表的使用年限，也有漏电的危险。

（4）电能表离开工作位置向任何方向倾斜角度不应大于1°，如果倾斜角度过大，会降低计量精度。试验表明，当电能表倾斜角度为3°时，误差改变为±1％～3％。

（5）对于家用直接接入式电能表的接线，应先接负载侧的导线，后接电源侧的导线；拆线时，先拆电源侧的导线，后拆负载侧的导线。

（6）具体接线时，先将接线端子的接线螺丝松开，然后把导线头插入接线端子孔内，拧紧里面一个螺丝，向外拉一下导线，若牢固，再拧紧外面一个螺丝。如果导线头与接线端子接触不良，可能由于接头处发热温度高而烧坏接线端于和接线盒。接线端子的接入导线，不允许焊接，不允许将裸导线露在接线盒外面。接线完毕后，上好接线盒并封印，以利安全，防止私自改线影响计量准确。电能表安装完成之后，应带负荷试验其转盘旋转是否正常。

🔧 18. 电子式电能表的特点有哪些？

（1）功能强大。一只电子式电能表相当于几只感应式电能表，如一只功能全面的电子式多功能表相当于两只正向有功表、两只正向无功表、两只最大需量表和一只失压计时仪，并能实现这七只表所不能实现的分时计量、数据自动抄读等功能。同时，表计数量的减少，有效地降低了二次回路的压降，提高了整个计量装置的可靠性和准确性。

（2）准确度等级高。感应式电能表的准确度等级一般为0.5～3.0级，并且由于机械磨损，误差容易发生变化，而电子式电能表可方便地利用各种补偿轻易地达到较高的准确度等级，并且误差稳定性好，电子式电能表的准确度等级一般为0.2～1.0级。

（3）频率响应范围宽。感应式电能表的频率响应范围一般为

$45\sim55\,\mathrm{Hz}$，而电子式多功能表的频率响应范围为 $40\sim1000\,\mathrm{Hz}$。

（4）受外磁场影响小。外界磁场对感应式电能表计量性能影响大，而电子式电能表主要依靠乘法器进行运算，其计量性能受外磁场影响小。

（5）便于安装使用。感应式电能表的安装有严格的要求，若悬挂水平倾度偏差大，甚至明显倾斜，将造成电能计量不准。而电子式电能表采用的是电子式的计量方式，无机械旋转部件，因此不存在上述问题，另外它的体积小，重量轻，便于使用。

（6）过负荷能力强。感应式电能表是利用线圈进行工作的，为保证其计量准确度，一般只能过负荷 4 倍；而电子式多功能表可达到过负荷 $6\sim10$ 倍。

（7）防窃电能力强。感应式电能表防窃电能力较差。新型电子式电能表从基本原理上实现了防止常见的窃电行为。例如，ADE7755 电子式电能表能通过两个电流互感器分别测量相线、零线电流，并以其中大的电流作为电能计量依据，从而实现防止短接电流导线等的窃电行为。

✿19. 我国电子式电能表的应用情况如何？

电子式电能表是高精技术产品，世界上只有一些发达国家能够设计制造。我国已经有自己研制的全电子式电能表。

普通电子式电能表由测量模块、电源电路、显示器等部分组成。测量模块由电压、电流变换以及外部 220V 交流电压电流乘法器构成；电源电路提供整个表计的供电电源，它将外部输入的交流电源变换为直流输出，由线性或开关电源构成；显示器或以由机械计度器或液晶显示器构成，在功能单一的单相电子式电能表中，一般采用机械计度器。

电子式电能表的核心是专用的集成电路，早在 20 世纪 90 年代，大连 3280 电子工业公司完成了专用电路的设计，并通过美国德克萨斯仪器公司检验，开发出 DSSF27 型全电子式电能表，这种具有 20 世纪 90 年代世界先进水平的产品已批量生产，产品已进入市场。

20. 智能电能表的发展情况怎样?

国际电工委员会 IEC/TC13 对有关电能的测量标准体系进行了全面调整,TC13 专业的所有标准根据类别的不同、对象的不同和技术要求的共性及特殊性,分别编入 IEC62051-IEC62059 共 9 个分区中。

国际市场电能表分为:机械式、机电式有功或无功单、三相电能表,电子式简单有功或无功单、三相电能表,电子式多功能三相电能表,电子式预付费单、三相有功电能表,智能单、三相电能表。

高级量测体系 AMI 是智能电能表的一个功能模块,AMI 采用固定的双向通信网络,能够每天多次读取智能电能表,并能将电能表的信息,包括故障报警和装置干扰报警适时地从电能表传到数据中心。

2.2 室内电气线路

21. 常用的室内电气线路导线有哪些种类?

(1) BX、BLX 型橡皮绝缘线。
(2) BV、BLV 型塑料绝缘线。
(3) RV 型铜芯聚氯乙烯绝缘连接软导线。
(4) RVB 型铜芯聚氯乙烯绝缘平行连接软导线。
(5) RV 型铜芯聚氯乙烯绝缘绞型连接软导线。
(6) RVV 型铜芯聚氯乙烯绝缘护套圆形连接软导线。
(7) RVVB 型铜芯聚氯乙烯绝缘护套平行连接软导线。

22. 常用绝缘导线的允许载流量是多少?

按不同的绝缘材料和不同的用途,绝缘导线可分为塑料线、橡皮线、塑料护导线、棉纱编织橡皮软线(花线)、橡套软线和铅包线，以及各种电缆。

BV、BLV 型塑料绝缘线和 BX、BLX 型橡皮绝缘线用来作为交直流额定电压为 500V 及以下的户内照明和动力线路的敷设导线。

（1）BX、BLX 型橡皮绝缘线的规格和明敷时的允许载流量如表 2-4 所示。

BX、BLX 型橡皮绝缘线的规格和明敷时的允许载流量（A）

表 2-4

芯线截面积 （mm²）	芯线材料	环境温度			
		25℃	30℃	35℃	40℃
2.5	铜芯	35	32	30	27
	铝芯	27	25	23	21
4	铜芯	45	41	39	35
	铝芯	35	32	30	27
6	铜芯	58	54	49	45
	铝芯	45	42	38	35
10	铜芯	84	77	72	66
	铝芯	65	60	56	51

（2）BV、BLV 型塑料绝缘线的规格和明敷时的允许载流量如表 2-5 所示。

BV、BLV 型塑料绝缘线的规格和明敷时的允许载流量（A）

表 2-5

芯线截面积 （mm²）	芯线材料	环境温度			
		25℃	30℃	35℃	40℃
2.5	铜芯	32	30	27	25
	铝芯	25	23	21	19
4	铜芯	41	37	35	32
	铝芯	32	29	27	25
6	铜芯	54	50	49	43
	铝芯	42	39	36	33
10	铜芯	76	71	66	59
	铝芯	59	55	51	46

（3）RV 型铜芯聚氯乙烯绝缘软导线的规格和允许载流量如表 2-6 所示。

RV 型铜芯聚氯乙烯绝缘软导线的规格和单根空气敷设时的允许载流量

（导线最高允许工作温度 65℃，环境温度 25℃）　　表 2-6

额定电压 （V）	芯线数	标称截面积 （mm²）	线芯结构根数 /直径(mm)	外径(mm)	允许载流量 （A）
500	1	0.3	16/0.15	2.3	9
		0.4	23/0.15	2.5	11
		0.5	16/0.2	2.6	12.5
		0.75	24/0.2	2.8	16
		1.0	32/0.2	3.0	19
750	1	1.5	30/0.25	3.5	24
		2.5	49/0.25	4.2	32
		4	56/3.0	4.8	42

（4）RVB 型铜芯聚氯乙烯绝缘平行软导线的规格和允许载流量如表 2-7 所示。

RVB 型铜芯聚氯乙烯绝缘平行软导线的规格和单根空气敷设时的允许载流量

（导线最高允许工作温度 65℃，环境温度 25℃）　　表 2-7

额定电压 （V）	芯线数	标称截面积 （mm²）	线芯结构根数 /直径(mm)	外径(mm)	允许载流量 （A）
300	2	0.3	16/0.15	2.3×4.0	7
		0.4	23/0.15	2.5×4.6	8.5
		0.5	16/0.2	3.0×5.8	9.5
		0.75	24/0.2	3.2×6.2	12.5
		1.0	32/0.2	3.4×6.6	15

（5）RVS 型铜芯聚氯乙烯绝缘绞型软导线的规格和允许载流量如表 2-8 所示。

RVS 型铜芯聚氯乙烯绝缘绞型软导线的规格和单根空气敷设时的允许载流量

（导线最高允许工作温度 65℃，环境温度 25℃）　　表 2-8

额定电压 （V）	芯线数	标称截面积 （mm²）	线芯结构根数 /直径(mm)	外径(mm)	允许载流量 （A）
300	2	0.3	16/0.15	4.3	7
		0.4	23/0.15	4.6	8.5
		0.5	16/0.2	5.8	9.5
		0.75	24/0.2	6.2	12.5

（6）RVV 型铜芯聚氯乙烯绝缘护套圆型软导线的规格和允许载流量如表 2-9 所示。

RVV 型铜芯聚氯乙烯绝缘护套圆型软导线的规格和单根空气敷设时的允许载流量（导线最高允许工作温度 65℃，环境温度 25℃）表 2-9

额定电压（V）	芯线数	标称截面积（mm²）	线芯结构根数/直径(mm)	外径(mm)	允许载流量（A）
300	2	0.5	16/0.2	6.2	9.5
		0.75	24/0.2	6.6	12.5
500	2	0.75	24/0.2	7.6	12.5
		1.0	32/0.2	7.8	15
		1.5	30/0.25	8.8	19
		2.5	40/0.2	11.0	26

（7）RVVB 型铜芯聚氯乙烯绝缘护套平行软导线的规格和允许载流量如表 2-10 所示。

RVVB 型铜芯聚氯乙烯绝缘护套平行软导线的规格和单根空气敷设时的允许载流量（导线最高允许工作温度 65℃，环境温度 25℃）表 2-10

额定电压（V）	芯线数	标称截面积（mm²）	线芯结构根数/直径(mm)	外径(mm)	允许载流量（A）
300	2	0.5	16/0.2	3.8×6.0	9.5
		0.75	24/0.2	3.9×6.4	12.5
500	2	0.75	24/0.2	5.0×7.6	12.5

🔧 23. 护套线线路怎样安装？

（1）护套线线芯最小截面积规定为：户内使用时，铜芯不小于 0.5mm²，铝芯不小于 1.5mm²。

（2）护套线在线路上敷设时，不可采用线与线的直接连接，应采用接线盒或借用其他电气装置的接线桩来连接线头。接线盒由瓷接头和保护盖等组成，瓷接头分为单线、双线、三线、四线等多种规格，如图 2-7 所示；保护盖可用方木台。

（3）护套线必须采用专用的金属轧片进行支持，金属轧片应能防锈。金属轧片的规格分为 0、1、2、3、4 号，号码越大，则其长

71

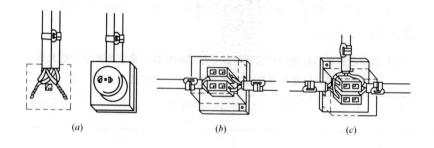

図 2-7　護套线接头的连接方法

(a) 在电气装置上进行中间或分支接头；(b) 在接线盒上进行中间接头；

(c) 在接线盒上进行分支接头

度越长，可按需要选用。金属轧片按形状又分为用小铁钉固定的和用胶水粘贴的两种，如图 2-8 所示。

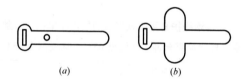

图 2-8　支持护套线用的金属轧片

(a) 铁钉固定式；(b) 粘贴式

（4）护套线支持点定位的规定。护套线直线部分，两支持点之间的距离为 0.2m；转角部分，转角前后各安装一个支持点；两根护套线十字交叉时，交叉处的四方各安装一个支持点；进入木台前安装一个支持点；在穿入管子前或穿出管子后，均需要安装一个支持点。护套线线路支持点的各种安装位置如图 2-9 所示。

（5）护套线在同一墙面上转弯时，必须保持垂直。转弯处的曲率半径一般为护套线宽度的 3～4 倍，太小可能损伤心线；太大影响线路美观。

（6）护套线线路离地的最小距离不得小于 0.15m。在穿越楼板的一段以及在离地 0.15m 以下部分的导线，应加硬塑料管保护，以防导线受到损伤。

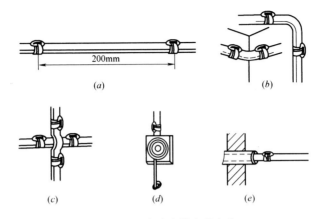

图 2-9　护套线支持点的定位
(*a*) 直线部分；(*b*) 转角部分；(*c*) 十字交叉；
(*d*) 进入木台；(*e*) 进入管子

24. 管线线路怎样安装?

用钢管或硬塑料管来支持导线的线路，称为管子线路或管线。管线分为明敷和暗敷两种安装形式。钢管线路具有较好的防潮、防火和防爆功能；硬塑料管线路具有较好的防潮和抗酸碱腐蚀功能，两者都有较好的抗外界机械损伤的性能。因此，管线是一种比较安全的线路结构，但造价较高，维修不方便。

(1) 穿入管内的导线，其绝缘强度应不低于交流 500V。导线芯线的最小截面积规定为：铜芯线不小于 1.0mm²，铝芯线不小于 2.5mm²。

(2) 明敷或暗敷所用的钢管，必须经过镀锌或涂漆的防锈处理，管壁厚度不小于 1.0mm；敷设于潮湿和具有腐蚀性场所的钢管，或埋在地下的钢管，其管壁厚度均不小于 2.5mm。明敷用的硬塑料管的管壁厚度不小于 2.0mm，暗敷用的不小于 3.0mm。具有化工腐蚀性的场所，或高频车间，应采用硬塑料管。

(3) 线管管径的选择。线管的管径应按穿入的导线总截面积来定。但导线在管内所占的面积不应超过管子有效面积的 40%。线管的最小直径不小于 13mm。各种规格的线管允许穿入导线的规格和根数已列入表2-4～表2-10中。

（4）穿入管内的导线不允许有接头，必须连接时，应加装接线盒。

（5）管子与管子连接时，应采用束接；硬塑料管的连接可采用套接；管子与接线盒连接时，连接处应用螺母内外拧紧；在具有蒸汽、腐蚀气体、多尘，以及油、水和其他液体可能渗入管内的场所，线管的连接处均应密封。钢管管口应加护圈，硬塑料管管口可不加护圈，但管口必须光滑。

（6）明敷的线管应采用管卡支持。管卡的安装位置规定为：直线部分，两管卡之间的距离应按表2-11的规定；转角和进入接线盒以及与其他线路衔接或穿越墙壁和楼板时，均应置放一副管卡，如图2-10所示。管卡均应安装在木结构或木榫上。

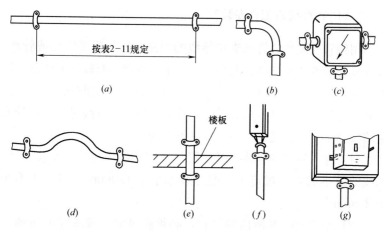

图 2-10　管卡定位

（a）直线部分；（b）转弯部分；（c）进入接线盒；（d）跨越部分；
（e）穿越墙或楼板；（f）与其他线路衔接；（g）进入木台

线管直线部分管卡线距　　　　　　　　　　表 2-11

管壁厚度	明管直径(mm)			
(mm)	13～19	25～33	38～51	64～76
2.5 及以上	1.5	2.0	2.5	3.5
2.5 以下	1.0	1.5	2.0	

（7）为了便于导线的安装和维修，对接线盒的位置有以下规定：无转角时在线管全长每 30m 处、有一个转角时在每 20m 处、有两个转角时在每 12m 处、有三个转角时在每 8m 处，均应安装一个接线盒。同时线管转角时的曲率半径规定为：明敷的不应小于线管外径的 4 倍；暗敷的不应小于线管外径的 6 倍；埋设在混凝土内的线管，不应小于线管外径的 10 倍。

（8）线管在同一平面转弯时应保持直角；转弯处的线管，应在现场根据需要形状进行弯制，不宜采用成品弯管连接。线管在弯曲时，不可因弯曲而减少管径。

（9）采用钢管的，整个线路的所有线管必须连成一体，并妥善接地。

25. 管线线路怎样施工?

（1）线管的连接。管与管连接所用的束节应按线管直径选配。连接时如果存在过松现象，应用白麻丝或塑料薄膜嵌垫在螺纹中。裹垫时，应顺螺纹紧固方向缠绕，如图 2-11 所示。如果需要密封，还须在麻丝上加涂一层白漆。

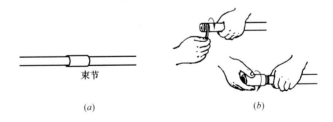

（a）　　　　　　　　　　　　（b）

图 2-11　线管的连接
（a）用束节连接；（b）过松时用麻丝或塑料薄膜垫包

线管与接线盒连接时，每个管口必须在接口内外各用一个螺母给予坚固，如图 2-12 所示。如果存在过松现象或需要密封的管线，均必须用裹垫物。

如线管使用的是钢管，在每个垫有衬垫物的连接处，要注意连接的质量，保证接地的通路。

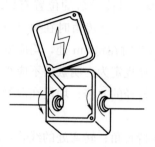

图 2-12　线管与接线盒的连接

（2）导线穿入线管的方法。导线穿入钢管前，钢管口应先套上护圈；穿入硬塑料管前，应先检查管口是否留有毛刺和刃口，以免穿线时损坏导线绝缘层。

接着，按一段管长，加上两端连接所需要的长度余量（如果是铝线，两端还须放防断余量），截取导线，削去两端绝缘层，同时在两端标出是同一根导线的记号，记号可用钢丝钳刀口轻切刀痕标出，如图 2-13 所示。如管内穿有四根同规格的导线，可将三根导线分别用一道、二道、三道刀痕标出，另一根不标，这样就能避免在接线时接错相位。

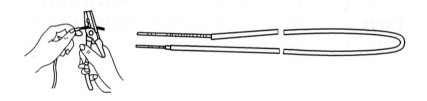

图 2-13　同一根导线两端标记方法

然后，将需要穿入同一根线管的所有导线线头，按如图 2-14 所示方法与引穿钢丝结牢。穿线时，需要两个人操作，两人各在管口一端；一人慢慢抽拉钢丝，另一人将导线慢慢送入管内，如图 2-15 所示。如果穿管时感到困难，可在管内喷入一些滑石粉，予以润滑。在导线穿完毕后，应用压缩空气或皮老虎在一端线管口喷吹，以清除管内滑石粉。否则管内因留有滑石粉会受潮而结成硬块，将增加以后更换导线时的困难。穿管时切不可用油或石墨粉作润滑物，因为油会损坏导线的绝缘层，特别是对橡皮线；石墨粉是导电粉末，易于粘附在导线绝缘层表面，一旦导线绝缘略有微小缝隙，便会渗入线心，造成短路事故。

76

图 2-14　导线与引穿钢丝的连接方法

(a) 钢丝的绞接；(b) 导线的绞接

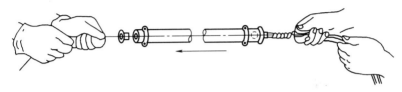

图 2-15　导线穿入管内的方法

有些管线线路中，为了今后不致因一根导线损坏而需要更换全部导线，往往在安装时预先多穿入 1～2 根导线，作为备用。这种措施，在同管穿线根数较多，或导线线径较小而易断的线路上，可推广采用。

（3）线管与出线板的衔接。明敷线管应伸入出线板木台至少25mm，如图 2-16（a）所示。暗敷线管应穿过木台底板至少10mm，如图 2-16（b）所示。

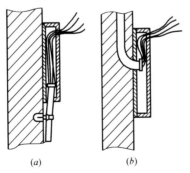

图 2-16　线管与出线板的衔接方法

(a) 明敷时；(b) 暗敷时

（4）连接线头的处理。为防止线管两端所留的线头长度不够，或因连接不慎线端断裂造成欠长而致使维修困难，线头应留出足够作两三次再连接的长度。多留的导线可圈成弹簧状贮于接线盒或木台内。铝心导线，更应多留些长度余量。

（5）硬塑料管弯曲时，可浸泡在80℃以上的热水中加热进行弯曲，但不可直接放在火焰中加热。

2.3　电气照明

26. 可见光怎样划分？

电气照明灯光稳定、色彩丰富，容易实现控制和调节，能够满足人们对照明的需要，因此成为现代人工照明中应用最广泛的照明方式。

电气照明是以光学为基础的，照明技术的实质主要是光的控制与分配技术，包括光、视觉、颜色等。

光是一种电磁波，可见光是能引起人眼视觉的一部分电磁辐射，波长为380～780nm。不同波长的可见光，在人眼中产生不同的颜色，将可见光按波长从780nm至380nm依次展开，光将呈现红、橙、黄、绿、青、蓝、紫等色。但各种颜色对应的波长范围并不是截然分开的，而是随波长逐渐变化的。只有单一的波长的光，才能表现为一种颜色，称为单色光；全部可见光混合在一起就形成了日光。可见光颜色的波长范围如表2-12所示。

可见光颜色的波长范围　　　　　　　　　　表2-12

颜　　色	波长范围(nm)
红	780～630
橙	630～600
黄	600～570
绿	570～490
青	490～450
蓝	450～430
紫	430～380

波长为 10～380nm 的电磁波称为紫外线，波长为 780nm～1m 的电磁波称为红外线，这两个波段的电磁波虽然不能引起人的视觉，但由于它们能够有效地转换成可见光，因此，光学上通常将紫外线、可见光和红外线统称为光。

实验表明，正常人眼对波长为 555nm 的黄绿色光最敏感，也就是说这种黄绿色的光的辐射可以引起人眼最大的视觉。辐射波的波长越偏离 555nm 越多，其可见度越小。

🤔27. 什么是光通量?

光通量是按照国际照明委员会（CIE）标准观察者的视觉特征来评价光的辐射的。光源在单位时间内，向周围空间辐射出的使人眼产生光感的能量，称之为光通量，简称光通，符号为 ϕ，单位为 lm（流明）。

通俗地讲，光通量是根据人眼对光的感觉来评价光源在单位时间内光辐射能量的大小的。例如，一只 220V、36W 的 T8 型荧光灯的光通量约为 2500lm，而 220V、40W 的白炽灯的光通量仅为 350lm，只有荧光灯的 1/7，这说明荧光灯的发光能力比白炽灯强。

🤔28. 什么是照度?

当光源的光通量投射到物体表面时，即可将物体表面照亮，常用照度来量度落到物体表面光通量的多少。受照物体表面单位面积上投射的光通量，称之为照度，符号为 E，单位为 lx（勒克斯）。且：

$$E = \frac{\phi}{A} \tag{2-2}$$

式中　ϕ——入射到被照物体表面的光通量，lm；

　　　A——投射面积，m^2。

照度是照明工程中常用的术语和重要的物理量。在照明工程设计中，目前是将照度作为考察照明效果的量化指标的。例如，晴朗白天室内的照度为 100～500lx，满月晴空下的照度为 0.2lx，煤气

灯的照度在 $10\sim20\text{lx}$ 之间，白炽灯提供的照度在 $30\sim50\text{lx}$ 之间，40W 白炽灯下 1m 处的照度为 30lx。人在 $1\sim100000\text{lx}$ 的照度范围内能产生视觉。据测算，短时阅读的照度不宜低于 50lx，当光照水平在 $50\sim300\text{lx}$ 范围时，阅读速度随照度增加而增加，超过这个范围反而下降。

29. 什么是发光强度？

光源在给定方向的辐射强度，称之为发光强度，简称光强，符号为 L，单位为 cd（坎德拉），也就是以前用的国际烛光，简称烛光（candle-power）。且：

$$I=\frac{\phi}{\Omega} \tag{2-3}$$

式中　ϕ——光源在立体角 Ω 内所辐射的总光通量，lm；

$\quad\quad \Omega$——立体空间角，且 $\Omega=A/r^2$，A 为与 Ω 相对应的球面积，r 为球半径。

当光源的光通量一定时，光强的大小只与光源的光通量在空间的分布密度有关。

30. 什么是亮度？

亮度是描述发光面或反光面上光的明亮程度的光度量，它是表征发光面在不同方向上的光学特性的物理量。

发光体在视线方向单位投影面上的发光强度，称为亮度。发光体的亮度值与视线方向无关。亮度的符号为 L，单位为 cd/m^2（坎德拉/平方米）。且：

$$L=\frac{I}{A} \tag{2-4}$$

例如，晴朗天空的平均亮度约为 $5000\text{cd}/\text{m}^2$，40W 荧光灯的表面亮度约为 $7000\text{cd}/\text{m}^2$。当亮度超过 $160000\text{cd}/\text{m}^2$ 时，人眼就会感到难以忍受了。

80

31. 物体的光照性能有哪些?

当光通量投射到物体上时,一部分从物体表面反射回去,称为反射光通;一部分被物体所吸收,称为吸收光通;剩下的光通则透过物体,称为透射光通。为表征物体的光照性能,引入反射比、吸收比和透射比三个参数。

反射比 ρ 定义为反射光通与投射光通之比,吸收比 α 定义为吸收光通与投射光通之比,透射比 τ 定义为透射光通与投射光通之比。

在照明技术中,反射比 ρ 直接影响工作面上的照度,应给予特别关注和重视。

这三个参数的关系为:

$$\rho + \alpha + \tau = 1 \tag{2-5}$$

32. 什么是照明水平?

照明水平可以用假想的水平工作面的照度来规定,也可以用特殊表面的亮度来规定,还可以同时用照度和亮度来规定。经验证明,这些量中无论哪个量的量值发生变化,对人的工作功能和舒适感都有深刻影响。

我国住宅建筑照明的照度标准值也有三个标准,如表 2-13 所示。表 2-13 中的值是指规定照度的最小值,在使用中,采用略高一点的照度,可以有效减少人眼的疲劳,保护人的视力。

住宅建筑照明的照度标准值　　　　　　　　表 2-13

类　　别		参考平面及其高度	照度标准值(lx)		
			高	中	低
起居室、卧室	一般活动区	0.75m 水平面	50	30	20
	书写、阅读	0.75m 水平面	300	200	150
	床头阅读	0.75m 水平面	150	100	75
	精细作业	0.75m 水平面	500	300	200
餐厅或方厅、厨房		0.75m 水平面	50	30	20
卫生间		0.75m 水平面	20	15	10
楼梯间		地面	15	10	5

81

经验和实验室的研究表明，人的眼睛能够响应一定范围的亮度而对亮度的辨别力没有严重的损失，也不会感到不舒适，这种亮度范围的界限是由眼睛的适应亮度决定的。因此，人视野内的各种物体，如灯具、墙壁、顶棚的亮度必须设置在最佳亮度界限之内。

33. 什么是眩光？

眩光是指视野中由于不适宜亮度分布，或在空间或时间上存在极端的亮度对比，以致引起视觉不舒适和降低物体可见度的视觉条件。视野内产生人眼无法适应之光亮感觉，可能引起不舒适或丧失明视度。眩光是引起视觉疲劳的重要原因之一。

直射眩光有两种：损害视觉的眩光称为失能眩光，引起不舒服感觉的眩光称为不舒适眩光。在室内照明的实践中，不舒适眩光引起的问题要比失能眩光多，而且控制不舒适眩光的措施，也能用来控制失能眩光。

试验结果的分析表明，引起眩光的因素有：灯具亮度；房间长度和灯具安装高度；由平均水平照度表示的视适应水平；灯具种类，例如灯具侧面是否发光。控制眩光要从灯具本身开始，要保证灯具不会有过高的亮度。灯具一般有两种类型：一类是用半透明的漫射板或折射板来增加灯具发光面，使其亮度减低；另一类是用反射器或格片或反射器—格片组合来遮挡灯具中的灯，使人不能直接看到它。

在室内，低功率的荧光灯才可以使用裸灯，而且应该平行于主要视看方向来安装灯管。大面积和低亮度的灯具有助于减少眩光出现的机会。

34. 什么是色表和颜色显现？

（1）色表。色表表示看到的光源本身的颜色表象，光源的颜色越接近红色，色温越低，光源的颜色越接近青色，色温越高。

光源和物件的最佳色表与室内的照明水平有密切的联系，所用光源的光色和由此光色产生的亮度对室内的气氛有很大的影响。

光源的色表用色温来描述，单位为（开尔文）K，光源与黑体的颜色相同时，该黑体的温度就称为光源的色温。天然光源与荧光灯的色温如表 2-14 所示。表 2-15 表示在相关色温范围内色表的变化。

天然光源和荧光灯的色温　　　　　　表 2-14

光　源	色温(K)
蜡烛	1900～1950
月光	4100
日光(太阳＋晴空)	5800～6500
太阳光	5300～5800
阴天天空	6400～6900
晴天天空	10000～26000
荧光灯	3000～7500

色温和色表　　　　　　表 2-15

相关色温(K)	色　表
＞5500	冷色(蓝白色)
3300～5500	中间色(白色)
＜3300	暖色(红白色)

用低色温的暖色光源产生的低照明水平可以使室内形成缓和的气氛，而室内所需要的活泼气氛则可以由高色温的冷色光源产生的高照明水平形成。

（2）颜色显现。灯的颜色性质由灯的色表和灯的显色性能来表征。灯的显色性能是指灯对在其照明之下的物体的色表的影响能力，灯的显色性由它的显色指数 R_a 来描述，R_a 越高，颜色显现就越好。荧光灯的显色系数见表 2-16。荧光灯的显色指数与颜色显现的关系见表 2-17。

荧光灯的显色指数　　　　　　表 2-16

光　源	显色指数 R_a
参照光源	100
超级白色荧光灯	92～97
高级白色荧光灯	80
"标准白色"荧光灯	60
"标准暖白色"荧光灯	50

荧光灯显色指数与颜色显现   表 2-17

荧光灯显色指数 R_a	颜色显现
90～100	真实的颜色显现
70～90	好的颜色显现
50～70	普通的颜色显现

（3）室内色彩。房间表面的色彩设计是影响房间视觉舒适感的一个颜色因素。一般来说，为了得到高效率的照明，主要表面应该采用淡颜色，顶棚采用白色或近似白色。

一般情况下，多数人喜欢的物体颜色是蓝色、蓝绿色和绿色，这与光源的色表和背景的颜色无关。在这些颜色之后，按照多数人喜欢的次序排列，依次是红色、橙色和黄色。

彩色环境只有在看起来既生动又富于变化时，才是令人满意的。虽然某种色彩环境本身是令人满意的，但大量重复这种设计就会导致单调，而得到与愿望相反的效果。

35. 怎样划分照明时代?

人类照明的历史是随着能源的更迭而发展的。在柴薪时代，人类以柴薪火光为照明的主要光源，称之为古代照明；在煤炭时代和石油时代，人们以化石燃料提炼的煤气和煤油为照明的主要光源，称之为近代照明；在电能时代，人们以电光源照明，称之为现代照明。

人们为了研究电力发光，曾经历了 70～80 年的时间。1807 年 7 月，英国戴维用 2000 个电池组作为电源，利用两根不相接触的碳极产生电弧，创制成碳极电弧灯（弧光灯），开始将电能应用于照明。由于当时缺乏充足的电源，这种照明没有维持和推广。直到 1942 年，法国首次在街道、剧场、工厂、灯塔等许多场所试用电弧灯。到 1860 年，英国沿海各灯塔也开始装用电弧灯。1876 年，俄国的雅勃洛契柯夫留居法国期间，发明了新型电弧灯（电烛），由法国通用电气协会投资制造，其左侧为装有两根碳棒的电烛，右侧装有 4 对碳棱的电烛。当时在巴黎安装了 4000 盏，巴黎繁华市区顿时变成不夜城。1880 年，美国布拉什制造成更有成效的电刷电弧灯，开创了商业电弧灯的先河。从此，电弧灯广泛应用，成为最早为人们所喜爱的电光源。1879 年发明白炽灯后，进入了现代照明时代。

36. 白炽灯是怎样发明的?

1878 年，美国爱迪生同助手欧普顿、白契勒、安徒生、埃尔等人进行白炽灯试验，因抽气不净碳丝容易氧化而失败。

1878 年，真空泵的出现，使英国人斯旺有条件再度开展对白炽灯的研究，1879 年 1 月，斯旺发明的白炽灯当众试验成功，并获得好评。

爱迪生认为，延长白炽灯寿命的关键是提高灯泡的真空度和采用耗电少、发光强且价格便宜的耐热材料作灯丝，爱迪生先后试用了 1600 多种耐热材料，结果都不理想，在 1879 年 10 月 21 日的傍晚，在新泽西州爱迪生的孟罗公园实验室，爱迪生和助手们成功地把炭精丝装进了灯泡。一个德国籍的玻璃专家按照爱迪生的吩咐，把灯泡里的空气抽到只剩下一个大气压的百万分之一，封上了口，爱迪生接通电流，他们日夜盼望的情景终于出现在眼前：灯泡发出了金色的亮光! 在连续使用了 45h 以后，这盏电灯的灯丝才被烧断，这是人类第一盏有广泛实用价值的电灯。爱迪生为此获得了专利。寿命长达 45h，光效为 3lm/W，每盏 1.25 美元，3 年后降为 0.5 美元。

白炽灯的发明，美国人认为应归功于爱迪生，而英国人则认为应归功于斯旺。在英国，电灯发明 100 周年纪念于 1978 年 10 月举行，而美国则于 1879 年 11 月才举行纪念活动。两位发明家的竞争十分激烈，专利纠纷几乎不可避免，后来，两人达成协议，合资组建了爱迪生—斯旺电灯公司，在英国生产白炽灯。

37. 世界各地淘汰白炽灯时间表是怎样安排的?

从爱迪生发明第一只白炽灯到现在的 135 年来，白炽灯在照明领域得到了最广泛的应用。然而，由于白炽灯是一种热辐射光源，其输入光源的电能只有很小部分转化为光能。经检测，在使用时，白炽灯仅有 5％的电能转化为光而用于照明，其余 95％全部由转化为无用的热量消耗掉了，因而白炽灯发光效率过低。同时，白炽灯的寿命也过低，一般不超过 1000h。另外，使用白炽灯还具有一定的危险性，人们如果不小心碰到点亮的灯泡，往往造成烫伤。因此，今天使用白炽灯已被认为不环保，尤其是在全球变暖的今天。

2006 年下半年，国际能源署发布了关于全球照明用能情况的研究报告，报告指出，2005 年白炽灯消耗的终端电力为 9700 亿度，占当年全球终端电力消费的 7％、照明用电的 37％，折合二氧化碳排放 5.6 亿吨。如果不对白炽灯采取淘汰措施，到 2030 年，全球照明用电的需求将在 2005 年的基础上增长 60％。如果从 2008 年开始，在全球范围内逐步淘汰白炽灯和低效灯具，到 2030 年，全球可节约 30％的照明用电，累计减排二氧化碳 166 亿吨。

从 2009 年 9 月 1 日至 2012 年 12 月 31 日，欧盟将分 5 个阶段分别淘汰 100W、75W、60W、40W 和 25W 的白炽灯。澳大利亚是世界上第一个计划全面禁止使用白炽灯的国家。澳大利亚几乎不生产光源，光源产品主要依靠进口。澳大利亚政府宣布，从 2008 年 10 月开始禁止进口、2009 年 10 月开始禁止销售光效低于 15lm/W 的白炽灯，从 2013 年开始禁止进口和销售光效低于 20lm/W 的白炽灯。加拿大是世界上第二个宣布禁止使用白炽灯的国家，加拿大定于 2012 年开始禁止销售白炽灯。日本政府宣布，截至 2012 年，停止制造销售白炽灯。美国政府规定，从 2012 年 1 月至 2014 年 1 月为淘汰白炽灯的第一阶段，淘汰门槛设定白炽灯的光效高于 15lm/W 的 25％，并按灯的功率大小确定淘汰时间表，逐步淘汰 100W、75W、60W、40W 的白炽灯，以节能灯或 LED 灯取代替换。

🔧 38. 我国淘汰白炽灯时间表是怎样安排的？

2011 年 11 月 1 日，国家发展改革委、商务部、海关总署、国家工商总局、国家质检总局联合印发《关于逐步禁止进口和销售普通照明白炽灯的公告》，决定从 2012 年 10 月 1 日起，按功率大小分阶段逐步禁止进口和销售普通照明白炽灯。我国是照明产品的生产和消费大国，节能灯、白炽灯产量均居世界首位，2010 年白炽灯产量和国内销量分别为 38.5 亿只和 10.7 亿只。

我国逐步淘汰白炽灯路线图分为以下五个阶段：

（1）第一阶段：2011 年 11 月 1 日至 2012 年 9 月 30 日为过渡期；

（2）第二阶段：2012 年 10 月 1 日起禁止进口和销售 100W 及以上普通照明白炽灯；

（3）第三阶段：2014 年 10 月 1 日起禁止进口和销售 60W 及以上普通照明白炽灯；

（4）第四阶段：2015 年 10 月 1 日至 2016 年 9 月 30 日为中期评估期；

（5）第五阶段：2016 年 10 月 1 日起禁止进口和销售 15W 及以上普通照明白炽灯。

39. 荧光灯是什么时候问世的？

荧光灯是一种气体放电灯。1752 年，华特生首先试验气体放电可以发出辉光。1830 年，威伦发现天然荧光石受电子冲击发出绿蓝色光辉。1866 年巴克雷尔用发光粉剂涂于玻璃管内，放电后发光，这是发明荧光灯的先兆。1910 年、1931 年分别研制成充有氖气和氩气等的放电灯，适用于广告和标志灯。到 1938 年广泛应用的管状荧光灯问世，它晚于高压钠灯的发明 8～9 年。

荧光灯是一种低压汞灯，光色接近白色，光效达 60lm/W，寿命长达 7000h 左右，是继白炽灯后的第二代照明电光源。

40. 荧光灯的结构是怎样的？

管状荧光灯主要由内壁涂有荧光粉的灯管、电极、填充气体和灯头组成。

（1）灯管。普通荧光灯的灯管由钠钙玻璃制成，玻璃中渗入了氧化铁，以便控制短波光线的透过率。灯管内壁涂有荧光粉，两端装有钨丝电极，为了减少电极的蒸发和帮助灯管启燃，灯管抽成真空后封装了气压很低的汞蒸气和惰性气体。

荧光灯灯管的直径为 $11\sim38mm$，长度为 $150\sim2400mm$，功率为 $4\sim125W$。普通的标准化灯管的直径为 $16mm$（T5 型）、$26mm$（T8）型、$38mm$（T12）型三种，最常见的灯管长度为 $600mm$、$1200mm$、$1500mm$。相同功率的荧光灯，管径越小的越节能。一般荧光灯是直管型，根据不同场所的照明需要，灯管也可制作成环形或其他形状。

（2）荧光粉涂层。荧光粉涂层的作用是把荧光灯所吸收的紫外辐射转换成可见光。因为在最佳辐射条件下，普通荧光灯只能将 3% 左右的输入功率通过放电直接转换为可见光，63% 以上转变为紫外辐射。在荧光灯中最强烈的原子辐射谱线为 $253.7nm$ 和 $185.0nm$ 的紫外光，这些紫外线（尤其是 $253.7nm$ 的紫外线）射向灯管内壁的荧光粉时，产生可见光辐射。

管内壁涂的荧光粉不同，相应的荧光灯的光色（色温）和显色指数也不同。如果单独使用一种荧光物质，可以制造出某种色彩的荧光灯，如蓝、绿、黄、白、淡红和金白等彩色荧光灯。有些荧光粉只要改变其构成物质的含量，即可得到一系列的光色，如日光色、冷白色、白色、暖白色等荧光灯。如果将几种荧光物质混合使用，可得到其他的光色，如三基色荧光灯。

目前使用的荧光粉主要有卤磷酸钙荧光粉和三基色荧光粉。

（3）电极。电极是荧光灯的核心部件，它是决定其寿命的主要因素。荧光灯电极产生热电子发射，经维持放电，将外来的电能输送到灯中。

大多数荧光灯在启动之前，电极要经过电流预热。在开关启动电路中，电极的预热是由单独的辉光启动器或电子启动器来完成的。

（4）填充气体。荧光灯内充有汞，当灯正常工作时，灯内既有汞蒸气，也有液态汞，荧光灯是工作在饱和汞蒸气中。灯内汞蒸气的气压取决于灯的冷端温度，不同管径的荧光灯各有相应的最佳汞蒸气压，因而，它们所要求的最佳冷端温度也不相同。

为了帮助荧光灯启动，维持其正常工作，还需要在灯内充入适量的惰性气体。常用的惰性气体是氩和氖。惰性气体还有调整荧光灯电参数的功能。

（5）灯头。管形荧光灯的两端各有一个灯头，对于需要对灯丝进行加热的荧光灯，每一端的灯头都有两个触点；冷启动的荧光灯采用单触点形式的灯头；环形荧光灯只有一个灯头，灯头上有四个触点。荧光灯灯头上的触点一般是针状插脚结构。

单端荧光灯一般采用特别设计的灯头，将控制器件与光源组合在一起的一体化单端荧光灯，采用标准 E27 螺口灯头或 B22 插口灯头，可以直接替代白炽灯。

41. 荧光灯有什么特点？

荧光灯有如下几个特点：

（1）发光效率较高。荷兰工程师用一个显色性好的 40W 荧光灯进行实验，实验结果是：1W 直接转换成可见光，24W 转换成紫外辐射；15W 不能转换成紫外线，转换成紫外辐射的 24W 中，又有 9W 可转换成可见辐射；剩下的 15W 加上不能转换成紫外线的 15W，共 30W，它们加热了放电管的管壁和电极。这样，约有 25％左右的电能转换为看得见的光。包括镇流器的功率损耗在内，荧光灯的发光效率为 25～651m/W，用荧光灯照明比白炽灯节电。

（2）显色性较好。荧光灯管壁所用的各种荧光粉的混合物发射的辐射遍及整个可见光谱，最好的显色性可以通过仅发射红、绿、蓝三个窄光谱带的一个光源实现，采用含有三基色的稀土元素荧光粉可以得到这些光谱。而且，通过改变这种荧光粉的混合比可以得到 2500K 以上色温的荧光灯。

（3）光线柔和。荧光灯由整个外表面发光，因而发光面积大，表面亮度小，不耀眼。

（4）光通量变化小。电源电压在允许范围内波动时，荧光灯光通量变化不大。当电源电压变化 1%，荧光灯的光通量变化 1%～2%，而白炽灯的光通量变化 3%。电压波动时，常看到白炽灯忽明忽暗的变化，看不到荧光灯亮度的变化。

荧光灯也存在一些不足之处。

（1）功率因数低。镇流器是一个电感性负载，它除了要消耗一部分有功功率之外，还需要电网供给无功功率，因此荧光灯的功率因数低，一般为 0.5 左右。同样功率荧光灯的电流要比白炽灯的电流大一倍多，增加了供电线路的损耗。

（2）启动特性和表面亮度受环境温度影响大。荧光灯的最佳使用环境温度为 18～25℃，环境温度过高或者过低都会使荧光灯启动困难，特别是在低温条件下更为明显，而且在低温环境中点燃后光色暗淡，发光效率低。

（3）有频闪效应。频闪效应是指当交流电压与交流电流周期性地交替变化时，荧光灯这一类的气体放电灯的光通量也随之发生周期性的变化，使人的眼睛产生明显的闪烁感觉。

（4）荧光灯中含有汞，废旧荧光灯处理不当，将造成污染。

42. 怎样使用荧光灯？

（1）要正确接线。在使用中，总希望荧光灯的启动和白炽灯一样方便，但往往达不到这样的效果，因为荧光灯的启动受诸多因素的影响。试验表明，正确的接线有利于荧光灯的启动。

（2）在荧光灯中，由低压水银蒸气放电产生的紫外线，其中一部分会透过荧光粉，经玻璃灯管辐射出来。这些紫外线有很强的褪色作用，色彩鲜艳的织物、图画、工艺美术品，长期用荧光灯照明会改变颜色，在使用中应该避免。

（3）温度和湿度对荧光灯的启动性能和使用寿命都有较大的影响，在环境温度过低的地方，以及相对湿度较大的地方，不宜使用荧光灯照明。

（4）废旧的荧光灯管不要放在室内，也不要用作毛巾架之类，因为在灯管内部有少量水银，当灯管破碎后，水银落入室内，很难清理干净，将长期产生有毒的水银蒸气。

（5）镇流器在工作中，因通过电流而发热，必须注意其散热。镇流器不可乱用，要与灯管的功率相匹配。配用功率过大的镇流器，灯管两端电压增高；配用功率过小的镇流器，灯管两端电压降低。

43. 直管荧光灯产品有哪些？

直管荧光灯是产量和使用量最大的一种照明光源，而且品种繁多。目前使用的产品主要有 T5、T8、T12 几种。其中，T 代表 3.175mm，T5 荧光灯管的直径约为 $3.175×5＝16mm$，T8 荧光灯管的直径约为 25mm，T12 荧光灯管的直径约为 38mm。灯管越细越节电。T5 荧光灯采用三基色荧光粉，T5 型与 T8 型相比：显色性好，显色指数为 85；光效高，可达 $85～96lm/W$；节能电能约 20%；寿命长，达 7500h。

T5 型直管荧光灯如图 2-17 所示。

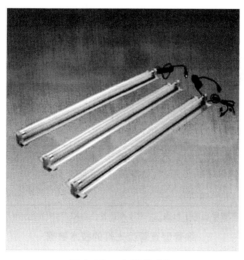

图 2-17　直管荧光灯

44. 常用荧光灯的技术数据有哪些？

普通直管荧光灯的技术数据如表 2-18 所示；细管直管荧光灯

的技术数据如表 2-19 所示；环形荧光灯管的技术数据如表 2-20 所示；U 形荧光灯管的技术数据如表 2-21 所示；H 形荧光灯管的技术数据如表 2-22 所示。

普通直管荧光灯的主要技术数据　　　　　　　表 2-18

型号	额定电压 (V)	额定功率 (W)	灯管工作电压 (V)	灯管电流 (A)	额定光通量 (lm)	平均寿命 (H)
YZ6RR					160	
YZ6RL		6	50	0.14	175	1500
YZ6RN					180	
YZ8RR					250	
YZ8RL		8	60	0.15	280	1500
YZ8RN					285	
YZ15RR					450	
YZ15RL		15	51	0.33	490	3000
YZ15RN	220				510	
YZ20RR					775	
YZ20RL		20	57	0.37	835	300
YZ20RN					880	
YZ30RR					1290	
YZ30RL		30	81	0.41	1415	5000
YZ30RN					1465	
YZ40RR					2000	
YZ40RL		40	103	0.43	2200	5000
YZ40RN					2285	

注：荧光灯功率数字后的字母表示：RR 为日光色，RL 为冷光色，RN 为暖白色。

细管型直管荧光灯的技术数据　　　　　　　表 2-19

型号	功率 (W)	灯管电压 (V)	工作电流 (mA)	光通量(lm)	平均寿命 (h)	功率因素
TZS20RR	20	59±7	360	1000	3000	0.35
TZS40RR	40	107±10	420	2560	5000	0.32

环形荧光灯管的技术数据 表 2-20

型号		功率 (W)	工作电流 (mA)	光通量 (lm)	平均寿命 (h)	主要尺寸(mm)		
统一型号	工厂型号					外圆	内圆	管径
YH20	CRR20	20	350	970	2000	207	145	32
YH30	CRR30	30	350	1500	2000	308	244	32
YH40	CRR40	40	410	2200	2000	397	333	32

U 形荧光灯管的技术数据 表 2-21

型号	功率 (W)	工作电流 (mA)	光通量 (lm)	平均寿命 (h)	主要尺寸(mm)		
					外圆	全长	管径
YU30	30	350	1550	2000	100	417.5	38
YU40	40	410	2200	2000	100	626.5	38

H 形荧光灯管的技术数据 表 2-22

型号	功率 (W)	电压 (V)	光通量 (lm)	灯头型号	主要尺寸(mm)	
					长	宽
YDN5H	5	220	220	G23	106	28
YDN7H	7	220	400	G23	138	28
YDN9H	9	220	600	G23	168	28
YDN11H	11	220	900	G23	237	28
YDN13H	13	220	780	G23	188	28

与荧光灯配套使用的镇流器技术数据见表 2-23，启辉器的技术数据见表 2-24。

荧光灯镇流器的技术数据 表 2-23

规格 (W)	工作电压 (V)	启动电压 (V)	工作电流 (mA)	功率损耗 (W)
6	202	215	140～20	4
8	200	215	160～20	4
15	202	215	330～30	7
20	196	215	350～30	7
30	180	215	360～30	7
40	165	215	410～30	8

注：功率损耗不大于表中的数值。

荧光灯启辉器的技术数据　　　　　　　　　表 2-24

型号	功压 (V)	配用灯管功率 (W)	启辉电压(V)	使用寿命 (次)
PYJ4-8	220	4～8	＞135	5000
PYJ15-20	220	15～20	＞135	5000
PYJ30-40	220	30～40	＞135	5000
PYJ100	220	100		5000

45. 什么是节能灯?

节能灯，又称紧凑型荧光灯，是指将荧光灯与镇流器组合成一个整体的照明设备。节能灯的尺寸与白炽灯相近，与灯座的接口也和白炽灯相同，所以可以直接替换白炽灯。节能灯的正式名称是稀土三基色紧凑型荧光灯。

稀土三基色紧凑型荧光灯是新一代的电子节能灯。荷兰飞利浦公司 1974 年开始研制紧凑型荧光灯，1979 年试制成功。节能灯是一种整体形的小功率荧光灯，它将白炽灯和荧光灯的优点集中于一身，并将灯与镇流器、启辉器一体化，其外形类似白炽灯。

节能灯寿命长、光效高、显色性好、使用方便、节能，可直接装在普通螺口或插口灯座中替代白炽灯。两种节能灯如图 2-18 所示。

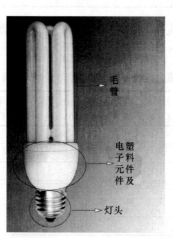

毛管

电子元件及塑料件

灯头

图 2-18　节能灯

46. 2010 年、2011 年、2012 年、2013 年中国节能灯十大品牌是哪些?

2010 年中国节能灯十大品牌为:

飞利浦 (Philips) 灯具,飞利浦牌投资有限公司;

欧普 (OPPLE) 灯具,广东中山欧普照明股份有限公司;

松下照明灯具,日本松下电器 (中国) 有限公司;

欧司朗 (OSRAM) 灯具,欧司朗佛山照明有限公司;

FSL 佛山照明灯具,佛山电器照明股份有限公司;

雷士照明灯具,广东惠州雷士光电科技有限公司;

耐普 (NPU) 灯具,江苏常州耐普照明电器有限公司;

TCL 照明,(惠州—武汉) TCL 集团股份有限公司;

三雄·极光照明,广东东松三维电器有限公司;

阳光照明,浙江阳光集团股份有限公司。

2011 年中国节能灯十大品牌为:

飞利浦灯具、阳光照明、松下照明、欧司朗灯具、佛山照明灯具、雷士照明灯具、耐普灯具、TCL 照明、阿波罗灯饰照明 (广东中山阿波罗灯饰照明有限公司)、欧普灯具。

2012 年中国节能灯十大品牌为:

飞利浦灯具、欧司朗灯具、欧普灯具、雷士照明灯具、佛山照明灯具、松下照明灯具、TCL 照明、三雄·极光照明、双士照明、耐普 NPU。

2013 年中国节能灯十大品牌为:

飞利浦灯具、欧司朗灯具、雷士照明灯具、阳光照明、雪莱特光电、耐普 NPU、欧普灯具、佛山照明、三雄·极光照明、松下照明灯具。

47. 节能灯的结构是怎样的?

节能灯主要由灯头和灯管组成。灯头在灯的结构上部;灯管一般在灯的结构的底部,内部有电子镇流器。其特征是在上结合结构部与节能电子镇流器的空间下方，增设一隔板结构；而在下结合结构部设一增长区段空腔结构；并在该段增长空腔结构外壁周围，环形设置数个通孔，用于多元隔热、分流、散热，确保节能灯达到正常使用寿命。

（1）毛管。毛管分类有：U形灯、全螺旋灯、半螺旋灯。

（2）塑料件及电子元件。塑料件按材料分类有：PP、PC、PBT等几种。PP材料非常软，多用于低档产品；PC材料属于高档品，表面有光面；PBT料属于高档阻燃材料，表面有光面和磨砂亚光面。

（3）灯头。灯头有几种材料：铜灯头、铁灯头、铝灯头。镀镍灯头是高档产品。颜色：绿色、白色、黑色。灯头按规格分：E14、E27、E40螺旋口；B22卡口。

48. 节能灯的类型如何划分？

（1）从结构上分类：

1）一体化节能灯。一体化系列节能灯将电子镇流器等全部控制电路都封闭在灯的外壳内，款式多样，主要有2U、3U、2D、螺旋等外形。图3-4所示都是一体化节能灯。

2）灯泡、球泡、烛光型节能灯。这类节能灯是在2U、3U外露型系列节能灯的基础上，表面采用乳白玻璃磨砂处理，使光线更舒适，并利用9mm细管径灯管紧凑优势，配以小型电子镇流器，使整个节能灯外观更灵巧。

3）插拔式节能灯。插拔式节能灯的灯管与控制电路分离，需要使用特制灯头。主要形式有U、2U、H、2H、2D形等。

（2）从外形上分类：

1）U形管节能灯。管形有：2U、3U、4U、5U、6U、8U等多种，功率从3W到240W等多种规格。2U、3U节能灯，管径为9～14mm。功率一般从3W～36W，主要用于家庭和一般商业环境照明。在使用方式上，用来直接替代白炽灯。4U、5U、6U、8U节能灯，管径为12～21mm。功率一般从45W～240W，主要用于工业、商业环境照明。在使用方式上，用来直接替代 T8 直管型荧光灯。

2）螺旋管节能灯。螺旋灯管直径，分 Φ9、Φ12、Φ14.5、Φ17 等。螺旋环圈（用 T 表示）数有：2T、2.5T、3T、3.5T、4T、4.5T、5T 等多种，功率从 3W～240W 等多种规格。

3）支架节能灯。支架系列采用节能灯管，超薄电子镇流器，主体材料为 0.5mm 铝材，两端塑料采用 PBT 材料，发光效率为 60lm/W，显色指数大于 80，光线柔和且多变化。可作为局部照明的背景灯，营造各种氛围。

T4 直管型节能灯管功率有 8W、12W、16W、20W、22W、24W、26W、28W 等；T5 直管型节能灯管功率有 8W、14W、21W、28W 等；T6 环型节能灯管功率有 22W、32W、40W、55W、58W 等。

节能灯的类型与功率系列如表 2-25 所示。

节能灯的类型及功率系列　　　　　　表 2-25

节能灯型号	功率系列
H 形	5,7,9,11,18,24,35
环形	15,22,35,40
2H 形	10,13,18,26
球形	16,20
双曲形	9,13,18,25
W 莆	11,13,16
六边形	13,16,28,38
2π 形	10,13,18,26
四边形	13,16,28,38
U 形	5,7,9,11,18,24,35
2U 形	10,13,18,26
UH 形	9,13,16
3U 形	16,28
2D 形	16,28,38
Y 形	13,16

49. 节能灯的技术数据是怎样的?

2U 形节能灯的技术数据如表 2-26 所示;3U 形节能灯的技术数据如表 2-27 所示;4U 形大功率节能灯的技术数据如表 2-28 所示;半螺旋形节能灯的技术数据如表 2-29 所示;全螺旋形节能灯的技术数据如表 2-30 所示;支架节能灯中 T4 直管的技术数据如表 2-31 所示;支架节能灯中 T5 直管的技术数据如表 2-32 所示;支架节能灯中 T6 环形管的技术数据如表 2-33 所示。

2U 形节能灯的技术数据 表 2-26

功率(W)	光通量(lm)	长度/直径(mm)	管径(φ)	灯头型号	平均寿命(h)	色温(K)	显色指数(CRI)
3	165	100/38	9	E14/E27	8000	6400/2700	80/82
5	275	107/38	9	E14/E27	8000	6400/2700	80/82
5	275	115/42	12	E27	8000	6400/2700	80/82
5	275	115/42	12	B22	8000	6400	80/82
7	385	125/42	12	E27	8000	6400/2700	80/80
7	385	125/42	12	B22	8000	6400	80/82
9	495	135/42	12	E14/E27	8000	6400/2700	80/82
9	495	135/42	12	B22	8000	6400	80/82
11	660	155/42	12	E27	8000	6400/2700	80/82
11	660	155/42	12	B22	8000	6400	80/82
13	780	165/42	12	E27	8000	6400/2700	80/82
13	780	165/42	12	B22	8000	6400	80/82
15	900	175/42	12	E27	8000	6400/2700	80/82
15	900	175/42	12	B22	8000	6400	80/82

3U 形节能灯的技术数据 表 2-27

功率(W)	光通量(lm)	长度/直径(mm)	管径(φ)	灯头型号	平均寿命(h)	色温(K)	显色指数(CRI)
7	385	105/42	9	E27	8000	4000	80/80
9	495	115/42	9	E27	8000	6400/2700	80/82
11	660	125/42	9	E27	8000	6400/2700	80/82
13	780	135/42	9	E27	8000	6400/2700	80/82
20	1300	165/52	12	E27	8000	6400/2700	80/82
25	1500	185/52	12	E27/E40	8000	6400/2700	80/82

2U形节能灯的技术数据　　　　　表 2-28

功率 （W）	光通量 （lm）	长度/直径 （mm）	管径(φ)	灯头型号	平均寿命 （h）	色温 （K）	显色指数 （CRI）
40	2400	227/70	14.5	E27	8000	6400/2700	80/82
50	3000	257/70	14.5	E27	8000	6400/2700	80/82
65	3300	295/81	17	E40	8000	6400/2700	80/82
65	3300	285/81	17	B22	8000	6400	80/82
85	4100	315/81	17	E27	8000	6400/2700	80/80
85	4100	325/81	17	E40	8000	6400	80/82
105	5100	315/81	17	E27	8000	6400/2700	80/82
105	5100	325/81	17	E40	8000	6400	80/82

半螺旋形节能灯的技术数据　　　　　表 2-29

功率 （W）	光通量 （lm）	长度/直径 （mm）	管径(φ)	灯头型号	平均寿命 （h）	色温 （K）	显色指数 （CRI）
5	275	100/38	9	E27	8000	6400/2700	80/82
9	495	112/38	9	E27	8000	6400	80/80
13	780	125/42	9	E27	8000	6400/2700	80/82
15	900	135/42	9	E27	8000	6400/2700	80/82
15	900	155/42	9	B22	8000	6400	80/82
20	1300	155/52	12	E27/B22	8000	6400/2700	80/82
25	1500	165/52	12	E27/B22	8000	6400/2700	80/82
35	2100	192/70	16	E27	8000	6400/2700	80/82
40	2400	215/70	16	E27	8000	6400/2700	80/82
45	2700	235/70	16	B22	8000	6400/2700	80/82

全螺旋形节能灯的技术数据　　　　　表 2-30

功率 （W）	光通量 （lm）	长度/直径 （mm）	管径(φ)	灯头型号	平均寿命 （h）	色温 （K）	显色指数 （CRI）
5	275	90/38	9	E14/E27/B22	8000	6400/2700	80/82
9	495	105/38	9	E14/E27	8000	6400/2700	80/80
11	660	110/50	9	E27	8000	6400/2700	80/82
13	780	115/50	9	E14/E27/B22	8000	6400	80/82
15	900	120/50	9	E14/E27	8000	6400/2700	80/82
15	900	120/50	9	B22	8000	6400	80/82
28	1680	160/60	12	E27	8000	6400/2700	80/82

支架节能灯中 T4 直管的技术数据   表 2-31

功率（W）	光色 （4200K）	灯管长度 （mm）
8		319
12		419
16		464
20		509
225	白/蓝/红/黄/绿	710
24		849
26		1000
28		1149

支架节能灯中 T5 直管的技术数据   表 2-32

功率（W）	色温 （4200K）	灯管长度 （mm）
8		288
14		549
21	白/蓝/红/黄/绿	849
28		1149

支架节能灯中 T4 直管的技术数据   表 2-33

功率（W）	色温（K）
22	6700/2700
32	6700/2700
40	6700/2700
55	6700/2700
58	6700/2700

🔧 50. 节能灯的技术参数包括哪些内容？

由于节能灯的管径小，单位荧光粉面积受到紫外线辐射强度很大，如果像普通荧光灯一样，仍然使用卤磷酸钙荧光粉，则灯的光通量衰减很大，即灯的有效寿命将缩短。因此，节能灯必须使用三基色荧光粉。

节能灯的技术参数主要包括电参数、光参数和寿命参数。

（1）电参数

电压范围：额定电压＋10％～20％；

功率范围：额定（标称）功率＋5％～10％；

功率因数：根据实际的情况选择 PF＞0.6 及 PF＞0.9；

符合安全规定和电磁干扰及电磁兼容 EMC 的规定要求；

电子镇流器的工作频率避让家用电器的遥控频率；

符合在高温环境和低温环境下的稳定、可靠工作要求。

（2）光参数

光效、光通量要求：小于 15W，光效要求≥45lm/W；大于或等于 15W，光效要求≥60lm/W；

显色指数：≥80；

色温：色温偏差小，一致性好；

启动时间：≤1 秒。

（3）寿命参数

有效寿命 8000h 以上（流明维持率达到 70％以上）。

在有效寿命期内、高温 85℃环境及低温－20℃环境条件下，能稳定可靠地工作；并且在上述温度条件下耐电压波动的冲击，节能灯能稳定可靠地工作。

🔧51. 节能灯的污染有何危害？

节能灯同荧光灯一样，都属于低压汞灯的范畴。节能灯中含有的汞是目前节能灯高效照明的必要元素，因此，废旧节能灯如果回收不当，会造成环境污染。

由于节能灯工作原理的限制，灯管中汞也就不可避免地成为一大污染源。一只普通节能灯的含汞量约 5mg，仅够沾满一个圆珠笔尖，但渗入地下后可能造成 1800t 水受污染。由于汞的沸点低，常温下即可蒸发，废弃的节能灯管破碎后，瞬时可使周围空气中的汞浓度超标上百倍。而一旦进入人体的汞超标，就会破坏人的中枢神经系统，而人体一次吸入 25mg 汞蒸气即可致死。

52. 如何防止节能灯的污染？

（1）建立废旧节能灯回收处理中心。在每个中心城市建立废旧节能灯回收处理中心，在超市和商场设立废旧节能灯和废旧荧光灯回收点，由专门部门负责对回收和处理的各个环节进行监控。

（2）创新节能灯销售模式。节能灯中的汞回收效益不明显，这是无法全部回收的一个原因。另外，节能灯容易破碎，需要很好地保管，这也使其回收面临着很大困难。可以采用以旧换新的方式，向人们宣传节能灯回收有利于环境保护的理念，并由相关部门进行统一处理。

（3）照明企业参与废旧节能灯回收处理。照明企业应该首先承担起社会责任，在生产节能灯时就在灯具上印上"用后回收"等字样，并自觉回收废旧节能灯产品。可以借鉴家电以旧换新的模式。相关部门也应积极扶持企业回收废旧节能灯，并设置专门的回收点，让废旧节能灯有处可去。环保组织要起到引导、教育的作用，最终达到全社会参与的目的，形成良性循环体系。

（4）照明企业要积极开展技术创新，研究生产不含汞的环保型节能灯。

53. 什么是高压气体放电灯？

高压气体放电灯是继白炽灯、荧光灯之后的第三代照明光源。目前使用比较普遍的高强度气体放电灯有高压汞灯、高压钠灯、金属卤化物灯。

高压气体放电灯的光是电流流经一个小放电管内的高压气体而产生的。与荧光灯不同，放电管被密封在一个外玻璃壳中，玻璃壳的作用之一是避免大气对放电管的影响。

高压汞灯是指汞蒸气压力为 51～507kPa，主要发射波长在 365.0nm，能量为 327.3kJ/mol 的汞蒸气弧光灯。1906 年研制成汞蒸气压约为 0.1MPa 的高压汞灯。

1932 年，飞利浦公司推出 100W 高压钠灯，光效为 62lm/W；1967 年美国 GE 公司研制出新型高压钠灯 HPS，光效大于 100lm/W，寿命 2000h；目前，高压钠灯光效达 120～150lm/W。寿命达 20000h，是一种高光效、长寿命的电光源。

1961 年，第一支金属卤化物灯问世，灯内的发光物质不再是汞，而是金属卤化物（钠、铊、铟的碘化物）。金属卤化物灯得到进一步研究、应用和发展。

54. 高压钠灯的结构是怎样的？

高压钠灯主要由放电管、灯芯、外壳、金属支架和灯头等组成，其核心元件为放电管。

（1）放电管。高压钠灯放电管工作时，高温高压的钠蒸气腐蚀性极强，一般的抗钠玻璃和石英玻璃均不能胜任；而采用半透明多晶氧化铝和陶瓷管作放电管管体较为理想。它不仅具有良好的耐高温和抗钠蒸气腐蚀性能，还有良好的可见光穿越能力。另外，单晶氧化铝陶瓷管在耐高温、抗钠蒸气腐蚀和透光率等方面均优于多晶氧化铝陶瓷管；因其价格昂贵，所以目前很少被采用。

放电管将电极、多晶氧化铝陶瓷管、帽、焊料环装配在一起，加入钠、汞一齐进入封接炉封接；同时充入少量氙气，以改善灯泡的启动特性。电极是用高纯钨丝绕成螺旋状，在螺旋孔中插入芯杆，浸渍电子粉，然后将电极芯杆一端和管封闭端焊接成一体。多晶氧化铝陶瓷管（帽）是选用多晶氧化铝陶瓷粉经混粉、喷雾干燥、等静压成形、高温烧结和切割等工序制成。高压钠灯的光、电参数与放电管的内径和弧长（两电极之间距离）有着密切联系。

（2）灯芯。灯芯是采用金属支架将放电管、消气剂环等固定在芯柱上，放电管两端电极分别与芯柱上两根内导丝相连接。芯柱由导丝、排气管和喇叭口经高温火焰熔融成一体。金属导丝与玻璃封接部分的膨胀系数应与之匹配，可避免因两种封接材料的膨胀系数不相同，造成封接处玻璃产生应力而爆裂或灯泡慢性漏气。

（3）玻壳。玻壳是选用高温的硬料玻璃制造。玻壳与灯芯的喇叭口经高温火焰熔融封口，然后抽真空或充入惰性气体后，再装上灯头，整个灯泡就基本成型。由于放电管在高温状态下工作，其外裸的金属极易氧化、变脆，必须将放电管置于真空或惰性气体的外壳内。这样还可减少放电管热量损失，提高冷端温度，提高发光效率。

（4）灯头。灯头的作用是方便灯泡与灯座、电路相连接。长寿命灯泡要求灯头与玻壳连接牢固，不能有松动和脱落现象。所以，目前一般采用螺纹机械紧固技术，可防止焊泥自然老化而脱落。制造灯头的材料一般采用黄铜带，它可与灯座保持较小的接触电阻，减轻金属表面氧化层。如灯泡在特殊环境中使用，还可以在黄铜灯头表面涂覆铬层或镍层。其规格型号有 E27、E40 两种。

（5）消气剂。玻壳内经抽真空后，其真空度仅为 6.6×10^{-2} Pa，仍可使金属零件氧化，影响灯泡稳定工作。所以在玻壳内放置适量消气剂，可将灯泡内真空度提高到 1.4×10^{-4} Pa 的高真空状态。目前，高压钠灯一般采用钡消气剂，它是把钡钛合金置于金属环内，再将其固定在消气剂蒸散后不影响光输出的位置。灯泡经抽真空工序后，采用高频感应加热金属环，使环内钡钛合金受热后蒸散，在蒸散过程中吸收残余有害气体，同时在玻壳颈部形成一层黑色镜面。必须指出，消气剂放置位置非常重要，以黑色镜面不阻碍光线输出为宜；在使用过程中如发现黑色镜面部分或全部变成灰白色，它指示该灯泡已漏气，不能继续使用，必须调换新灯泡。

（6）汞。汞常态时呈液态状，具有银白色镜面光泽。在放电管中加入汞可提高灯管工作电压，降低工作电流，减小镇流器体积，改善电网的功率因数，增高电弧温度，提高辐射功率。

（7）钠。钠元素呈银白色，也称金属钠。它的理化性能有：质软而轻，可溶于汞。钠光谱特点为共振辐射线宽，偏向红色区，总辐射功率高；高压钠灯的光色和发光效率与钠蒸气压有关。目前，工业化生产的高压钠灯均采用钠汞一同添加入灯泡内，可简化生产工艺，同时使灯泡参数一致性有很大提高。

（8）氙。氙气是一种稀有气体，它在灯泡中的作用是帮助启动和降低启动电压。氙气压的高低还将影响灯泡的发光效率。

🔧 55. 高压钠灯的特性有哪些?

（1）高压钠灯点燃。高压钠灯的启燃时间一般为 4～8 分钟，灯熄灭后不能立即再点燃，大约需要 10～20 分钟让金属片冷却，使其触点闭合后才能再启动。

（2）高压钠灯的伏—安特性。高压钠灯同其他气体放电灯泡一样，工作在弧光放电状态，伏—安特性曲线为负斜率，即灯泡电流上升，而灯泡电压却下降。在恒定电源条件下，为了保证灯泡稳定地工作，电路中必须串联一具有正阻特性的电路无件来平衡这种负阻特性，稳定工作电流，该元件称为镇流器或限流器。电阻器、电容器、电感器等均具有限流作用。

电阻性镇流器体积小、价格便宜，与高压钠灯配套使用会发生启动困难，工作时电阻产生很高的热量，需有较大的散热空间、消耗功率很大，将会使电路总照明效率下降。它一般在直流电路中使用，若在交流电路中使用，灯光有明显闪烁现象。

电容性镇流器虽然不像电阻性镇流器自身消耗功率很大，但温升低，在电源频率较低时，电容器充电时，会产生脉冲峰值电流，对电极造成极大损害，灯光闪烁，影响灯泡使用寿命；在高频电路中工作，电压波动能达到理想状态，成为理想的镇流器。

电感性镇流器损耗小，阻抗稳定，阻抗性偏差小，使用寿命长，灯泡的稳定度比电阻性镇流器好，目前与高压钠灯配套使用的镇流器均为电感性镇流器。其缺点是较笨重及价格偏高。另外，电子镇流器已经开始出现。所以，高压钠灯必须串联与灯泡规格相应的镇流器后方可使用。高压钠灯的点灯电路是一个非线性电路，功率因数较低，因此在电路上要接补偿电容，以提高电路的功率因数。

（3）电源电压变化对高压钠灯的影响。高压钠灯的灯管工作电压随电源电压的变化而发生较大变化，电源电压偏移对高压钠灯的光输出影响也较大。如果电源电压突然降落超过 10% 以上，灯管有可能自己熄灭。为了保证高压钠灯能稳定工作，对它的镇流器有特殊的要求，从而使灯管电压保持在稳定的工作范围内。

56. 高压钠灯的技术参数有哪些？

常用高压钠灯的主要参数见表 2-34。图 2-19 为一款高压钠灯。

高压钠灯的主要参数　　　　　　　表 2-34

型号	电压(V)	功率(W)	光通量(lm)	平均寿命(h)	灯头型号
NG100		100	6000		E27
NG250		250	25500		E40
NG360	220	360	32400	10000	E40
NG400		400	38000		E40
NG1000		1000	100000		E40

图 2-19　高压钠灯

57. LED 光源的发光原理是怎样的？

1962 年，美国通用电气公司的 Holonyak 博士，用气相外延方法（VPE）制作成功化合物半导体材料磷砷化镓，开发出第一批发光二极管，即发明了 LED 光源。

1962 年发光二极管的发光效率低，仅为 0.1～0.2lm/W，应用前景为显示器、指示器光源。2010 年，LED 开始进入普通照明领域。图 2-20 为一款 LED 灯。

图 2-20　LED 灯

LED 的"心脏"是一个半导体的晶片,晶片的一端附在一个支架上,一端是负极,另一端连接电源的正极,使整个晶片被环氧树脂封装起来。半导体晶片由两部分组成,一部分是 P 型半导体,在它里面空穴占主导地位,另一端是 N 型半导体,在这边主要是电子。但这两种半导体连接起来的时候,它们之间就形成一个 P-N 结。当电流通过导线作用于这个晶片的时候,电子就会被推向 P 区,在 P 区里电子跟空穴复合,然后就会以光子的形式发出能量,这就是 LED 发光的原理。而光的波长也就是光的颜色,是由形成 P-N 结的材料决定的。

58. LED 灯怎样分类?

照明 LED 产品一般有两种分类方法。

(1) 根据 LED 模块与驱动控制电路的集成程度分类

根据 LED 模块与驱动控制电路的集成程度分为自镇流 LED 模块和非自镇流 LED 模块。

1) 自镇流 LED 模块是指 LED 模块与驱动控制电路集成在一起,形成了一个不可分割的整体。

2) 非自镇流 LED 模块是指不带驱动控制电路的 LED 模块。

(2) 根据 LED 模块与灯具的集成程度分类

根据 LED 模块与灯具的集成程度,LED 灯分为集成型、内置型和独立型三种。

1）集成型是指 LED 模块作为灯具中一个不可替换的部件，与灯具集成在一起，形成了一个不可分割的整体。

2）内置型是指 LED 模块作为灯具中一个可替换的部件，但不能离开灯具单独使用。

3）独立型则提供了安全保护，LED 模块可以脱离灯具单独使用。

59. LED 光源的特点有哪些?

（1）节电、寿命长

LED 单管功率为 $0.03\sim0.06W$，采用直流驱动，单管驱动电压为 $1.5\sim3.5V$，电流为 $15\sim20mA$。在同样照明效果的情况下，耗电约为白炽灯的 $1/8$。LED 灯体积小、重量轻，环氧树脂封装，可承受高强度机械冲击和振动，不易破碎，理论平均寿命达 $100000h$。另外，LED 灯具使用寿命可达 5 年以上。

（2）安全环保

LED 是冷光源，发热量低，无热辐射，可以安全接触；能精确控制光型及发光角度，光色柔和，无眩光。特别是 LED 灯不含汞、钠元素等可能危害人体健康的物质，其废弃物可回收，无污染，这是绿色光源的重要指标。

60. LED 射灯和 LED 吊灯的种类有哪些?

（1）LED 射灯。LED 射灯主要有 MR16、PAR16、PAR20、PAR30、PAR38 这几种。其中 MR16 通常采用 GU5.3 灯头；PAR16 主要采用 GU10、E27、E14 灯头；PAR20/PA30/PAR38 主要采用 E26、E27 灯头。

射灯可安置在吊顶四周或家具上部，也可置于墙内、墙裙或踢脚线里。光线直接照射在需要强调的家什器物上，以突出主观审美作用，达到重点突出、环境独特、层次丰富、气氛浓郁、缤纷多彩的艺术效果。射灯光线柔和，雍容华贵，既可对整体照明起主导作用，又可局部采光，烘托气氛。图 2-21 为 3W LED 射灯的应用。

图 2-21　LED 射灯应用

（2）LED 吊灯。LED 吊灯的花样最多，常用的有欧式烛台吊灯、中式吊灯、水晶吊灯、羊皮纸吊灯、时尚吊灯、锥形罩花灯、尖扁罩花灯、束腰罩花灯、五叉圆球吊灯、玉兰罩花灯、橄榄吊灯等。LED 吊灯用于居室的分单头吊灯和多头吊灯两种，前者多用于卧室、餐厅，后者宜装在客厅里。吊灯的安装高度，其最低点应离地面不小于 2.2m。

灯珠品质决定 LED 吊灯照明效果，封装工艺影响灯珠质量、散热等关键因素。灯珠芯片有美国芯片、国产芯片等。不同的品牌，价格差异较大，照明效果差别也大。变压器质量也决定了整灯的寿命，变压器内使用的电子元器件、设计方案决定了变压器的效率、功率因素、稳定性、温升值、使用寿命。图 2-22 为一款客厅用 LED 吊灯。

图 2-22　客厅用 LED 吊灯

61. 蓝光对人有害吗?

蓝光是光的三原色之一,当红、绿、蓝三色一起发光就会得到白色。医学研究显示,蓝光是可见光中波长最短、能量最强的部分。

蓝光危害是指光源的 400～500nm 蓝光波段,蓝光危害程度取决于人眼或皮肤在灯光下所积累的蓝光剂量。蓝光会破坏生物细胞,对人的眼睛、皮肤造成伤害。

高能量的蓝光照射到眼睛,会损伤视网膜细胞的粒线体,特别是破坏粒线体的 DNA,这表明任何暴露在蓝光下的细胞,包括皮肤细胞,都有可能受到伤害。如果皮肤经常暴露在蓝光下,将容易老化。

62. 蓝光的光生物数值标准怎样划分?

国际上按照蓝光强度已经制订出有关蓝光的光生物安全标准,并设定可能导致蓝光危害的各项数值。例如,没有蓝光危害的光源产品为"零类产品";具有较小蓝光危害,眼睛不能长时间直视的光源产品为"一类产品";具有较大蓝光危害的光源产品为"二类产品"。目前用作 LED 照明的产品基本为零类和一类,如果是二类,则必须强制性打上"眼睛不能盯着看"的标签。

63. LED 灯的蓝光有没有危害? 怎样选购 LED 台灯?

实际上,电脑、手机、白色灯都放射蓝光。

目前市场上销售的 LED 灯具常用的技术为"蓝光芯片+黄色荧光粉",即白色 LED 是利用高亮度蓝光 LED 激发黄色荧光粉。这就使 LED 灯光中蓝光的含量相对较高,但这并不代表 LED 灯比其他灯具更伤眼。复旦大学电光源研究所对几种光源的蓝光作了比对实验,相同色温的 LED 灯和节能灯的安全性能相差无几。

要注意的是,过于明亮的 LED 灯具,其蓝光比例有可能超过安全值。

购买 LED 台灯时，应选择低色温（2700K）的灯具，对人体内褪黑素分泌的影响较小，有利于孩子睡眠；购买室内 LED 灯具时，尽量选择有扩散罩或扩散板不会直接看到芯片、发光点不过于集中的灯具。

64. 目前有哪些无蓝光的光源？

实验研究表明，防止 LED 蓝光危害的方法之一是研制低色温的 LED 光源和背光源。从光源色温的角度出发，夕阳光和烛光所呈现的色温是一天中最低的；它们所放射的蓝光比较少。采用色温较低或是蓝光较少的光源，不太妨碍褪黑激素的分泌，使人们在夜晚可以得到放松，入睡也比较安稳。

2012 年，我国台湾清华大学材料工程系实验室研发了类夕阳光 OLED（烛光 OLED）光源，这种光源涵盖了日落前 30min 的色温变化，光色如同夕阳般温暖，几乎没有放射出蓝光，非常适合作安全的夜间照明光源。

目前，烛光 OLED 照明光源商业化产品的规格为：

光效＞30lm/W；色温＜2000K。

使用寿命：在亮度为 1000cd/m² 的情况下＞10000h；显色性＞80。

65. 什么是有机发光二极管（OLED）？

有机发光二极管（OLED）发展的重要里程碑为 20 世纪 80 年代中期。美国柯达公司华人工程师邓青云于 1979 年发现了具有发光特性的有机材料，并提出多层结构，引入芳香族胺类为传递层，成功建立了高效率及低驱动电压的元件结构，1987 年获得了 OLED 设计的第一个专利。之后历经 20 多年的改进，OLED 有了长足的进步。由于 OLED 为平面发光，而且可在轻薄、可挠式的基材上形成阵列结构，所以也非常适合应用于照明光源，2010 年，OLED 的发光效率为 80lm/W，目前最好的 OLED 器件的发光效率为 102lm/W。到 2015 年有望达到 120～150lm/W，将有可能与大功率白色 LED 竞争，广泛应用于照明。

OLED、LED 和荧光灯性能比较见表 2-35。

OLED、LED 和荧光灯性能比较 表 2-35

光源	OLED	LED	荧光灯
太阳光谱相似性	63	49	14
色温调节	优	优	中
无眩光	优	中	中
节电	优	优	优
使用寿命	中	良	良
价格	中	良	优

66. OLED 的结构是怎样的?

OLED 是一种薄膜多层器件，由碳分子或聚合物组成。它们的构成是：

(1) 金属箔、薄膜或平板（刚性或弹性）平台；

(2) 电极层；

(3) 活性物质层；

(4) 反电极层；

(5) 保护层。

67. OLED 的技术优势有哪些?

（OLED）几乎具有 LED 的所有优点，因为 OLED 器件结构简单，制造工艺成本低，还具有以下技术优势：

(1) OLED 本身为面光源，容易扩展成大面积平面光源；

(2) OLED 可制作在柔性塑胶基板上，在住宅照明设计中可结合墙壁、顶棚、地板及家具进行整体设计；

(3) OLED 是自发光元件，可以大面积挂于室内墙壁上，或嵌在窗户玻璃上；

(4) OLED 可以减少蓝光危害。

68. 住宅照明的基本要求有哪些?

住宅照明的基本要求是：适用、经济、美观。适用是指能够提供人们生活、休息、娱乐所需要的照明，保证规定的可见度水平。经济是指一方面选用高效光源和高效灯具，能以较少的投资获得较好的照明效果；另一方面是在符合有关照明标准、规程的前提下，尽可能节约电能。

69. 客厅照明有什么要求?

客厅是家庭休息、会客的地方，也是家庭团聚的场所，因此，客厅照明是住宅照明的重点部位。总的来说，客厅照明要求具有多功能性，照明效果要求多样化，照明应满足空间对光环境创造的要求。

客厅的照明设计应采用一般照明、装饰照明和重点照明相结合的方式。一般照明由客厅房间中央的吸顶式荧光灯提供主要环境照明。为了扩大房间的空间感，可在周围采用 LED 灯具照明墙壁。在客厅黑暗中看电视容易使人眼产生疲劳，可用小灯具照明附近的墙面。

客厅的中央可以用一盏灯作基础照明，既是装饰照明，又是功能照明；客厅的暗槽可以用 T5 灯管或者 LED 灯管作一些装饰性的光；客厅的周围，可以小型节能筒灯作为局部照明，兼作装饰性照明。

会客以看清客人面部表情为宜，基础照明可选用吸顶灯。家庭娱乐，如听音乐、看电视，需要背景照明，可选用台灯、壁灯、支架等。客厅装饰，如客厅中的壁画、雕塑、花草，可选用天花灯进行重点照明，天花灯是一种高档次的照明及现代装饰灯具，非常适用于高档家居，压铸天花灯规格有：12V、MR11、35W；12V、MR16，50W 等。客厅局部还可以用筒灯作照明，如 3W-LED 光源、3W-E27 节能灯光源、5W-E27 节能灯光源，以突出主体照明物。图 2-23 为客厅亮一盏荧光灯的效果图。

图 2-23   客厅亮一盏荧光灯效果图

住宅客厅内还可以使用室内型 LED 灯柱,创造丰富多彩的照明环境。例如 LO-POLE-250-12V 桌上型灯柱的主要参数有:

LED 数量:108 个,其中红、绿、蓝色各 36 个;

光通量:44.17lm;

最大功率:12W;

工作电压:DC12V;

最大工作电流:1A;

产品尺寸:900mm×900mm×331mm;

重量:3kg。

70. 卧室照明有什么要求?

卧室是睡眠和休息的地方,照明主要要求舒适,对光源的照度要求不高。宜采用暖光色光源。在房间顶棚上安装乳白色半透明灯具构成一般照明。在床头和梳妆台设置局部照明,光源的显色性要高,以显出自然的肤色。在床头两端安装能够调光的中等光束角的壁灯,其开关要单独设置。卧室的灯由两个开关统一控制,一个设置在门口,一个设置在床头,便于操作。

卧室照明整体以温馨浪漫灯光为基调,可选用吸顶灯作基础照明，光源为 T6 环形管，功率等级有 32W、40W、55W；或者光源为 2D 管，功率为 21W。衣柜、壁画选用天花射灯进行重点照明。梳妆台前安装镜前灯，选用 T5 光源，以达到还原自然真实的效果。图 2-24 为卧室照明效果图。

图 2-24　卧室亮一盏荧光灯效果图

对于儿童房间的照明，灯光要求明亮、柔和，并有适当的装饰花纹来表现儿童天真活泼的个性。以卡通系列吸顶灯为基础照明，按 $5W/m^2$ 配置。在书桌上设置台灯，配以暖光色光源，保护儿童视力，如光源 3W 的 LED 台灯、光源 20W 的节能灯台灯。

🔋 71. 厨房、餐厅和公共区域照明有什么要求？

（1）厨房照明。厨房照明以满足功能照明为主，不管是水平面还是垂直面上，都要有一定的照度，一般选用荧光灯或节能灯。注意在工作面上不要留有阴影。

（2）餐厅照明。餐厅照明要突出艺术性，因为环境氛围好坏直接影响人们的食欲。一般采用一个挂于餐桌上方的灯具来照明，要注重灯光的艺术性，灯具采用玻璃灯罩或塑料灯罩，要高出桌面 800mm。

餐厅的照明需要将光线集中在餐桌上，要求有足够的亮度及较好的显色性，以呈现菜肴的本色。可在天花灯槽中安装 T4 或 T5

支架光带；还可选用 1 只或 2 只或 3 只 13W-E27 的节能灯组成的餐厅吊灯。

如果家中的餐厅有吧台或可折叠的小餐桌，那么，可以在它们上方安装一盏方便自由伸缩的吊灯。这样既可以节省空间，又可以让空间的使用更加灵活。

（3）公共区域照明。卫生间的空间一般不会很大，如果选择偏冷色调的灯具，可以增加卫生间的空间感。另外，可以考虑使用射灯或筒灯，安装在卫生洁具正上方的射灯，能够最大限度地表现其光滑亮泽的表面质感，但要在这些灯具上安装相应的防雾罩，避免水蒸气进入而损坏灯具。还可以适当考虑在镜前、坐便器上方以及喷淋头上方安装筒灯，这样的照明方式能避免水蒸气对视线的影响。

厨房、卫生间可选用厨卫吸顶灯或嵌入式厨卫灯，厨卫吸顶灯的光源为 3U，功率系列有 13W、25W、32W、40W；嵌入式厨卫灯光源为 2U，21W 或 36W，3U，功率系列有 13W、25W、32W、40W。

阳台、走廊、楼梯间可选用吸顶灯，光源为 22W 的 T6 环形管，或 10W 的 2D 管，或选用 10～20W 的 LED 灯、节能灯照明。

72. 住宅照明设计参数有哪些？

人在 1～100000lx 的照度范围内能产生视觉。根据测算，当光照水平在 50～300lx 范围内时，阅读速度随照度的增加而增加。为了创造舒适的家庭环境，给人以更好的视看条件，在住宅照明设计中，要注重房间照度确定、限制眩光和节约用电。

国际照明委员会 CIE 批准发表的出版物《室内照明指南》提出：辨认人的脸部特征的最低亮度约需 $1cd/m^2$，相对应的所需一般照明的水平照度为 20lx，因此，将 20lx 作为所有非工作房间的最低照度；而工作房间推荐的最低照度为 200lx，工作房间最高满意度的照度为 2000lx，并将 20-200-2000lx 作为照度分级的基准值。

根据我国的经济情况和电力供应水平，在现行标准中规定的照度等级为：0.5lx、1lx、2lx、3lx、5lx、10lx、15lx、20lx、30lx、50lx、75lx、100lx、150lx、200lx、300lx、500lx、750lx、1000lx、1500lx、2000lx、3000lx。考虑到相同用途的不同房间在不同条件下所需的照度可能有显著差别，标准中通常用高、中、低三个照度等级组成的照度范围来代替单一的照度值，方便设计人员灵活运用照明设计标准。

在住宅照明设计中，必须满足国家标准规定的最低照度值。结合我国目前的经济水平和供电能力，家庭照明设计中的照度标准不宜定得过高。一般情况下，客厅、书房为100lx，卧室为50lx，其他房间为30lx。《民用建筑照明设计标准》GBJ133-90规定的住宅建筑照明的照度标准值见表2-36。表2-36中的值是指规定照度的最小值，在使用中，采用略高一点的照度，可以有效减少人眼的疲劳，保护人的视力。

住宅建筑照明的照度标准值　　　　　　　表 2-36

类　　别		参考平面及其高度	照度标准值(lx)		
			高	中	低
起居室、卧室	一般活动区	0.75m 水平面	50	30	20
	书写、阅读	0.75m 水平面	300	200	150
	床头阅读	0.75m 水平面	150	100	75
	精细作业	0.75m 水平面	500	300	200
餐厅或方厅、厨房		0.75m 水平面	50	30	20
卫生间		0.75m 水平面	20	15	10
楼梯间		地面	15	10	5

73. 如何限制室内眩光？

眩光是指由于亮度太大，或是短时间内相继出现亮度相差过大的光所造成的视觉不适或视觉降低。照明按眩光程度分为5级：A级为无眩光，B级为刚刚感到眩光，C级为轻度眩光，D级为不舒适眩光，E级为一定的眩光。严重的眩光甚至使人眩晕、恶心，必须加以限制。限制眩光的方法主要有：

（1）正确选择灯具；

（2）采用小功率低亮度的灯泡；

（3）降低背景亮度；

（4）提高灯具的悬挂高度。

74. 如何选择住宅用光源和灯具？

在住宅照明中，常用的光源有荧光灯与节能灯、LED 灯两类。荧光灯与节能灯主要用于有较高照度要求以及点燃时间比较长的场所。LED 照明用灯利用红、绿、蓝三基色，经控制具有 256 级灰度，经混合可产生 16777216 种颜色，可实现多种动态变化效果；加上 LED 属于冷光源，不会引起火灾。儿童房间应选择低色温的电光源，如烛光 OLED。

灯具应该与室内装饰的整体效果相协调，可以由灯饰化装饰和建筑化装饰混合使用。

75. 住宅照明有几种方式？

住宅照明设计有三种不同的方式：一般照明，任务照明和重点照明。

（1）一般照明。一般照明是一个房间的基础照明，由一组规则的灯具组成，一般安装在房间中央顶棚上。

（2）任务照明。任务照明为工作区域提供比较高的亮度，以完成精细作业，如书桌、电脑桌上的照明。

（3）重点照明。重点照明不属于功能照明，而在于强化空间特色和突出装饰元素，如各类架子、收藏品、艺术品、装饰性陈列的照明。

合理的照明设计，还需要考虑到节省初投资。在作照明设计时，必须十分注意节约电力。

76. 景观照明的作用有哪些？

城市景观照明根据城市自然、人文、历史地理环境等特征，构建点、线、面相结合的夜景灯光体系。通过夜间景观照明，来提高城市文化品位，突出城市特色。

（1）景观照明工程是城市文化环境的组成部分

城市景观照明展现出的城市夜景形象，在一定意义上反映了城市的文化特征，如科技水平、生活方式、历史沿革、公共生活，以及外来文化的宽容和接纳程度。由景观照明带动的夜间活动场景，包括夜生活的内容、氛围、层次、参与程度，反映着城市的文化特征。

（2）景观照明的发展塑造了城市形象

城市的夜景建设对城市的节日、庆典和重大活动发挥了巨大作用。2008年的北京奥运会，2010年的上海世博会、2011年的广州亚运会，都围绕这些重大活动进行了景观照明的大规模建设。

重庆"一棵树、两江游"的夜景灯光建设，使重庆市南滨路夜晚人气变旺，餐饮火爆，地价飞涨，快速拉升了经济，掀起了开发热潮。

（3）景观照明促进了城市夜间经济增长

景观照明拓展了城市生活的时间周期，在很大程度上拉动了城市经济。城市夜间生活的发展，促进了城市夜间经济的增长。

景观照明可以将城市旅游的时间段延长，游客不仅仅只在白天游，而可以全天候、多方位去感受一个城市的多维空间。据调查，如果一个城市的旅游景点只能让游客游览2h，则只有景点一张门票的收入；如果让游客游览4h，则可能有门票和餐饮收入；如果再丰富景点的夜间景观照明，则可能有门票、餐饮、住宿、购物收入，将使城市的收益成倍增长。

例如，广州餐饮、文化娱乐、银行市场等夜间的营业额，占全天消费的50%以上。重庆餐饮业2/3的营业额是在晚餐及之后的时间段实现的；据重庆百货公司统计，现在晚上7：00～10：00这3个小时的营业额基本与白天持平。

77. 公共广场的景观照明有哪些要求？

公共广场是良好的景观照明载体，是市民休闲娱乐的地方，城市公共广场的景观照明不仅要考虑广场本身的状况，还要结合广场周围道路、建筑、景观和绿化的特点，选用造型优美、照度适中、色彩宜人的照明电器，使灯光亮暗区域对比适当，减少眩光对环境产生的光污染，营造优美、舒适、亮丽的景观照明环境。

要控制公共广场景观照明光色的无序使用，优化绿色照明的照明方式，严格执行光色和动态照明的分区控制规划，推广新型绿色光源在景观照明中的应用。

（1）休闲广场。休闲广场是为人们提供休息和社交活动的场所，景观照明设计应体现人文特色，对广场标志性建筑要重点呈现，广场内不宜灯杆林立，而且灯杆、灯具不应妨碍人们的活动与交通。

（2）集会活动广场。集会活动广场是提供大型集会活动、举办大型文娱活动的场所，景观照明设计以高杆照明为主，周围可布置一些草坪灯或庭院灯，但要注意控制光污染。

（3）商业广场。商业广场一般与商业街连接在一起，景观照明设计应突出商业广场周围商店的店标，商业建筑的橱窗及层顶，以引导行人购物。不应设置频闪频率高的光源，给行人的视觉带来不适。

78. 建筑物的景观照明有哪些要求？

建筑物的景观照明主要是指立面照明，分别选择泛光照明、轮廓照明和内透光照明的方式，来反映如纪念性建筑、标志性建筑、仿古园林建筑的材料性质、时代风采、民族风格和地方特色。

（1）标志性建筑物。在白天欣赏一座建筑物，它是在日光或天空照射的情况下反映到观察者的眼中的。在夜晚，多半是将泛光灯装在地上，从下向上照亮建筑物的立面。因此，经过照明后所显示的建筑艺术效果和白天是很不一样的，而照明工程设计针对建筑物的不同特点，重点突出的部位，表面材料的不同颜色与质地等，巧妙布灯，采用不同光色的光源达到不同的艺术效果。例如，同是绯红色的花岗石表面，如果用金黄色的高压钠灯照射，就会呈现近乎橙色的暖色调，雍容富丽；如果用金属卤化物灯的白光去照射，就是近乎青色的冷色调，显得沉寂、遥远，不如前者亲切。

高大建筑物可以重叠布灯，将一组灯照在建筑物的下半部，另一组灯照在上半部。同时对于建筑物的凸凹部分，如阳台、线脚、凹廊、雨棚等，可视需要，或者强调它的阴影，或者设置辅助照明减弱它的阴影，使建筑物的表面效果更强烈、更生动。有些局部可兼用窄光束的强光照射。有的泛光照明有时还辅以调光设施，这样，就可以出现多重色调，效果更为丰富。

（2）古建筑物。古建筑物的照明是照明工程的重大课题，具有很高的文化价值和科研价值。如何将中国古建筑独特的魅力展现于夜幕之下，是建筑物景观照明的关键；古建筑往往孕育着浓郁深厚的历史文化，如何将历史与文化协调统一，又成为验证景观照明成败与否的重要标准。

古建筑的夜景照明设计以保护古建筑为前提，灯具的安装、管线的敷设不得损害古建筑的结构，景观照明光源的紫外线不应损坏古建筑的绘画及建筑构造。应选用低紫外线的光源和过滤紫外线的灯具，光源选用 LED、光纤等，并以暖色调为主，色彩不宜过多，不应有溢散光，灯具选用体积小，并有防护、防腐、防火性能好的标准型免维护灯具。

古建筑的周围如果出现很多现代的照明设备，会使人感觉不那么协调。除依照建筑物景观照明设计规划设计与建筑物匹配的灯具外，为了尽量减少裸露灯具对景观的破坏，还要对外部不具备隐蔽条件下安装的灯具采取一定的防护措施。

（3）商业街的景观照明。商业步行街是人们购物消费的地方，商业街的景观照明要体现繁华热闹的景象，对购物者形成心理诱导，达到足够的亮度，并采用动静结合的照明方式。在以步行街为主的道路照明中，眩光问题对步行者并没有多少不利影响，相反，适当闪烁的灯光有助于产生一种生机勃勃的气势。在此类道路中，道路宽度一般较小，照明不需要大功率的光源与很高的安装位置，一般选用有良好显色性的、较小功率的节能灯、金属卤化物灯和小型化的灯具尺寸，灯具风格强调具有艺术人文特色，能良好地体现当地的文化底蕴。在风格统一的前提下，注重丰富多样性，形成艺术景观。

商业街道路两侧商业发达，有多处大型购物、餐饮、娱乐场所，有足够的步行空间，机动车和非机动车的停车场，沿街店面景观照明的形式、色彩和风格要协调自然。

（4）公园景点的景观照明。公园一般由公园道路、自然景物、广场与构筑设施组成，其中，公园道路发挥着组织空间、引导游客、连接交通和提供散步场地的作用，通过巧妙的光影设计，使夜间公园道路具有观赏性，营造适宜的气氛，增强园林的艺术感染力，创造和谐迷人的夜间景观。

公园景点的景观照明要根据这些场所的装饰、石景、柱廊等以及树木、花丛、绿地、植被等的不同特点和布局，采用 LED 地埋灯、草坪灯、庭院灯照明，以不同色彩和远近明暗的对比，映衬园林绿化的不同特色。景观雕塑的景观照明要突出重点部位，灯具安装的位置和角度要合理，避免雕塑各部位不适当的明暗对比，又要防止眩光影响人们的观赏。

（5）桥梁的景观照明。桥梁也是景观照明的良好载体，结合桥梁不同的造型，河流、湖泊等水面的倒影，可以营造或壮观或繁华或幽雅的景观照明效果。

桥梁的景观照明首先要考虑桥梁的交通功能，避免影响车辆和行人的眩光产生，其次要考虑桥梁的结构特点，充分反映其特征。

大型桥梁本身就是有特色的建筑，对其进行突出宏伟形象的泛光照明无疑是夜景照明的一个重点；与此同时，桥梁又是交通运输的通道，其照明又要满足道路功能的需要。对大型桥梁的夜景照明要功能性和装饰性并重，将两者结合起来考虑。

（6）水景照明。水景的景观照明要综合运用声、光、电技术，对喷泉、瀑布、江河、湖泊等水面进行艺术渲染以形成夜间的水景效果。水景照明主要有瀑布照明、溪流照明等。

1）瀑布照明。不管是从石崖上喷流而下，还是从金属水槽或打磨平滑的石板边缘泄流而下，瀑布流入水池中溅起的水花，在夜晚都要照明来突出效果。水下投光灯最好安装在水池中瀑布流入的位置，这样既可以借助激起的水泡将灯具掩盖，又能使灯光正好照射到瀑布上，产生棱镜折射的七彩效果。

2）溪流照明。溪流照明不宜采用水下照明方式，通常采用远距离照明技术，从树上进行月光效果照明既可以产生比较自然的效果，也不像地埋灯存在隐藏灯具的问题，还不会产生直接眩光。月光效果照明属于漫射照明，照射范围广，不会产生光斑，而且这种灯光在静止的水面上会产生银色的光辉。

3）竖向水景照明。垂直景物都采用的是上射照明，可以突出流水的动态效果，像鹅卵石喷泉这类小型水景，通常是预先修建好的，基部有一个小型的蓄水池。水流滴落到蓄水池中用网格支撑着的鹅卵石、燧石或小石子儿上。这个装饰性的网格是隐藏防水上射灯的理想位置，灯具可以是黑色的，与石板相协调；也可以由黄铜材料制成，在水的侵蚀下变成与周围卵石相似的颜色。

2010年上海世博会开幕式上，6000只LED发光球变幻着红、橙、黄三色，从黄浦江上游的卢浦大桥顺流而下，来到江心舞台，形成一道锦绣灿烂的"水景秀"。这是我国首次出现的江河水景的景观灯。

（7）绿化照明。绿化照明是整个绿地环境夜景照明的重点。在绿化设计中要注意两个方面：一方面，整体照度不宜过高，光的控制要准确，防止对周围住宅区造成光污染；另一方面，由于植物景观色彩丰富，以能体现植物的色彩感为原则，不宜用彩色光，而以使树木绿色更鲜艳夺目的高显色性的小功率金属卤化物灯为主，以显示植物的真实色彩；常用的照明方式有泛光照明和装饰性照明，并且，灯具要小巧玲珑，紧凑，便于隐蔽，最好能做到"见光不见灯"，不破坏白天的景观。

一般对两大类的绿化进行重点照明：

1）有选择地对观赏性比较强的树木花卉进行重点照明。观赏性比较强的树木花卉主要是香樟、松树等常绿树种和银杏、玉兰等季节性观赏植物。要将整个树体都照亮不太可能，也没有必要，因此要采用一定的艺术手法，来体现树木的夜间魅力。例如，单株植树可用小型 LED 地埋灯，描绘树体轮廓，然后再结合数个不同方向且强度不同的泛光灯，从不同的角度照射树干，形成一棵层次丰富的"光树"，别有韵味。

2）对特殊种植方式的绿地进行重点照明。由乔、灌、草、花组合形成的前后错落、高低起伏的植物群，首先要根据光环境总体构思，选择适当的照明点，其次是分析植物群落的组成，选择对植物群落的林缘线和林冠线起关键作用的树木，并根据其形态及高度，确定照明方式和灯具。例如，可选择中功率泛光灯，照亮植物群落的背景树木，前景采用暗调处理，明暗对比，呈现美丽的剪影。在选择光色时，可根据不同的艺术要求，选择不同光色的光源，以能更好地体现花色、叶色为原则，营造冷暖不同的艺术效果。

79. 景观照明采用哪些光源？

LED 照明技术在城市景观照明中发挥了重要作用，随着 LED 光效的不断提高以及 LED 产品的不断开发，使我国城市景观照明全面进入了 LED 照明时代。此外，新型霓虹灯也有应用。

（1）LED 景观灯

景观照明 LED 灯的使用，目前理论上可节电 90%，大量减排二氧化碳等温室气体，实现环境保护的目标。而且，LED 灯不含有毒元素汞，对环境没有污染。景观照明已经从使用荧光灯、金属卤化物灯、高压钠灯、霓虹灯等传统光源，逐步被 LED 灯所取代。我国已生产出草坪灯、庭院灯、地埋灯、轮廓灯、射灯、景观灯、投光灯、水下灯等成套 LED 灯，有的如草坪灯、庭院灯已批量出口。

例如，在西安一大型仿古公园内，仿唐建筑物的四角尖亭上采用了 LED 照明，在其莲花顶座上装了 1W110°及 15°LED 灯各 8 个，将莲花叶层次感表现得淋漓尽致；又在瓦砾沟安装 500 个

1W45°、15°LED灯，将整个瓦面照亮，显示出了其层次及立体感等。这些灯因为小巧，白天基本看不到它的存在，不至于破坏古建筑在白天呈现的美感，而到夜晚，却表现出五彩缤纷、古色古香、韵味十足。

（2）新型霓虹灯

1）变色霓虹灯。变色霓虹灯在灯管内充入两种或两种以上颜色光的气体，灯管外设置一个能改变灯内气体激发状态的电极，这种用聚乙烯导电薄膜制成的变色电极紧贴在长1m、直径为12mm的玻璃管的1/3处。或以螺旋状缠贴在整个灯管上。通电后霓虹灯管就能同时或交替出现两种或两种以上的色彩，装饰效果甚佳。

2）无极霓虹灯。在无电极的密封灯管内充入惰性气体、汞等工作气体。灯管外包裹一定面积、一定形状的导电体，制成无极霓虹灯。导电体材料有铜箔、石墨层、金层镀层、氧化铟锡导电层、导电布等。在灯管外导电体上用电子点灯电路驱动，使无极霓虹灯工作。这种霓虹灯效率高、寿命长、噪声小、发光柔和、控制容易。

3）EL薄膜霓虹灯。电致发光（EL-Electro Luminescence）材料在几伏、几十伏电压作用下可发出红、绿、蓝三种基色光。早期使用无机材料ZnS掺杂稀土元素离子发光中心作EL材料，近年来采用铝喹啉络合物有机发光材料作EL材料，使电致发光性能有了很大的进展。例如用8-羟基喹啉铝发光材料制成的EL薄膜发光器件，用小于10V的直流电压驱动EL薄膜时，发光亮度可达1000cd/m²、光效可达1.5lm/W。EL材料可采用喷涂、刷涂、丝网漏印技术制成薄膜图案，基板材料既可采用玻璃硬板，也可采用塑料软片。EL霓虹灯的文字图案既可绘制成形，也可弯制成形。这种灯的色彩、形状将更加丰富多彩。

4）LED柔性霓虹灯。近年来，我国等国家推出了LED柔性霓虹灯（中国发明专利号529728XQ00879649711）。LED柔性霓虹灯具有高亮度、低能耗、柔性灵活、使用寿命长等特点，适合运输，安装简单，耗电只有玻璃霓虹灯的1/10，可替代传统玻璃霓虹灯。图 2-25 为一组上海生产的 LED 柔性霓虹灯。

图 2-25　LED 柔性霓虹灯

第3章 家用电器

3.1 空调器与电风扇

1. 空调器怎样分类?

1904 年美国工程师威利斯·开利尔发明了世界上第一台空调器,这是一种迄今仍在使用的喷水过滤装置的空调器。1931 年美国人舒茨和谢尔申请了窗式空调的专利。

空调器是自 20 世纪初开始出现 100 多年以来,已经发展成为品种繁多、规格齐全的一大类器件。空调器按部件的组装方式,分为整体式、组装式、散装式和大型集供式几种;按功能类型,分为冷风型、热泵冷风型、电热冷风型几种;按冷却剂的冷却方式,分为水冷式和风冷式。

目前使用的空调系统有:

(1) 集中式空调系统。它是定风量、单风道的空调系统,主要应用于商场、影剧院、体育馆等公共场所。

(2) 半集中式空调系统。它是由风机盘管和新风系统组成的,主要应用于办公室建筑、宾馆等场所。

(3) 局部空调系统。局部空调系统就是家用空调,应用于住宅、办公室。家用空调器一般是制冷量为 1500~3500W 的房间空调器,包括窗式空调、壁挂式空调、柜式空调、暖空调、家庭中央空调。暖空调的主要功能包括供暖、通风和空气调节这三个方面,如图 3-1 所示。客厅专用中央空调的室内部分,机身小巧,可安装于局部吊顶内,隐藏式设计满足各种装修风格,如图 3-2 所示。它能迅速制冷制热,送风均匀,室内温度均衡,体感舒适;有空气净化功能,保持室内空气质量。

图 3-1　暖空调

图 3-2　客厅中央空调室外机组

2. 什么是变频空调?

变频空调有交流变频和直流变频(就是直流调速)两种,它们的区别在于使用的压缩机(交流变频压缩机还是直流变频压缩机)以及因压缩机的不同而带来控制器的变化。两种变频技术各有特点,分别应用于不同的场合。交流变频空调器基本上都采用"交—直—交"变频调速系统。直流变频空调器关键在于采用了无刷直流电机作为压缩机、电机转子采用稀土永磁材料等制作而成。直流变频器有3个核心部件:直流变频双转子压缩机、直流无刷电机,电子膨胀阀。只有同时拥有了这3个核心部件才能真正起到变频节电作用。

交流变频空调的发展按压缩机的自身结构演变来划分,经历了单转子变频、双转子变频、全直流数字变频以及数码涡旋变频四个阶段。

交流变频空调的代号为 BP，直流变频空调的代号为 ZBP。

3. 直流变频空调是指什么?

直流变频空调是相对于交流变频空调而来的，其实直流电没有频率可言，也就是说直流不存在变频，直流变频空调是通过改变直流电压来调节压缩机转速，从而改变空调的制冷量，采用的是直流调速技术。

直流变频空调器的工作原理是把 50Hz 工业频率的交流电源转换为直流电源，并送至功率模块主电路，功率模块受微电脑控制，模块所输出的是电压可变的直流电源，压缩机使用的是直流电机，所以直流变频空调器应该称为直流变速空调器。直流变频空调器没有逆变环节，在这方面比交流变频更加省电。

4. 窗式空调的结构是怎样的?

窗式空调器的外形呈长方体结构，在窗式空调器中，依次连接着压缩机、冷凝器、干燥过滤器、毛细管和蒸发器。室内侧的面板上有进风口和出风口，进风口后面紧贴着进风过滤网，出风口上装有摇风装置，后侧下部设有排水管。空调器箱内有一台电动机，电动机轴的两伸出端各带一个风扇，在室内侧是离心风扇，在室外侧是轴流风扇。

夏季可制冷冬季可制热的热泵型窗式空调器的结构稍有不同。它的蒸发器和冷凝器做成完全一样的，统称为室内热交换器或室外热交换器。另外，在压缩机排气管上装有一个电磁换向阀，它可以改变制冷剂流出与吸入的管路的连接状态，通过控制系统改变滑阀的工作位置，可以实现夏季制冷运行，冬季制热运行。

5. 分体式空调的结构是怎样的?

分体式空调器分为室内部分和室外部分。留在室内部分的只有蒸发器（热泵型为室内热交换器）和离心风机，其余部分全部移到了室外，它们之间用管路连接。室内部分可以安置在使用者认为合适的任何位置，这样不仅有利于室内装饰布置，还避免了空调器占用窗户的采光面积。由于压缩机这样的噪声源远离了安装空调器的房间，从而大大减少了室内的噪声。

分体式空调器按其室内部分的结构形式分为壁挂式、柜式、吊顶式、埋入式、台式几种。其中壁挂式空调器的室内部分很薄，一般不超过 200mm，高度约为厚度的 2 倍，长度较长一些，挂在墙壁上非常美观，又节省地方。它的面板下部为进风栅，栅后依次为过滤器、蒸发器，离心风扇直接由电动机拖动抽吸冷风，并将冷风由面板上部的出风栅送回室内。摇风装置由调向片以及装在调向片轴端的电动机组成，它能使冷风自动地均匀送到室内各处。

6. 怎样安装窗式空调?

窗式空调器要选择室外空气流通、无阳光直射、无外部热源（烟筒、蒸汽管道）、不含有油或腐蚀性气体的地方安装，一般安装在房屋朝向西、北方向的阳台、窗台之处较为适宜，这有利于空调器散热，制冷、制热效率高。

空调器安装的高度以 1.5m 左右为好，这样，空调器排出的冷、热气与人的高度大致相同，能使冷、热空气得到充分利用。空调器装得过低，冷气会下沉，制冷速度慢；装得过高，就要求支架结构比较牢固。

安装空调器时，其前后要有一定的高度差，即要向室外下斜，以使冷凝水顺利排出。空调器外壳两侧分别有百叶窗，是冷凝器的空气入口处，百叶窗必须裸露在室外，不允许在内窗上安装，也不允许外侧放在楼道或走廊内，以利于散热。

安装空调器的窗户不要有大面积的玻璃，以免引起振动，产生不必要的噪声。普通窗户要先制作一个支架，然后才能安装。窗式空调器的支架，用木板制作时，选厚度为 20mm 的木板，按实际尺寸，作长方形框架和三角形室外支撑架。用角钢制作时，选用

130

40mm×40mm×5mm 的角钢焊成支撑架。

在空调器的上方可安装防水板，以防止雨水进入机内，并避免阳光直射到空调器上，这种遮阳防雨板，用 20mm×5mm 的扁钢焊个三角形支架，上面覆盖厚 1mm 的镀锌钢板或玻璃板。

7. 怎样安装壁挂式空调器？

壁挂式空调器由壁挂式室内机组、室外机组、内外机组连接管和控制连接导线所组成。室内机组应悬挂在结实的墙面上，高度一般以 1.8～2m 为宜，但不论在任何的情况下，室内机组与屋顶应有 0.1m 的间隙，这样有利通风。安装位置还应考虑冷凝水的排水便利问题。室外机组既可悬装在外墙上，也可放置于直接固定在室外地面上的底座上。安装时其与周围建筑物的距离应符合说明书所列的要求。

（1）安装室内机组。拆下室内机组的底板，水平安装在选定的墙面位置上。按照底板四周有箭头指示的孔洞位置，在墙上做好标记，然后在墙上用电钻钻出孔洞，塞上塑料膨胀螺栓，用木螺钉穿过带指示的底板孔洞，并拧入膨胀螺栓内固紧底板。

接下来进行开墙孔洞工作，孔洞是供室内、外机组的连接管道和电线需穿墙而过时用的。墙上孔洞位置，依室内机组底板上的圆缺口而定。开孔时，可用电钻先在圆缺口周围钻一圈小孔，然后用錾子凿通成洞，这样既精确又省时。开凿墙洞，应使墙洞有一个由内向外的倾斜坡度，以便冷凝水的排出。

在墙洞中插入原机配置的塑料螺纹圆形护套筒，该护套筒是用来保护穿墙管道和导线的。若原机缺少护套筒，可选用其他硬塑料管代替，护套筒或硬塑料管的长度视墙的厚度而定，多余长度应切除。

室内机组连接管道的引出方式，因安装位置不同有从左背后引出、右背后引出、右下侧引出和左下侧引出等几种方式。引出连接管道时，要注意一次弯曲成功，避免数次来回操作，以防损坏管子。引出后，将连接管套上保温套管，在机壳内 10mm 左右的位置上，开始进行管道的包扎（连同导线、排水管一起包扎），一直包扎到制冷管的接头前为止，剩下的部分，等接头接好时再包。包扎带用原机配给的，也可用乙烯树脂胶带或其他泡沫塑料胶带代替。以上工作完成后，就可将室内机组悬挂在机组底板上并使引出连接管道穿过墙洞。

（2）安装室外机组。用 40mm×40mm×5mm 的角钢焊制机组支架，若室外机组要安放在地面，应用厚木方或工字钢作底座，使机组放置在底座上并用螺栓固定好。机组安装在泥地上，则需捣制混凝土基础座，如机组安在楼板顶上或阳台地面，则可免去这项工作而直接将底座固定在上面。

（3）管道连接。当室内、外机组分别安装完毕后，便可进行连接它们之间的制冷剂管和控制电线。壁挂式空调器的制冷剂管共分两段，一段为室内机组后带（其长度不超过室内机组外壳宽度），另一段单独管子（共两支）的长度一般为 3m、4m、5m 三个标准长度，其中以 5m 最多，而室外机组是不带管的，机组外壳上留有供连接制冷剂管的接头。

室内、外机组共有两支制冷剂管道需现场连接，粗管为低压管（气管）、细管为高压管（液管）。故共需接四对接头，接头多采用快速接头。连接时，去掉接头上的塑料盖（防尘盖），将两接头互相对准，用一只扳手将管接头卡紧不动、再用一把力矩扳手将另一只活动接头螺帽卡上，不断地均匀用力转动力矩扳手，直到听到力矩扳手发出"咔咔"声时，即表明已紧固完毕，这样接头便接好了。若没有力矩扳手，也可用其他扳手代替，但紧固力不好掌握，用力的大小必须使接头连接严密不泄漏，又不会用力过度损坏管子和接头。

先从低压管（粗管）连接，后从高压管（细管）连接。当连接好后，应立即进行检漏。可用肥皂水涂抹在接头处，若有泄漏。可听到咝咝和看到气泡。这时，应重新紧固接头。若接头连接良好，无泄漏，则用一块隔热垫（原机所带），或截一段保温套管剪开，将接头包上，用包扎带在前边包扎口处开始包扎，把接头和后段的管道与控制电线（连接导线）包扎好，一直包扎到室外机组的接头前为止。

（4）接线。室内外机组的电线连接：首先要看懂机组上的电气原理图和接线图，连接导线时，要确认接线端子的颜色是否相符，然后用颜色相同的导线连接起来。

（5）试运转。先插上电源插头，然后把开关置于"COOL"位置上，供冷绿色指示灯亮，则表明机器已开始制冷，若将开关位置于"HEAT"位置上，供暖红色指示灯亮，表明机器已转为制热。

机器运转时，要注意运转情况有无异常，在通风 10min 以后用手迎风可感到有冷气或暖气吹出。在机器制冷过程中，要观察排水管排水是否畅顺。试运转以后，将运行开关退回原处。将墙上洞孔密封，可用油灰填充缝隙，并用夹具将管道固定。

8. 怎样选择空调器的制冷量?

空调器的制冷量要选择适当，制冷量过大会造成电耗增加，制冷量过小会使室内温度达不到要求，直接影响舒适性。在选购空调器时，主要考虑的是夏季的制冷量，而冬季的制热量是次要的。

制冷量的准确计算要进行一系列复杂的运算，包括屋顶、窗户、墙壁、地板的传热，人员的散热，室内照明的散热，室内其他家用电器散热等，这些是一般家庭无法完成的。

家用空调器制冷量一般采用估算方法，因为空调器制冷能力与安装房间的面积大小有密切关系，正确按房间面积来选择空调器的制冷量，不仅能保证获得好的使用效果，而且还可节电。对于卧室，按每平方米面积 95～140W 选择；对于客厅、餐厅按每平方米面积 140～160W 选择。

空调器铭牌上的制冷量是指名义制冷量，一般实测的空调器制冷量低于名义制冷量。国内外有关空调器的标准中，允许实测制冷量低于铭牌制冷量，一般低 10%，最低的可达 30%。所以在选择时取偏大值。

简便的方法是根据房间的使用面积，按表 3-1 所示的推荐值去选购空调器的制冷量，然后决定选购什么机型。

空调器制冷量的推荐值　　　　　　　　　表 3-1

房间面积(m²)	制冷量		
	W	kcal/h	BTU/h
12～14	1800	1551	6156
15～20	2000～2250	1724～1940	6840～7695
20～30	2800	2414	9576
30～40	4000	3448	13680

9. 怎样选择空调器的类型？

空调器按功能可以分为冷风型、热泵型、电热型三种类型。单供夏季制冷使用的冷风型空调器是普通家庭优先要考虑的。如果家庭居住地冬季气温低，房间供暖条件差，可以考虑选择冷热两用型空调器。

在冷热两用型的空调器中，热泵型空调器有一定的使用局限性，在冬季使用时，它要求室外温度为＋5℃以上才能使热泵启动运行，因此，它只适用于室外温度在5℃以上的地方使用。室外温度低于5℃的地方，可以选择电热型或热泵辅助电热型空调器。空调器的工作环境因类型不同而不同：

冷风型（单冷型）：21～43℃；

热泵型：5～43℃；

电热型：＜43℃。

从保健的角度出发，可以选用带负离子发生器的空调器。

10. 怎样选择空调器的形式？

常用的空调器形式分为窗式和分体式两大类。

当房间内窗户较大、光线充足时可以考虑选择窗式空调器。有钢窗的选择竖式，有窗台的木窗选择卧式，最好是在房屋建造时预先留出安装空调器的墙洞。

为了减小空调运行时的噪声，或房间面积较大时，选择分体式空调器，其中优先选择的是壁挂式空调器。因为分体式空调器在安装时不需要对房间进行改动，不影响房间采光，噪声低，而且能与室内家具装饰配套，节省空间。但是要注意，应有方便安装室外机组的位置。

分体式空调器有取代窗式空调器的趋势。有一种说法认为分体式空调器容易造成制冷剂（氟利昂）泄漏，破坏大气臭氧层，使大气环境恶化，属淘汰产品。发达国家正在开发新型低噪声窗式空调器，近年来国内市场又可能回归到窗式空调器上来。从目前的情况看，新式样高性能的空调器不断面世，窗式空调器和分体式空调器都将得到进一步的发展。

11. 氟利昂有什么危害?

20 世纪 20 年代，当时的冰箱使用一些有毒且危险的气体（其中包括氨、二氧化硫和丙烷）作为制冷剂，如果这些制冷剂发生泄漏将是非常危险的。例如，1929 年发生在美国俄亥俄州克利夫兰某医院的冰箱泄漏事故，使超过 100 人丧生。

美国人米奇利认为氟和其他较轻的非金属元素形成的化合物可以制成性能优良的制冷剂，经过 2 年的艰苦实验，他合成出二氟二氯甲烷（也称氟利昂），这种化合物具有理想的制冷效果，从而在 20 世纪 30 年代初开始投入大批量生产，在家用冰箱、空调、除臭喷雾剂中得到广泛应用。

氟利昂是一种透明、无味、低毒、不易燃烧、不易爆炸和化学性稳定的制冷剂。不同的化学组成和结构的氟利昂制冷剂热力性质相差很大，可适用于高温、中温和低温制冷机，以适应不同制冷温度的要求。

但氟利昂能破坏大气的臭氧层。由于氟利昂化学性质稳定，不具有可燃性和毒性，被当作制冷剂、发泡剂和清洗剂，广泛用于家用电器、泡沫塑料、日用化学品、汽车、消防器材等领域。20 世纪 80 年代后期，氟利昂的生产达到了高峰，产量达到了 144 万 t。在对氟利昂实行控制之前，全世界向大气中排放的氟利昂已达到了

2000万 t。由于它们在大气中的平均寿命达数百年，所以排放的大部分仍停留在大气层中，其中大部分仍然停留在对流层，一小部分升入平流层。在对流层相当稳定的氟利昂，在上升进入平流层后，在一定的气象条件下，会在强烈紫外线的作用下被分解，分解释放出的氯原子同臭氧会发生连锁反应，不断破坏臭氧分子。科学家估计一个氯原子可以破坏数万个臭氧分子。

2010年后我国全面禁止使用含氯氟利昂。

12. 选购空调时要注意些什么？

（1）确定制冷量。估算出空调器的制冷量之后，要优先选用如下系列的名义制冷量：1250W，1400W，1600W，1800W，2000W，2250W，2500W，2800W，3150W，3500W，4000W，4500W，5000W，5600W，6300W，7100W，8000W，9000W。

（2）外观检查。选好空调器的制冷量、结构形式、功能类型与商标之后，下一步就要进行外观检查，空调器外形应完整无损、喷漆层无起泡、剥落，电镀层光滑明亮，塑料件无裂纹、残缺，调节旋钮不松脱，并且转动灵活。在可能的情况下，最好取下面框，用手转动一下叶轮，看其转动是否灵活，并与其他部件不得相碰。

对于分体式空调器，还要检查室内、外机组之间的连接件是否齐全。

（3）通电检查。选择好空调器之后，最后要通电试运行。因为没有专用的仪器设备检查测定空调器的各方面性能，只能观察两个方面：一方面要求压缩机和风扇运转正常，将空调器调节旋钮置于高冷档时，10min后即可感到吹出冷风，说明制冷良好；另一方面要求运行平稳，噪声低，将空调器调节旋钮置于低冷档时，听听噪声如何，既要注意铭牌上的噪声值，更主要的是在同机型中选择噪声相比较低的产品。

13. 怎样使用空调的选择器？

以具有制冷制热两种功能的冷热空调器为例。选择器上有7个档位：关、风扇、强冷、弱冷、强热、弱热、风扇。当位于"关"时，空调器停止一切工作。位于"风扇"时，只有风扇工作，可使室内空气流通，并起除尘作用，空调器可以自动控制水平风向，用手拨动百叶窗，也可以调节风向。位于"强冷"时，压缩机运转制冷，同时风扇以高速运转，使室内得到较强的冷气，适用于快速降温。位于"弱冷"时，压缩机运转制冷，风扇以低速运转，使室内得到较弱的冷气，适用于夏季一般情况下使用。位于"强热"时，压缩机运转制热，风扇以高速转动，将电加热器发出的热量快速传给室内，使室内得到较强的热气流，适用于快速升温。位于"弱热"时，风扇以低速送出较弱的热气流，适用于冬季一般情况下使用。

14. 怎样使用空调的温度控制器？

空调器控制面板上的温度控制器，一般有冷热两个半圆环，可以进行冷与热的切换和温度自动控制。

空调器工作时，可以使室温保持在一个合适范围内的某一个温度值，具有恒温特性。温度调节时，先将温度控制器的旋钮开关置于一定的位置上。制冷运行时，逆时针旋动旋钮，比如置于"3"，如果需要更低的室温，可以继续逆时针转动旋钮，位置"1"是最冷端。制热运行时，顺时针旋动旋钮，直至使用者满意的位置，位置"1"是最热端。

在空调器的调节中，温度控制器要与选择器配合使用。

15. 怎样使用窗式空调器？

以某热泵型窗式空调器为例，其控制面板设有温度控制器和选择器（主控制器）。温度控制器上有冷端、热端以及 1，2，3，4，5，6 档，数字越大表示温度越低。选择器上有弱冷、强冷、弱热、强热、风扇、停止等刻度。

空调器制冷运行时，先将温度控制器的旋钮开关设定在所需要的位置，然后将选择器旋钮开关设定在弱冷或强冷位置，这就是制冷工作状态了。

空调器制热运行时，先将温度控制器的旋钮开关设定在所需要的位置，比如"3"的位置，如果要求再暖和一些，可逐渐向"1"位置调节；然后将选择器旋钮开关设定在"弱热"或"强热"位置，这就是制热工作状态了。

热泵型空调在冬季制热运行中，当空调的室外部分产生冰霜时，空调本身会自动切换到定期除霜位置，此时风扇不工作，只有压缩机工作，待化霜完了，又会自动恢复到制热运行。

空调只需通风换气时，将选择器置于"风扇"位置，再将选择器的旋钮置于"停止"位置时，空调器停止工作。

需要注意的是，空调器在制冷运行或制热运行中，都不要将温度控制器的旋钮旋到有花状刻度的位置上。

❓16. 怎样使用壁挂式空调器？

电脑控制的壁挂式空调器遥控器上设有选择器、温度控制器和制冷/制热选择开关。操作方式有手动操作和自动操作两种。

壁挂式空调器手动操作与上述热泵型窗式空调器的操作相同，而自动操作方法为：

（1）风扇转速自动控制。只要将风扇转速控制设置为自动，空调器就会根据室温与温度控制器设定的温度差，自动选择最佳的风速。

（2）定时停机。空调器开机后，达到定时器设定的工作小时数，空调器自动停机。操作方法为：先将选择器设置为"定时停"，然后将定时器调节到"6"，最后按下控制开/关按钮（按下开/关按钮后，定时器指示灯和工作指示灯亮；停机后，指示灯灭），这样调节后，空调器在工作6h后自动停机。

（3）定时开机。空调器停机后，达到定时器设定的开机时间后，空调器会自动开机。操作方法为：先将选择器设置为"定时开"，然后将定时器调节到"5"位置，最后按下控制开/关按钮，这样调节后，空调器在5h后会自动开机启动。

🔧 17. 使用空调时要注意些什么?

(1) 当空调停机后又要使用时，需要停止数分钟后才能进行功能选择。这是由于空调在停止工作以后，其制冷系统内的压力短时间难以平衡，如果此时立即启动，将使压缩机过载，造成电动机过载，使流过电动机的电流增大，容易造成熔断器熔断，甚至烧毁压缩机电动机。

(2) 空调温度控制器的温度设定不宜过低，因为冷气温度过低对人体健康有损害，一般宜将室内温度与室外温度的温差控制在5℃左右。

(3) 使用空调器房间的门、窗户缝隙要小，不应漏风，尽量减少开门次数;窗户保持密闭，对受阳光直接照射的窗户要设置深色窗帘。

(4) 单冷型空调只在夏季使用，冷热两用型空调一般也只在夏季和冬季使用，也就是说，空调器都有一段停机时间。空调器停止使用之前，要让其在"强冷"档运行 4h，待机器内部干透后，拔下电源插头，将窗式空调器的窗外部分或分体式空调器的室外机组罩上布套，一是为保温，二可防止灰尘落入机器内部。到下一个季节或第二年重新使用前，先给风扇电动机滴注润滑油，开机试运转一段时间，情况正常后再投入工作。

🔧 18. 怎样保养空调器?

空调器的日常保养，除了擦拭灰尘和积水之外，主要是清洗空气滤清器。

空气滤清器一般用尼龙网和塑料框制成，其网眼较密，以有效地过滤空气中的灰尘，因此比较容易堵塞。当过滤网堵塞后，使进风量减少，蒸发器释放出的冷量不能被全部及时地带回室内，从而降低了制冷效率。因此要定期清洗空气过滤器，在使用的情况下，一般每月清洗一次。

清洗过滤网时，先将空调器的面板取下，抓住空气滤清器的拉手，就可以取出空气滤清器。先用真空吸尘器的吸嘴吸除过滤网网孔中的尘埃，再用30℃左右的温水轻轻擦拭过滤网；如果有油烟类物质难以擦拭干净，可以在中性肥皂水中清洗；最后在清水中漂洗干净。没有真空吸尘器时，可将过滤网放入温肥皂水中清洗，注意不要使过滤网变形。清洗一定要彻底，由于网孔小，不容易清洗干净，可以采用两面反复擦拭的方法。等过滤网完全干燥后，再装入空调中使用。

不同的机型，空气过滤器的拆卸方法不同，有的是从面板下方取出，有的是从面板上方取出，这些在开始保养之前，要仔细阅读说明书搞清楚。

19. 电风扇怎样分类？

（1）按结构和使用特征分类。电风扇按结构特征可分为台扇、落地扇、壁扇、吊扇、换气扇、转叶扇、脱排油烟机、热炫烟机等。台扇、落地扇、转叶扇进入了住宅的客厅、卧室；新型吊扇进入了家庭，它顺时针方向转动时起降温作用，逆时针方向转动时可作为空调暖风设备调节室内的空气；换气扇进入了卫生间，脱排油烟机、热炫烟机进入了厨房，大大改善了室内的卫生条件。

（2）按复杂程度分类。电风扇按复杂程度分为简单型、普及型、高档型等。以电风扇为例，简单型的不设调速机构；普及型的设置了调速装置；高档型的具有调速、定时、调节摆头角度、感触自动停机等功能。

20. 怎样选购电风扇？

（1）选择规格。电风扇的规格应根据实际使用的需要来选择。例如，客厅、餐厅可选择1200mm的吊扇或400mm的落地扇，卧室可选择300mm的换气扇，厨房可选择60W的脱排油烟机。

（2）外观检查。电风扇的电镀件表面必须光滑平整，色泽均匀，不得有斑点、针孔或气泡；主要喷漆面不应有流痕、剥落或拉痕；网罩不能有挤压变形；控制旋钮或琴键开关不能有碰坏或脱落。

（3）扇叶检查。扇叶在运输过程中有可能碰坏，一旦扇叶变形，不但影响风量风压，还会产生振动和噪声。先检查扇叶有无明显碰伤，有无扭曲变形；再将一支铅笔支在网罩上，使笔尖恰好指点在一片扇叶的最高点，缓慢转动扇叶，观看其他扇叶的相应最高点是否与笔尖十分接近，一般不得超过 0.1～0.2mm。

（4）通电检查。风扇各转速档的转速应有明显差别。在各个档次观察扇叶是否平衡，有无振动；不能有其他机械运动的声音，只有风声；再检查台扇、落地扇的摇头机构，摇头过程中不应有停顿；最后检查定时器，将定时器调定至 6min，观看能否准确停止。

21. 为什么说脱排油烟机是人们清洁卫生的重要工具？

厨房是家庭环境中最主要的污染源。天然气、液化石油气、煤气以及煤在不充分燃烧时，会产生大量有毒有害气体，其中主要有甲醛（HC-HO）和一氧化碳（CO），对人体健康危害严重。长期接触甲醛气体会引起慢性呼吸道疾病，引起人体过敏，特别是影响儿童的健康。长期接触一氧化碳，将加重动脉硬化症，引起头痛、头晕、记忆力降低。

在通风不良的厨房内进行燃烧液化石油气试验，经现场测定，空气中甲醛气体浓度的变化范围为 $139 \sim 849 \mu g/m^3$，平均达 $342 \mu g/m^3$，是国家卫生标准（$50 \mu g/m^3$）的 5.8 倍；空气中一氧化碳浓度达 100～300ppm，而国家长期标准为 24h、0.9ppm，短期标准为 30min、2.7ppm。因此说，厨房油烟污染是十分严重的，必须引起重视。

脱排油烟机不仅风压大、风量大、吸力强，安装地点又正好处于烹调处的正上方，能有效地排污；而且有自动控制装置，当厨房存在超标的有毒气体时能自动启动排烟。因此，脱排油烟机是人们保健安全和清洁卫生的重要工具。

22. 热炫烟机有什么特点?

脱排油烟机产品已经成为厨房装修的必需品,越来越作为厨房装修中最重要也是最能体现设计的地方。

热炫烟机是新一代的脱排油烟机,它增加了加热自动清洗功能,解决了脱排油烟机清洗的难题,避免脱排油烟机内部细菌滋生带来的健康隐患和吸力下降的问题。此外,热炫烟机内设有智能芯片,具有自动记忆风机抽油烟时间的功能,当油烟时间≥30h(期间未进行清洗操作),系统将自动提示使用清洗功能。

我国某品牌热炫烟机具有防过热、防过压、防过流三防功能的 NSK 轴承电机,运行平稳,连续工作 10000h 后仍然性能不变,采用奔腾内芯,三档功率调整,实现弱、中、强三档任意转换,可以根据厨房油烟来选择风力大小,最高转速可达 1650r/min。一款热炫烟机外形见图 3-3。

图 3-3 热炫烟机

23. 选购脱排油烟机时要注意些什么?

脱排油烟机的选择,应根据厨房面积大小、安装空间和烹调饮食习惯来确定。如果厨房面积小,每次烹调时间短,可以考虑选择功率较小的单头电机脱排油烟机;一般情况下,只要厨房安装空间允许,宜选择集烟罩面积大的双头脱排油烟机。

选购脱排油烟机时,要注意集油器的好坏。如果集油器的结构或质量不好,将在使用时不能收集全部油污液体,使部分油污液体被甩到集流罩内部四周而流淌下来。深箱式结构的集油器,集油器四周为进气口的,其排油烟效果较好。

最后再通电检查,通电检查时应注意电动机的高、低转速档的转速要有明显的差别。在高速档运行时,人离开1.5m的地方不应明显听到运行时的机械噪声;如果肉眼能看到明显的摇摆和振动,则不合要求。再用手掌放在排风口,若能感觉到有一股风向手掌吹来,则说明脱排油烟机的风压和风量是符合要求的。

24. 怎样安装脱排油烟机?

对于壁挂式的脱排油烟机,安装时,对应位于脱排油烟机两侧后角的挂角孔中心宽度,在墙壁上钻孔,安装两个膨胀螺丝,将其挂上去就可以了。脱排油烟机的安装高度,一般要求从炉灶上缘开始到脱排油烟机底的距离为650~750mm,距离越小,排油烟效果越好。

然后调整两个螺丝,使机器上倾3~5°的角度,上倾角度大,有利于油烟流入集油器。整个机器在其底部平面方向要求安装水平,否则油烟会流到面罩上,对于内流集油式的机器,更会造成风腔内积油过多的情况。安装后如发现不平,可以通过调整挂角伸出长度来解决。

脱排油烟机的排气孔在顶部,呈圆形,向上有一个20mm高的边,用来安装止回阀和排风管,止回阀能有效地防止公共烟道气体或室外冷空气进入室内。再将排风管套上,用紧固夹板夹紧。排风管的另一端伸出室外或伸入公共烟道,伸出室外的排风管口最好向下装一个塑料弯头;伸入公共烟道的排风管不能过长,以防堵住公共烟道。

止回阀,有的机型出厂时已配好,但有的机型出厂时不带,需要自行购买。

25. 怎样安装换气扇?

换气扇的安装地点一般选择在便于空气对流的地方,如房间门的对面或窗户的对面。根据室内的方位，作为排气用的换气扇安装在背风的一侧，而且要靠近室内污染源；作为进气用的换气扇，安装在远离外界污染的地方。

安装前在墙壁上开个洞，按换气扇使用说明书的规定尺寸作一个木框，然后把木框固定在已开洞的内侧，将换气扇固定在木框上，旋紧螺钉，最后套上面板。

如果换气扇安装在厨房作排气用时，由于油烟污染大，容易使厨房内的插座漏电，因此不能使用插头插座来得到电源，而要用拉线开关控制换气扇。

26. 怎样安装吊扇？

吊扇安装时，吊杆长度以吊扇风叶离地面 2.5～3m 为宜。风叶与顶棚的距离，一般为 0.35～0.5m，过大会引起风扇晃动，过小则影响叶背气流，降低风量。

吊扇悬挂装置的强度直接影响吊扇的使用安全性。安装吊扇最好使用顶棚预制板中预留的钢筋钩或钢筋圈，要求用 8mm 的钢筋吊装。

吊扇的吊杆主要有两种结构：一种为上吊环吊杆结构，电容器和接线端子都装在上吊环内，这种结构的吊扇，其吊杆与主轴通过销轴进行连接，用 M3 螺丝紧固，使吊杆与主轴两者间的磨损减至最小，因此这种结构的吊扇安装时一定要拧紧 M3 螺丝；另一种为上、下吊环吊杆结构，在这种结构中，电容器和接线端子都装在下吊环内，吊杆通过下吊环与电动机主轴相连接，下吊环的上、下两端各有一个 M8 螺丝，分别与主轴、吊杆进行连接，这两个螺丝都配有弹簧垫圈和开口销，安装时一定要装上弹簧垫圈后再紧螺丝，待拧紧后注意装上开口销。

吊扇安装完成后，要配上相应规格的调速器。带装饰吊灯的吊扇，灯要另外安装一个开关，使灯与风扇可以按需要同时使用或单独使用。

27. 怎样使用电风扇的控制开关?

电风扇的控制面板上有几种控制开关,如台扇的琴键开关、定时开关、摇头旋钮;转叶扇的导风轮开关;脱排油烟机的轻触开关、触摸开关等。

(1) 琴键开关。琴键开关以及吊扇用的调速开关,都是用来控制风扇的开、停以及风扇转速的。一般分为停、快速、中速、慢速四档。

(2) 定时开关。定时开关用来控制电风扇的运行时间,由定时旋钮和定时刻度盘组成,刻度盘上的数字表示所定运转的分钟数。如果将旋钮旋至 ON 位置,则定时触点被短接,这时风扇运转时间不受控制,必须手动将旋钮旋至 OFF 位置,电风扇才会停止。

(3) 轻触开关。轻触开关表面有一层印有图案、标志的塑料膜片,操作时,切不可用力过猛,以免损坏薄膜和开关。如果手指已经感触到开关微微动作了,但机器并没有动,重复几次还是这个样子,这种情况表示机器可能存在故障,应及时送修。

(4) 触摸开关。触摸开关表面有图案,在操作时应用不带手套的手指触摸所需的开关图案部分,触摸时间不少于 1.5s,若操作者手指的皮肤比较粗糙,触摸时间还要长一些。一般情况下,操作者不会有触电的感觉。

28. 电风扇使用时应注意些什么?

(1) 不能长时间吹风。长时间对着电风扇吹风,特别是对着不摇头的台扇吹风,对人体健康不利。在一般情况下,外界的气温只在刚开始使用风扇时较快下降,而使用一段时间后,室内气温就不会继续不断下降了。在这种情况下,经风扇吹拂,皮肤温度降低了,人体热量反而无法通过汗液蒸发的形式散发出去,人感觉并不凉爽。如果人在汗流浃背的情况下,贪图一时的凉快,把电风扇开到最高档,对着身体直接吹风,此时皮肤受到突然凉风的吹拂,会使身体表面温度一下子下降较多,人的中枢神经系统来不及调节。因此对着风扇长时间吹风非常有害,容易感冒,甚至发生意外。

（2）防止电机堵转。台扇、吊扇、落地扇等都设有调速开关，以便在不同情况下选择不同转速，如果有的地区供电电压较低，此时将调速开关调至低速档运行，可能会因启动转矩较大而造成电机堵转不能启动。这时不及时切断电源，将产生很大的堵转电流熔断熔丝，甚至烧毁电动机绕组。因此，在需要较低转速的时候，应先将调速开关调至最高速档，让风扇转起来之后，再调至所需要的档位上来。

（3）防潮防晒。不要将有水的物件，如湿衣服搭在电风扇的金属网罩上，这将使潮湿的气体浸入电动机的内部容易破坏绕组绝缘性能。也不要将电风扇放在紧靠窗户的桌子上，经常暴露在灼热的太阳光下，这样会加速油漆件、塑料件的老化，加速导线绝缘层的老化，缩短电风扇的使用寿命。

🔧 29. 怎样保养电风扇？

（1）脱排油烟机的保养。脱排油烟机由壳体、风腔、电机、叶轮、集油圈、面罩、油杯和控制面板等组成，日常保养主要是定期清洁。

清洗脱排油烟机内部，只要拧下四个固定面罩的螺钉，取下面罩和集油圈，即可看见风腔，卸下叶轮分别进行清洗。清洗叶轮时要小心，以免变形后使旋转失去平衡，造成抖动，增大噪声。具有自动启动功能的机型，装有对煤、煤气、液化石油气、天然气敏感的气敏头，长期积油污会使它的灵敏度下降，可以用汽油或酒精清洗，待风干后才能使用。对于滤油式脱排油烟机，由于它是利用烟罩即面罩集流，使油烟通过过滤网，所以这种过滤网容易被污染堵塞，要定期拆下来清洗或更换。

（2）降温用电风扇的保养。降温用的电风扇，在秋季之后要注意保管，收藏之前在最高转速档运转 1h，以驱尽机内的潮气。要在台扇扇头注油孔内注入少量润滑油，在转轴外露部分涂层润湿油，包上纸套或塑料套，放入防潮的包装箱内，再存放在干燥通风的地方。吊扇的保管，要将扇叶和扇头拆下来擦拭干净，在扇头加油孔处加注少许润滑油，包装好后放在干燥通风处。

30. 怎样维修吊扇电动机的绕组?

吊扇由扇头、风叶、悬吊装置及调速装置四部分组成。为了简化结构，吊扇电动机的定子安放在内，而转子安放在外，为一个外转子结构的封闭式电动机，由上下端盖与定转子构成。这种结构可使风叶直接紧固在扇头外壳上，装配方便；同时，风叶叶脚部分可以比内转子结构的短，并且可使定子绕组的出线由固定的定子空心轴和吊杆中引出。扇头工作状态为立式悬吊，其上部轴承必须采用圆锥轴承以支撑扇头的轴向力，下部轴承采用滚珠轴承或含油轴承。吊扇电动机的结构如图 3-4 所示。吊扇电动机的常用尺寸见表 3-2。

吊扇电动机的常用尺寸　　　　　　表 3-2

风叶规格(mm)	电动机形式	极数	定子外径(mm)	转子外径(mm)	铁心长度(mm)
900	电容式	14	118	145	23
1200	电容式	18	134.75	162	25
1400	电容式	18	134.75~138.8	162~164.5	25~28
1500	电容式	18	180	210	19

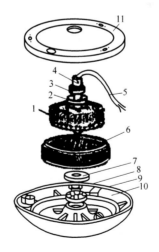

图 3-4　电容式吊扇电动机结构图

1—定子；2—挡油罩；3—圆锥轴承；4—电机引出线；5—引出线；6—转子；
7—挡油罩；8—弹簧片；9—滚珠轴承；10—下端盖；11—上端盖

147

(1) 单相 32 槽 16 极电容式吊扇布线接线

吊扇采用内定子结构，定子绕组嵌在定子外缘的铁心槽内。绕组为单层显极式布线，其同相相邻线圈极性必须相同，主绕组、辅绕组均是"尾接头"、"头接尾"，其布线接线图如图 3-5 所示。主绕组、辅绕组均为分层整嵌，先将主绕组嵌于下层，再将辅绕组嵌于上层，具体嵌线顺序见表 3-3。绕组总圈数为 16，线圈节距 $Y_U = Y_V = 2$。

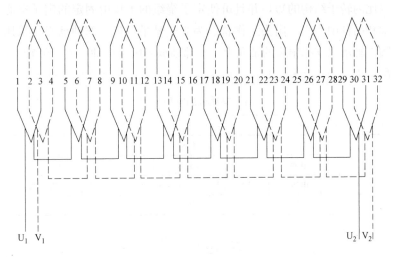

图 3-5　单相 32 槽 16 极电容式吊扇单层链式绕组建布线接线图

单相 32 槽 16 极吊扇单层链式绕组嵌线顺序表　　表 3-3

嵌线顺序	1	2	3	4	5	6	7	8	9	10	11	12	13	14	15	16
嵌入槽号 下层	31	29	27	25	23	21	19	17	15	13	11	9	7	5	3	1
嵌入槽号 上层																
嵌线顺序	17	18	19	20	21	22	23	24	25	26	27	28	29	30	31	32
嵌入槽号 下层																
嵌入槽号 上层	32	30	28	26	24	22	20	18	16	14	12	10	8	6	4	2

(2) 单相 36 槽 18 极电容式吊扇布线接线

吊扇采用外转子结构，定子绕组嵌在定子外缘的铁心槽内。绕组为双层链式显极式布线，其同相相邻线圈极性必须相反，主绕组、辅绕组均是"尾接尾"、"头接头"，绕组总圈数为 36，线圈节

148

距 $Y_U = Y_V = 2$。

绕组嵌线采用交叠嵌线法。从下层边起嵌，嵌一槽、进一槽、再嵌一槽、再进一槽，吊边数为2。先将主绕组一只线圈的下层边嵌入槽3下层，垫好层间绝缘，其上层边吊起；逆时针方向进一槽，将辅绕组一只线圈的下层边嵌入槽4下层，垫好层间绝缘，其上层边也吊起；逆时针方向再进一槽，将主绕组另一只线圈整嵌在槽5的下层和槽3的上层；逆时针方向再进一槽，将辅绕组另一只线圈整嵌在槽6的下层和槽4的上层。依次嵌完18只主绕组线圈和18只辅绕组线圈，最后将两条吊边分别嵌入槽1、2的上层。具体嵌线顺序见表3-4。

单相36槽18极吊扇双层链式绕组嵌线顺序表　　表3-4

嵌线顺序	1	2	3	4	5	6	7	8	9	10	11	12	13	14	15	16	17	18
嵌入槽号 下层	3	4	5		6		7		8		9		10		11		12	
上层				3		4		5		6		7		8		9		10
嵌线顺序	19	20	21	22	23	24	25	26	27	28	29	30	31	32	33	34	35	36
嵌入槽号 下层	13		14		15		16		17		18		19		20		21	
上层		11		12		13		14		15		16		17		18		19
嵌线顺序	37	38	39	40	41	42	43	44	45	46	47	48	49	50	51	52	53	54
嵌入槽号 下层	22		23		24		25		26		27		28		29		30	
上层		20		21		22		23		24		25		26		27		28
嵌线顺序	55	56	57	58	59	60	61	62	63	64	65	66	67	68	69	70	71	72
嵌入槽号 下层	31		32		33		34		35		36		1		2			
上层		29		30		31		32		33		34		35		36	1	2

31. 怎样处理电风扇电动机的常见故障?

电容式电风扇电动机的故障及处理方法见表3-5。

电容式电风扇电动机的故障及处理方法　　表3-5

故障现象	可能原因	处理方法
通电后电动机不转且无声息	1. 熔丝熔断 2. 电抗器断路 3. 绕组断路 4. 电容器开路	1. 更换相同规格的熔丝 2. 重绕断路在内部的电抗器 3. 找出断路点修理 4. 更换同规格的电容器

故障现象	可能原因	处理方法
通电后电动机不转但有响声	1. 定、转子相擦 2. 风叶、定、转子间隙、摇头机有杂物卡住	1. 校正转轴、修整端盖轴承孔 2. 清洁电风扇，清除杂物
接通电源后不能自启动，要靠外力启动	1. 辅绕组断路 2. 电容器断路	1. 如果断路在接线处，重新接线；如果断路点在铁心槽内，重绕 2. 更换电容器
启动困难	1. 轴承缺油并有油污 2. 轴承安装不正确或磨损过大 3. 转轴弯曲 4. 主、辅绕组局部有短路 5. 电容器容量变小	1. 拆洗轴承，更换油毛毡 2. 更换轴承，安装时保证同心度 3. 校正转轴 4. 查找出局部短路点修理 5. 更换电容器
电动机启动打火，外壳麻电	1. 绕组引出线绝缘破损碰壳 2. 主、辅绕组接地 3. 绕组分布电容引起外壳带电	1. 用纸绝缘带包扎破损处并刷漆 2. 找出绕组接地点修理 3. 按电扇说明书将外壳接地
转速达不到额定值	1. 轴承缺油或轴承磨损过大 2. 轴承装配不同心，转轴被轻微压弯 3. 转子断条 4. 绕组局部短路	1. 更换含油轴承 2. 校正转轴，正确安装轴承 3. 更换转子 4. 找出绕组局部短路点修理
电动机时转时不转	1. 电源线受损伤，造成时通时断 2. 电容器软击穿，冷态正常，受热断路或短路	1. 接好电源线 2. 更换电容器
运行时有振动和噪声	1. 轴向窜动超过 0.5mm 2. 轴承磨损，间隙过大 3. 转轴微弯曲 4. 风扇叶固定螺钉松脱 5. 风叶变形或风叶导管与轴间隙过大 6. 电抗器铁心松动	1. 加垫调整 2. 更换轴承 3. 校正转轴 4. 将螺钉凿去，用新螺钉铆接 5. 校正风叶，调整间隙 6. 拧紧电抗器铁心紧固螺栓
电动机温度过高	1. 主、辅绕组局部短路 2. 绕组个别线圈反接 3. 绝缘破损使绕组接地 4. 轴承缺油	1. 找出局部短路处修理 2. 找出反线圈，重新接线 3. 找出绝缘破损处，重新绝缘 4. 清洗轴承，更换油毛毡

3.2　电冰箱、洗衣机与电视机

🔧 32. 电冰箱怎样分类?

1834年美国人帕金斯发现当某些液体蒸发时,会有一种冷却效应。英国人哈里森某一天注意到了物质的冷却效应。到1862年,他的第一批冰箱就上市了。哈里森还在维多利亚本狄哥一家啤酒厂里设置了第一个制冷车间。德国工程师卡尔·冯·林德在1879年制造出了第一台家用冰箱。但在20世纪20年代电动冰箱发明出来之前,冰箱并没有大规模进入家庭。实用的压缩制冷电冰箱在19世纪中期制成,使用的冷冻剂是有毒性的氨。一直到1913年,世界上第一台真正意义上的电冰箱在美国芝加哥诞生。

经过100多年的研制与开发,电冰箱形成的品种规格十分繁杂。按照制冷原理分类,有压缩式冰箱、吸收式冰箱、半导体冰箱和化学冰箱。目前家用电冰箱广泛采用压缩式冰箱,压缩式冰箱又分为直冷式冰箱、间冷式冰箱和直接间接并用式冰箱三种,

🔧 33. 直冷式电冰箱有哪些优缺点?

(1)优点。直冷式电冰箱利用冷热空气自然对流使食物冷冻或冷藏,由于冷冻室和冷藏室之间无空气串流,故食物不易串味。一旦停电,冷冻室保温效果好,冷冻时,食物放在冷冻室内直接吸收蒸发器的冷量,冷却速度比较快。

(2)缺点。箱内温度不均匀,箱胆内壁容易结霜,如果用加热化霜,箱内温度波动较大。食物表面的水分不易挥发,冻结后易使食品与胆壁粘连。冷冻室和冷藏室的温度难以分别调节,发展成多门多功能比较困难。

🔧 34. 间冷式电冰箱有哪些优缺点?

(1)优点:间冷式电冰箱采用冷风强制对流,箱内温度比较均匀。因吹出干燥的冷风,吸入湿热空气,食物不会与胆壁粘连,胆

壁干净无霜。冷风直接吹到食物表面，很快形成一层薄冰，阻挡有营养成分的汁水外流，有利于食品保鲜。冷冻室和冷藏室用风道相连，各自的温度用调节风量的方法分别控制，可发展为多门多温控制。

（2）缺点。各室风道相连，食品容易串味。一旦停电、冷冻室温度受冷藏室热空气影响，低温时间相对缩短。食物容易干瘪，必须套上包装，以免食物水分挥发。

35. 电冰箱的规格是怎样划分的？

（1）按容积划分。根据电冰箱容积的大小分为：小型冰箱容积为 50~120L；中型冰箱容积为 130~250L，大型冰箱容积为 300L 及 300L 以上。

（2）按化霜方式划分。电冰箱按化霜方式分为手动化霜式，半自动化霜式和全自动化霜式三种。

（3）按冷冻室温度划分。电冰箱的冷冻室温度是指冷冻室内装满冷冻负荷，冰箱运行 24h 后所能达到的温度，通常用星号 * 来表示。电冰箱可以分为一星级、二星级、三星级、四星级等，其中三星级冰箱较常见。电冰箱星级的符号及含义见表 3-6。

电冰箱星级符号及含义   表 3-6

符号	星级等级	冰冻室温度	食物储存期
*	一星级	−6℃以下	1 周
* *	二星级	−12℃以下	1 个月
* * *	三星级	−18℃以下	3 个月
* * * *	四星级	−30℃	3 个月以上

36. 怎样选购电冰箱？

（1）选定商标和型号规格。目前可以按每个人占用容积 30~40L 来选择电冰箱的容积。三口之家，以 130L 较经济，月耗电约 30kWh；4~5 人的家庭，以 160L 为宜，月耗电约 40kWh；星级一般选择二星级或三星级。因为电冰箱是耐用的家用电器，一定要选择名优商标的产品。

（2）外观检查。先观看箱体烤漆是否均匀，有无流痕，箱体钢材外壳是否平整，有无凸凹；冰箱后部的冷凝器、干燥过滤器、毛细管有无碰坏，管路有无压扁，管路接头处有无震松、震断的情况。

再观察冰箱箱门是否严密。家用电冰箱的门封一般由塑料门封条和磁性胶条两部分复合而成。门封的好坏直接影响冰箱的使用寿命、耗电的多少和压缩机负荷的大小，因此，门封检查很重要。门封检查主要是看门封与箱体之间吻合度的好坏。可以点燃一支蜡烛，或将一支亮的手电筒放入上、下箱体内，关上箱门，看四周是否有漏出来的光缝。密闭好的冰箱，应看不到任何漏光。还可以手拉开箱门试一试，100L以上容积的冰箱，当磁性门封达到标准磁力时，开门的拉力应大于5kg。

最后观看内腔有无裂纹。冰箱内腔一般用ABS树脂材料以真空成形法制造，在拉伸过程中有个别的因材质不均匀而出现裂纹，开始时不易发觉，经长期搁置、受震动或冷热变化，裂纹就会加深延长，严重影响冰箱的绝热性能。

（3）通电检查。电冰箱的型号和规格选好之后，还要通电检查噪声、振动情况和制冷性能。

电冰箱通电后发出的噪声，在距离1m开外，应当听不到箱体的噪声。压缩机工作平稳后，用手触摸箱体上部或背部，只应当有轻微的振动感觉，外露的毛细管、冷凝器不应有振动的声响或振动的感觉。停机后再一次通电启动，压缩机不应有像第一次开机那样的抖动。对于间冷式冰箱还不应听见有风扇转动的声音。

制冷性能的检查方法是：将冰箱内的温度控制器置于中间位置，等冰箱运行15～20min后，手摸冷凝器，应当下面部分比上面部分热一些，这说明制冷剂在制冷系统内流动正常。直冷式冰箱，打开冷冻室箱门，四壁应有一层薄霜，用手去触摸有粘手的感觉。间冷式冰箱，打开箱门，温度应有明显的降低。

37. 怎样鉴别电冰箱的质量优劣？

电冰箱的质量情况可以分三步鉴别。

（1）外观检查。轻拍电冰箱的箱壁和箱门，特别是冷冻室的箱壁和箱门外壳，拍击声应结实，否则有发泡不足的感觉。拉开箱门，用手按箱胆内壁，不出现大面积松软为好。用厚 0.8mm、长 50mm、宽 25mm 的纸片插入门封与箱框四个角的结合面，纸面不应落下。旋动箱内温度控制器的旋钮，应无卡住现象。

（2）通电检查。通电 20～30min，用手摸箱壁两侧面，应该一面温热，一面微热。拉开冷冻室门，直冷式冰箱应冒白气，间冷式冰箱应吹出冷风。拉开冷藏室门，灯应亮。

（3）断电检查。断电之后，用手摸压缩机及管路的各个焊点，应无渗油现象、有渗油处必定会漏气，影响制冷系统正常工作。

38. 怎样搬动电冰箱？

电冰箱包装箱上部标明了倾角不大于 45°，这是因为压缩机中装有冷冻油，如果在搬动过程中倾角大于 45°，冷冻油就会进入制冷系统，影响制冷效率。对于往复式压缩机，因为机芯悬挂在壳体内，当倾角大于 45°时，悬挂弹簧有可能脱钩，影响压缩机的正常工作。

当电冰箱从市场上买回家以后，不要马上通电使用，必须让冰箱静置一段时间。因为冰箱在搬动过程中，特别是汽车搬动，引起振动，会有少量的冷冻油进入制冷系统，让冰箱静置 0.5h，让冷冻油回流到压缩机后再开始工作。

冰箱使用后，如果需要搬动，要先拔下电源插头，倒掉蒸发盘中的水，取出箱内的食物，固定好箱内的活动附件再进行。搬动电冰箱需要 2～4 个人，注意不能让箱体碰触任何物体，特别是冷凝器装在箱体外部的冰箱，冷凝器管道很容易碰坏变形，搬动时必须注意保护。最好是套上原有的包装箱和绑扎带，搬动时手提绑扎带，不碰触电冰箱本身。因此，电冰箱的包装件还不能随意丢掉。

39. 怎样放置家用电冰箱?

电冰箱是一个冷热交换的设备,要选择通风良好、无太阳直射、干燥的地方放置。家用电冰箱一般安放在餐厅或客厅的一角,如果颜色选择适当,还是一件装饰物。电冰箱不宜放在卧室中,也不要放在厨房内。安放时,电冰箱两侧面和背面与墙壁之间要留有100mm以上的空隙,不能紧贴墙壁,也不要靠墙壁太近,以免影响空气对流。环境要干燥,潮湿的环境会使箱体电镀层及油漆层过早地腐蚀,引起金属锈蚀。

放置电冰箱的地板必须平坦坚实。如果地板不平,可以调整电冰箱底座的两颗螺丝钉,向右旋转,螺钉升高,向左旋转,螺钉下降。最好将调平的电冰箱安放在带有万向轮的专用托架上,有利于清扫压缩机及管路的灰尘时移动电冰箱。

电冰箱放置好以后,要严格按使用说明书上的规定配好电源插座。一般的家庭住宅都预先留有插座。注意的是不要与其他用电电器共用插座,电冰箱要单独使用一个插座。

40. 怎样调节电冰箱的温度控制器?

(1)直冷式单门电冰箱的温度调节。这类冰箱的温度控制器只控制冷藏箱体的温度。不同食物要求不同的冷藏温度,这可通过旋动温度控制器的旋钮达到目的,要注意的是,对于果菜、饮科、蛋类等需要在 $0 \sim 8℃$ 范围内保存的食品,箱内温度不得低于 $0℃$。

(2)直冷式双门电冰箱的温度调节。这类冰箱的温度控制器一般只控制冷藏室的温度。冷冻室的温度大大低于冷藏室的温度,可以根据不同的使用要求进行调节。调节到一定的档位后,就可以将需要长时间贮存的肉、鱼类食物放入冷冻室,将需要保鲜的果菜类食物放入冷藏室。

(3)间冷式双门电冰箱的温度调节。这类冰箱采用两个温度控制器,一个用来控制压缩机,以控制冷冻室的温度;一个是感温风门温度控制器,用来控制冷藏室的温度。这种温度控制方式比直冷式双门冰箱较为合理。但两个温度控制器的旋钮位置要求调整合适，即调整冷冻室温度控制器于适当位置，使冷冻室的温度降到所需要的低温；又要调整好冷藏室温度控制器于适当位置，确保冷藏室的温度不低于0℃。当环境温度低于10℃时，需要在冷冻室冷冻食品，不能将两个温度控制器的旋钮都调到"弱冷"位置。由于环境温度较低，这样压缩机运行的时间会减少很多，使冷冻室内达不到所需要的星级低温。正确的调节方法是：应把冷冻室温度控制器调节到"较冷"位置，将冷藏室温度控制器调节到"弱冷"位置。

41. 怎样对电冰箱进行化霜？

电冰箱在使用过程中，箱内的水分会在冷冻室和冷藏室的壁上结成一层冰霜，这些冰霜不清除，会降低制冷效果，甚至引起事故。因此，在冷冻室底部的霜层厚度超过5mm时进行一次化霜。电冰箱的化霜方式有手动除霜、半自动化霜和全自动化霜三种。

（1）手动除霜。将冷冻室内的食物取出来，温度控制器置于"关"的位置，如果没有"关"这个档位的温度控制器则要求拔下电源插头。经过0.5h左右，冷冻室内的冰霜开始融化浮起来，这时可以用冰箱附件中的刮霜刀，也可以用硬塑料片或木片铲除冰霜。清除冰箱的冰霜时，切忌使用锋利的物件或金属工具，以免损坏冷冻室，特别是弄坏蒸发器。同时不断地

用软布擦净箱底积水。除霜结束后要及时送回冷冻食物并通电运行，以免冷藏室内温度回升过多，影响贮存食品的新鲜度。

（2）半自动化霜。半自动化霜是利用箱内设置的化霜按钮来控制的，有的化霜按钮就设在温度调节旋钮中央。化霜按钮直接控制压缩机和化霜加热装置，先将冷冻室内的食品取出放入冷藏室内，按下化霜按钮，压缩机停止运行，加热装置通电加热。待霜层融化，化霜完毕后，化霜按钮自动复原，加热装置断电停止加热，压缩机重新启动制冷。这时，用软布擦干净冷冻室，重新放入冷冻食物。

（3）全自动化霜。全自动化霜一般设置在间冷式冰箱内，它不

存在操作问题。间冷式双门冰箱只有一个单独设置并与冷冻室完全分开的蒸发器，而霜是结在蒸发器表面的，冷冻室内看不见霜，为此在冰箱设置了自动化霜定时器。当压缩机累计工作 10h 左右，利用电热器进行一次自动化霜，而且化霜时不影响箱内食物，也就是说化霜时不必取出冷冻室内的食物。

42. 怎样在电冰箱中储存食品？

电冰箱冷藏室的冷空气是从后面下降、从前面上升的，温度分布呈自上而下的递增趋势，箱门内侧的格架上温度较高。可以根据不同的食物品种储存在冷藏室的不同位置上。

一般情况下，植物性食品的储存温度超过 10℃，动物性食品的储存温度超过 5℃，细菌就容易繁殖，时间长了食品鲜度就会被破坏。食品在不冷冻的状态下想要保存几天，温度为 4℃ 比较适宜。不同食品的保鲜温度、湿度和储存时间一般不同，常见食品的储存条件见表 3-7 。

常见食品的储存条件　　　　　　表 3-7

食品名称	含水量(%)	冻结点(℃)	储存温度(℃)	储存湿度(%)	储存时间
冻猪肉			−24～−18	85～95	2～8 个月
冻牛肉			−23.5～−18	90～95	9～12 个月
冻羊肉			−23.5～−18	90～95	8～12 个月
冻家禽肉			−30～−10	8	3～12 个月
冻鱼			−20～−10	90～95	8～10 个月
冻蛋	73	−2.2	−12		12 个月
鲜猪肉	35～42	−2.2～−1.7	0～1.2	85～90	3～10 天
鲜牛肉	73	−5～−1.7	0～1	88～92	1～42 天
鲜羊肉	73	−2.2～−1.7	0～1	90～95	5～12 天
鲜家禽肉	74	−1.7	0	80	7 天
鲜鱼	73	−1～−2	−0.5～4	90～95	7～11 天
鲜蛋	70	−2.2	−1～0.5	80～85	8 天
牛奶	87	−2.8	0～2	80～95	7 天
包心菜	91	−0.5	0～1	85～90	1～3 个月

食品名称	含水量(%)	冻结点(℃)	储存温度(℃)	储存湿度(%)	储存时间
胡萝卜	83	−1.7	0～1	80～95	2～5 个月
白萝卜	93.6	−2.2	0～1	85～98	14 天
黄瓜	96.4	−0.8	2～7	75～85	10～14 天
葱头	87.5	−1	1.5	80	3 个月
菠菜	92.7	0.9	0～1	90	10～14 天
西红柿	94	−0.9	1～5	80～90	7～21 天
苹果	85	−2	−1～1	85～90	2～7 个月
桔子	90	−2.2	0～1.2	85～90	56～70 天
梨	83	−2	0.5～1.5	85～90	1～6 个月

食品在冷冻时，温度达到−1～−5℃后，食品细胞内的水分结冰，这个温度带称为最大结冰生成带。食品通过结冰生成带的时间长短，决定冰结晶晶粒的大小。时间短，冰粒小；时间长，冰粒大，而大的冰粒会破坏食物的细胞膜。有的食品经过冷冻之后变得松散无味，就是因为大冰粒破坏了食物的细胞膜，经过解冻，食品的香味变为液汁流出。直冷式冰箱是紧贴食物的底面冷冻的，冷冻速度较快，食物通过结冰生成带的时间较短，食物保鲜较好，这是直冷式冰箱的优点之一。

43. 怎样保养电冰箱？

电冰箱的日常维护保养比较简单，若能坚持经常，可以保证冰箱的工作性能，延长使用寿命。日常保养的主要工作是定期清洁。无论是有霜还是无霜电冰箱，在使用了一段时间之后，都要进行清洁。

清洁之前，首先要把插头从插座上拔下来切断电源，使压缩机完全停止运行。清洁冰箱内部时，可以取出的附件，如食品隔架、果菜盘等，都取出来用水清洗。用软布沾上温水或中性肥皂溶液擦拭冰箱内部，然后用清水擦拭并用布擦干。切忌用酸、碱溶液或有机溶剂擦拭，尽管这些溶液去污能力强，但是它们很容易腐蚀箱体的金属构件，会使油漆层龟裂剥落。也不能用热水擦拭，否则箱内的塑料件及树脂件会变形，甚至失效。

清洁冰箱外部时，对裸露在冰箱背后部的冷凝器、干燥过滤器、毛细管、最好用毛刷轻轻地仔细地清扫表面灰尘。对压缩机、箱体、门缝四周，也是要用软布沾中性肥皂水擦拭后，最后用干布抹干净。

44. 冬季要不要停用电冰箱？

电冰箱从设计到制造，都是按长年使用来考虑的。冬季室温较低，有些食物可以自然储存，停用冰箱可以节电。但是电冰箱冬季耗电仅为夏季的 50% 或者更少，仅仅从节电目的出发，冬季停用电冰箱意义不大，反而会带来不良的后果。

（1）电冰箱制冷系统内灌有氟利昂制冷剂，此外还有压缩机冷冻油以及残存于管路中的微量空气、水分和杂质。电冰箱运行时，由于制冷剂经常流动，这些水分、空气和杂质就不容易对管道，特别是蒸发器产生腐蚀作用。但是当压缩机停用较长时间后，水分和杂质会沉积在管壁上，慢慢锈蚀，甚至发展到阻塞较细的管道，影响制冷剂的正常流动，影响制冷，反而多耗电，甚至引起管路泄漏，影响使用寿命。

（2）电冰箱在使用状态和停用状态，箱内温度差异很大，尤其是冷冻室，冬季可达 20℃ 左右。冰箱内胆等塑料制品经常处于使用和停用的交替状态，温度变化大，会加快塑料件的老化和龟裂，也会影响电冰箱的实际使用寿命。

（3）电冰箱处于长期工作状态时，散热部件和电气元件在工作时会释放出热量排除潮气。停用期间，电气元件所吸收的潮气无法排出，还将渗透到元件里面，使其电气绝缘性能下降，严重时会损坏电气元件，甚至漏电引发触电事故。

（4）电冰箱停用时间较长，如果没有及时清洁并保持干燥，箱内容易滋生细菌污染内胆及附件，再使用时将污染食品，不利于卫生。电冰箱长年使用，箱内始终处于低温，有利于抑制细菌的生长。

45. 电冰箱使用时要注意些什么？

（1）保持箱门门封与箱体的良好密封，经常擦拭门封及门封与箱体接触的部位。特别是箱体底部的门封，由于从箱内流出的食物液汁，会使该部位产生粘连，更要注意随时擦拭干净。如果不及时擦拭干净，时间长了就会把门封的橡胶垫粘拉坏，影响密封。

（2）冷藏室储存食品要留有空隙，不可装满，以免妨碍箱内空气循环；冷冻室存放食品则尽可能装满一些，食品不够时可塞入一些空的饮料罐，以减轻压缩机的负荷。

不能将玻璃瓶装饮料放入冷冻室，也不能将热的饮料放入冷冻室速冻制冰，因为这样会冻裂玻璃瓶，使制冷系统压力升高，可能造成铝蒸发器这样的薄弱部件胀裂而损坏电冰箱。不要把湿淋淋的食物直接放进冰箱，这样会造成冷冻室内积水，那就会很快结冰，使各种食物冻结在一起，如果猛敲强取，容易造成冷冻室的变形和损伤。带水的食物应加盖后放入冷藏室，冰箱底部的果菜盒，装入水果和蔬菜后，要盖好玻璃板，这样既可减少水分蒸发，又利于果菜保鲜。

（3）防止交叉污染。按照卫生要求，生食物与熟食物不宜同时储存于一个冰室内。因为生食物未经高温杀菌处理，所带细菌、霉菌比熟食物多。生、熟食物互相贴近存放，熟食物易受污染。鲜肉等气味很浓，还会使其他食物串味。为了防止交叉污染，生、熟食物要分层储存；熟食物在上，最好装入加盖的容器内；生食物在下，用塑料袋装好。有条件的家庭，可以购买一台冰箱和一台冰柜，完全将生、熟食物隔开储存。

（4）冰箱使用相当长时间后，箱内会有异味，可以用活性炭或市场上出售的冰箱除臭剂来吸除冰箱内的异味，也可以在冰箱日常保养的清洁工作处理完后，在箱内放上一小杯白酒，关上箱门不通电，保持一个白天的时间，经过酒气的熏陶，除臭味或异味的效果良好。

46. 洗衣机怎样分类?

法国人于 1800 年首先发明了洗衣机,在衣桶里装有旋翼用来搅拌衣服,用手柄驱动。这种洗衣机虽然比手洗提高了效率,但人们仍要付出很多体力。1901 年,美国人阿尔瓦费希尔制造了世界上第一台真正意义上的洗衣机。随后,波轮式洗衣机、滚筒式洗衣机相继问世,促进了洗衣机的普及。

(1) 按自动化程度分类。按自动化程度,洗衣机分为普通型洗衣机、半自动型洗衣机和全自动型洗衣机。

普通型洗衣机即手动操作的洗衣机,它的洗涤、漂洗、脱水三种功能全都要手工转换。普通型洗衣机装有定时器,可以根据衣物的脏污程度选择洗涤时间或漂洗时间,结构简单,价格便宜,但功能不全。

半自动洗衣机的洗涤、漂洗、脱水三种功能中有两种功能的转换不需要手工操作,而能自动完成。常见的有两种:一种是洗涤和漂洗两个工序的进行和转换可以在一个桶内自动进行,但脱水仍需手工操作;另一种是漂洗和脱水两个工序的进行和转换可以在一个桶自动进行,这种桶称为脱水桶。半自动洗衣机性能较好,但结构较复杂,价格较高。

全自动洗衣机具有洗涤、漂洗、脱水三种功能,它们之间的转换不用手工操作,而能全部自动完成。全自动洗衣机性能好,省时省力,是人们追求的机型;但结构复杂,价格贵。

(2) 按结构分类。洗衣机按结构分为波轮式、滚筒式、搅拌式、喷流式四大类。

波轮式洗衣机产量约占世界洗衣机总量的 40%,它是日本在引进英国喷流式洗衣机的基础上研制而成的。

滚筒式洗衣机是西欧首先研制生产并开始使用的,其产量约占世界洗衣机总量的 40%,目前占有量在不断增加。

搅拌式洗衣机是美国研制成功的,其产量约占世界洗衣机总量的 15%。

喷流式洗衣机是英国首先研制生产的，其产量约占世界洗衣机总量的5%。

47. 怎样选购普通型洗衣机？

（1）确定规格型号。对于三口之家，容量为2~2.5kg较为合适；家庭人口在4人以上的，应选购3kg及以上的洗衣机。

市面上洗衣机有单桶普通型、双桶普通型、单桶配套脱水桶，选用哪一种型号要根据家庭的居住面积而定。

（2）外观检查。先检查整机外箱表面是否光亮平整，不应有划痕或碰伤，喷漆应无流痕、气泡，电镀件无锈蚀，塑料件无变形。操纵控制板上各个旋钮开关应转动灵活、定位准确。

再打开洗衣机口盖，检查波轮和洗衣桶。波轮表面应光滑无棱角、无毛刺，波轮边沿与洗衣机底部波轮槽的间隔要均匀，而且间距在1mm左右。用手转动波轮，正、反向均应转动灵活，无异常响声。洗衣桶内壁应光滑平整，无划痕无裂纹。

最后检查附件是否配备齐全，有无损坏。

（3）通电检查。接通电源，将定时器设定至3min档，再分别按下控制按键的强洗、中洗、弱洗键，整机应运行平稳，无严重振动，并在定时3min后准确停机。检查脱水定时器时，应无脱水内、外桶转动撞击的声音，打开脱水桶上盖后，10s内应停止转动。

通电检查时，用手触摸洗衣机外箱的金属部分，应没有麻手的感觉。

48. 怎样选购自动洗衣机？

除了上述确定规格型号及外观检查之外，自动洗衣机在选购时还需要进行通电检查和通水检查，通电检查和通水检查的目的是进行自动洗衣机洗涤功能的检查。

自动洗衣机的控制主要有两种：一种为微电机驱动式程序控制器，控制程序较少；另一种为电子程序控制器，控制程序多，功能齐全。

接通电源和水源，将程序控制器指针旋至洗涤程序上，水位选择器置于低水位档。启动程序控制器，此时自来水应注入洗衣桶内。当桶内水位达到 200mm 左右时，波轮应运转，同时关闭进水阀门，切断流入桶内的水流。这就说明波轮电动机、进水电磁阀工作正常。当程序控制器运行至排水程序时，波轮应停止转动，排水电磁阀开启排水。当程序控制器运行至漂洗程序时，排水阀应关闭，进水电磁阀开始进水。该程序还需再进行一次。当程序控制器运行至脱水程序时，表明衣物已漂洗干净，甩干电动机应启动工作，完成自动甩干。整个洗涤过程结束后，蜂鸣器应发出响声，表示洗涤完成。

通电通水检查时，只要能自动完成下列程序，就是一台工作正常的自动型洗衣机：

进水—洗涤—排水—漂洗—脱水—停机

49. 怎样放置洗衣机？

放置洗衣机的地面应平坦坚实。洗衣机在洗涤状态，特别是在脱水时，由于离心式脱水装置的高速旋转，会产生振动和噪声。当脱水的衣物放偏后，振动会加剧，不仅干扰周围环境的安宁，还有可能因振幅过大触及安全装置，使洗衣机自动断电而停止运行。

在洗衣机的底部都装有 4 只脚，全自动洗衣机的支脚带有自锁功能，有的洗衣机有一只是能快速调整高、低的活动脚，能调整到洗衣机的 4 只脚都切实撑地。

50. 怎样安装洗衣机的进水管？

普通型洗衣机的进水管，一般是将橡胶软管直接插在水龙头上，并且用弹簧卡箍加以紧固，另外一端接入洗衣机的进水口上，插紧插牢就可以了。

全自动洗衣机和部分半自动洗衣机对进水管的安装要求较高，安装也比较繁琐，接不好就会水花四溅，因此安装时一定要仔细。

自动型洗衣机要求使用质量好且管头平滑的水龙头，如果水龙头口不平整，或外径不圆，或已经锈蚀，应更换新的水龙头。

　　进水管由耐压橡皮管和管接头两个部分组成。管接头又称连接器，是专门为自动型洗衣机设置的，管接头包括管嘴、滑动套、橡胶密封圈等部件。管接头与耐压橡皮管可以迅速拆装。操作时，如果要拆下橡皮管，只需向上按动滑动套，使卡在管嘴里的钢球被压了进去，就可以方便地将耐压橡皮管取下来。如果要装上耐压橡皮管，只要把滑动套推上去，使钢球弹出来卡在管嘴槽里，耐压橡皮管就与管接头牢固地连接在一起了。

　　具体的操作可参考图 3-6、图 3-7，顺序为：

卡在水龙头上

图 3-6　　进水管安装

　　（1）右手向下按住滑动套，左手上提，从耐压橡皮管上取下管接头。

　　（2）拧松管接头圆周上的 4 个小螺钉，见图 3-7，直到管接头能套在水龙头上，然后拧紧 4 个小螺钉，保证橡皮密封圈均匀平整地与水龙头接触。

　　（3）按管嘴螺纹逆时针方向拧紧。

　　（4）向下按动滑动套，同时将耐压橡皮管装进管接头，然后放松滑动套，进水管就安装好了。

　　如果使用时出现水花四溅的情况，则说明管接头的橡皮密封圈与水龙头接触不严，只需重新调整 4 个小螺钉就可以解决。

洗衣机每次使用完后，只需拆卸下耐压橡皮管，管接头最好保留在水龙头上，以便下一次洗衣时再使用。

图 3-7　管接头

51. 怎样选择洗涤剂?

用洗衣机洗涤衣物，可以选择使用洗衣粉、洗衣皂、洗涤液等洗涤剂，其中洗衣粉适用于洗衣机进行洗涤。在洗衣粉配方中，加进了新的界面活性剂，开发出了复合型洗衣粉和加酶洗衣粉。复合洗衣粉含有多种活性物质的复合配方，有多泡型、中泡型、低泡型之分。加酶洗衣粉在其配方中含有碱性蛋白酶生物，适合于浸洗或搓洗，可洗掉一般洗衣粉难以洗去的奶渍、尿渍、血渍等混合污垢。

洗衣粉的用量多少，与洗涤衣物的多少、衣物的脏污程度、注水多少等因素有关。一般用户习惯于根据洗衣桶的水位高低来加洗衣粉，水位高低与洗衣粉用量的关系如表 3-8 所示。

水位与洗衣粉用量的关系　　　　　　　　　　表 3-8

洗涤物重(kg)	水量(L)	合成洗衣粉(g)	(相当于)匙量
1 以下	25(低水位)	35～45	4
2	40(中水位)	50～60	5
3	50(高水位)	60～70	6

52. 怎样选择洗涤方式?

洗涤方式的选择，实际上是选择洗涤时的水流形式，洗涤方式的设定的两种形式：一种洗衣机设有标准水流与轻柔水流；另一种洗衣机设有强洗、中洗、弱洗，中洗类似于标准水流，弱洗类似于轻柔水流。

对于毛类织物，宜选择轻柔水流。洗衣机一次所能洗的毛类织物为额定容量的1/3；洗涤时应选用高水位，洗涤时间为3～5min，脱水时间不超过1min；洗涤水温以30℃为最好；洗涤剂为中性。洗后的毛类织物应平放在浴巾上整形风干。

对于丝绸类织物，也宜用轻柔水流洗涤。但只能选择洗涤和漂洗半自动程序，不需要脱水，以避免出现皱折，漂洗后在阴处滴水风干。

对于常用衣物、被单等，宜用标准水流。其中有跳线、起球的衣物，应将衣物的里面翻过来洗涤；对于易损伤的衣物，例如带花边的衣服，要放入纱袋中洗涤；对有带子的衣物，应将带子系在一起后洗涤；对有纽扣、拉链的衣物，应将纽扣扣好、拉链拉上并翻过里面来洗涤。

只有牛仔服、粗厚的劳动服等织物，才用强洗水流，强洗时洗衣机的波轮只向一个方向旋转，一般不采用。

53. 怎样使用洗衣机？

（1）衣物分类。洗涤前要将衣物分类：按颜色分为深色和浅色的；按脏污程度分为较干净的和较脏的；按纤维种类分为毛织物、丝绸织物、棉织物和化纤类织物。根据织物的种类不同确定不同的洗涤方式，然后先洗浅色的、较干净的，后洗深色的、较脏的。

目前世界上流行洗涤符号，也可以按衣物的洗涤符号分类，衣物洗涤标志如图3-8所示。

（2）浸泡。洗涤前将衣物浸泡10～20min，有利于提高洗净率。一些人习惯把脏衣服长时间浸泡，以为浸泡时间长，污垢就会从衣服上脱落下来，或者以为容易洗干净。实际上，浸泡时间过长，衣物的纤维和布纹被过度湿润而膨胀，污垢分子和颗粒将会渗进纤维和布纹内部，这样反而不利于污垢的除去，将更难洗干净。

（3）全自动洗衣机洗衣结束后，要进行排水。按洗衣机使用要求，全自动洗衣机洗完衣物后，要将排水管放倒，再将程序控制器

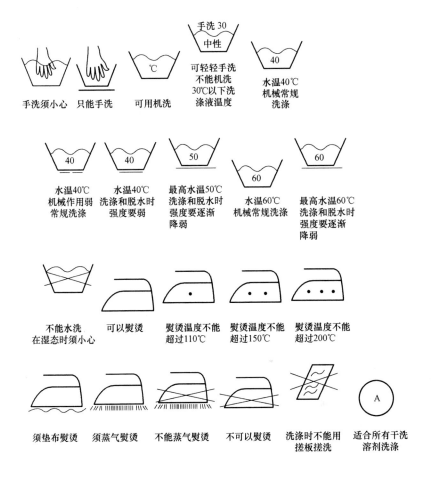

图 3-8　衣物洗涤标志

旋至"排水"、"干衣"位置，让其运转 30s 左右的时间，使桶内的残存水分全部排出机外。

💡54. 怎样使用洗衣机定时器？

（1）洗衣机在使用之前，应预先设定定时器的定时时间。洗衣机定时器分为洗衣定时器和脱水定时器，洗衣定时器定时范围为 0～15min，脱水定时器定时范围为 0～5min。调整时不要拧过头，以免损坏面板上的固定件和旋钮。

（2）定时器在运行过程中，不要人为地阻止其正常运行，以免损坏塑料定位件。

（3）定时器不宜频繁倒拨，反复强制性的倒拨会造成发条式定时器的发条机构摩擦力下降，以致造成发条上紧后打滑而不能正常工作。

55. 怎样保养洗衣机？

（1）洗衣桶内无水时，不要开动洗衣机，以免密封圈磨损。

（2）定期清理进水电磁阀入水处的过滤网，保持进水畅通。全自动滚筒式洗衣机每使用 10 次最少要清理一次过滤网，先将过滤器沿逆时针方向旋转，然后轻轻拉出过滤网，清除网上的线屑与杂物，再对准位置插入拧紧。

（3）洗衣机每使用半年时间，要加注一次润滑油。打开后盖，在电动机转轴和波轮轴承座处各加几滴缝纫机油，这样可以保持机件润滑良好，减少磨损，防止电动机过热。在加滴润滑油时，注意不要在传动波轮的皮带上沾上油料，以免皮带打滑。

（4）洗衣机长期不使用时，不要用塑料罩套住，防止密闭不通风，并且每一个季度左右开动一次机器，以驱散洗衣桶内部的潮气，防止锈蚀。

56. 电视机怎样分类？

1884 年，德国科学家尼普科夫发明了旋转盘扫描式的传播方式，为电视机的发明奠定了基础。1929 年，英国人贝尔德用电信号将人物形象搬上了屏幕，发明了电视机。英国伦敦通过电视系统成功播放无声图像，从此，电视进入了人们的文化生活。

（1）CRT 显像管电视。CRT（阴极射线管）是一种利用电子枪发射的电子束来激发荧光粉的真空电子器件。从发明至今的 100 多年中，其亮度、对比度、分辨率以及色域都有了长足发展，曾经在电视机中得到了广泛应用。一般称显像管电视为传统电视。

（2）液晶电视（LCD）。液晶电视是利用背光源（采用冷阴极荧光灯管如荧光灯），经过一个偏光板然后再经过液晶材料，导致液晶分子的排列方式改变，进而改变穿透液晶的光线角度，从而在液晶面板上变化出有不同深浅的颜色组合的显示方式。液晶显示器通过显示屏上的电极控制液晶分子状态来达到显示目的，即使屏幕加大，它的体积也不会成正比的增加，在重量上比相同显示面积的传统显示器要轻得多，液晶电视的重量大约只是传统电视的 1/3。30″以下的液晶电视比 CRT 显像管电视更省电，但超过 30″以上的比较费电，而且屏幕越大，耗电量也越多。液晶电视画面层次分明，颜色绚丽真实，分辨率大，清晰度高，显示静态画面效果最佳。液晶电视更具较长的使用寿命，一般液晶电视的寿命为 5 万 h 左右。适合客厅、卧室或观看距离较近的房间使用。

（3）PDP 等离子电视。利用惰性气体电子放电，产生紫外线激发所涂布的红、绿、蓝荧光粉，呈现各种彩色光点的画面。具有机身纤薄、重量轻、屏幕大、色彩鲜艳、画面清晰、对比度高、亮度高、响应速度快、失真度小、节省空间、播放动态画面效果最佳等特点。PDP 的出现，使得中大型尺寸（约 40″～70″）显示器的发展应用产生根本变化，以其超薄体积与重量远小于传统大尺寸 CRT 电视，在高解析度、不受磁场影响、视角广及主动发光等胜于 TFT-LCD 的特点，完全符合多媒体产品轻、薄、短、小的需求。但目前还存在耗电量较大，发热量大，不宜长时间播放静止画面，制造成本较高等缺点。适合观看距离远的大房间如家庭的大客厅里使用。

（4）LED 电视。LED 电视是指完全采用 LED 作为显像器件的电视机，一般用于低精度显示或户外大屏幕。目前中国家电行业中通常所指的 LED 电视严格的名称是"LED 背光源液晶电视"，是指以 LED 作为背光源的液晶电视，仍是 LCD 液晶电视的一种。它用 LED 光源替代了传统的荧光灯管，画面更优质，理论寿命更长，制作工艺更环保，并且能使液晶显示面板更薄。

（5）OLED 电视。OLED 即有机发光二极管显示器，是指有机半导体材料和发光材料在电流驱动下发光并实现显示的技术。它具备超轻、超薄（厚度可低于 1mm）等特点，而且拥有高清晰度、高亮度、可视角度大、响应速度快（约为 LCD 速度的 1000 倍）、可弯曲等优点。OLED 制造成本低且能够展示完美的视频，是最具发展前景的下一代显示技术。

OLED 电视已经不再需要 LCD 液晶面板，RGB 色彩信号直接由 OLED 二极管显示，几乎已经不存在液晶的可视角度问题。虽然 PDP 等离子电视在对比度、色彩、响应时间都高于 LCD 液晶电视产品，其画面能和 OLED 媲美，但是，OLED 显示产品在可以提供的显示密度、可视角度、单位能耗亮度等方面依然显著领先于 PDP 技术的产品，特别是在产品理想厚度上不到 PDP 的 1/10，显得更为轻薄。

2013 年 1 月，LG 电子全球首次发布 LG 曲面 OLED 电视，这表明全球进入了大尺寸 OLED 时代。

（6）投影电视：即 CRT 背投电视，把输入的信号源分解到 R（红）、G（绿）B（蓝）三个 CRT 管的荧光屏上，在高压作用下将发光信号放大、会聚，投射到大屏幕上，通过透射出来的光产生图像。投影电视具有清晰度高、色彩鲜艳、画质柔和、可持续使用时间长等优点，但很难提升亮度。

57. 什么是电视机的制式？

电视制式是指电视发送和接收的技术规格和标准。彩色电视机的制式有：

（1）NTSC 制。1954 年美国首先使用，以美国、日本、加拿大等国为代表。

（2）PAL 制。1967 年在西德和英国首先使用，以中国、德国、英国等国为代表。

（3）SECAM 制。1966 年法国首先使用，以法国、俄罗斯等国为代表。

（4）多制式。将 PAL 制和 NTSC 制集中于一身，增加了影碟、录像等，大屏幕彩色电视机就是使用多制式。

58. 大屏幕彩色电视机有什么特点？

（1）多制式。由于视听设备不限于一种制式，多制式电视机能增加节目源，如影碟节目、录像带节目，由于其带有 BS 调谐器，还可以直接接收卫星电视节目。

（2）电源适用范围宽。交流电压在 90～270V 范围内变化时，大屏幕彩色电视机能正常工作，可以满足不同国家电网电压的不同要求。

（3）全功能红外遥控与屏幕显示。所有功能都体现在遥控器上，甚至有的取消了机上操作，这样，面板设计更简洁。

（4）图像更逼真。大屏幕彩色电视机采用了许多新技术、新器件和新电路，采用了新一代显示器，采用了准分离式伴音中放、亮/色分离、AI 人工智能控制和轮廓校正等电路，可以使人们在家中看到如同电影院中电影图像一样的收看效果。

（5）伴音质量高。大屏幕彩色电视机采用 4～6 个扬声器，环绕立体声放音系统，选用重低音电路，扩展频率范围为 50～20000Hz，因而提高了临场感，使低音强劲，中、高音清澈，可与中档音响相比。

59. 怎样选购电视机？

（1）选择电视机的规格大小。选择多大的电视机，主要根据放置电视机房间的大小而定。一般情况下，客厅选用 32″、卧室选用 21″电视机为宜。如果房间小而选用大屏幕电视机，则实际收看距离小于电视机使用说明书中要求的距离，将容易引起人眼的疲劳，特别是少年儿童容易引发近视等眼病。

收看电视节目的距离，以显示屏高度的 5～7 倍为宜。电视机放置的高度以电视机屏幕与坐好后人的眼睛高度相当为宜。

（2）外观检查。检查包装箱，如果包装箱有撕裂、变形或水浸痕迹，表明该机器在运输过程中可能受到碰撞或雨淋，应另行选择；如果发现已开过箱的痕迹，说明他人已经挑选过，应慎重对待。

检查屏幕。荧光屏应颜色均匀一致，不应有色斑、黑点或气泡，不得有机械划伤。

检查开关和旋钮。要求松紧度适中，操作灵活。遥控器外盒应无裂纹，按键要灵活。

最后检查说明书和附件是否齐全完好。

（3）通电检查。检查光栅。打开电视机开关，应在 5～10s 出现光栅，光栅应稳定并充满整个屏幕。调节亮度旋钮，光栅能从暗至刺眼亮。

检查图像质量。用彩色电视广播测试卡的 8 种不同颜色的彩条对电视机作直观性的分析。

检查伴音质量。接收电视信号，伴音不应干扰画面，使图像出现随声音变化的水平条纹。将声音调至最大时，不应出现声音失真，也不应引起机壳的振动。还要检查遥控功能是否正常。

60. 怎样使用电视机的遥控器？

彩色电视机的红外遥控系统由遥控发射器以及装在电视机内的遥控接收器组成。在遥控发射器上有节目号码键和其他一些功能键；遥控发射器的电源一般是两节 5 号电池，用完的电池必须立即更换，防止漏液损坏遥控器。

使用遥控器之前，先要接通电视机电源，将遥控器指向电视机，按下频道按钮键 1～9 中的任一个，屏幕上就显示出预先存好的电视频道节目。

按下频道选择上、下两端的按键，可以选择需要的频道；按下音量选择左右两侧的按键，可以选择合适的音量。

按下暂停按钮，电视机上节目指示器由显示数字变为显示"—"，此时电视机处于暂时关机状态，除遥控器电源外，其他电源全部切断。需要恢复时只需再按下暂停按钮。

如果在打电话或谈话时，希望暂时断开电视的声音，只需按下静音按钮，喇叭立即没有了声音。再一次按下静音按钮，喇叭立即恢复原来的声音。

61. 接收有线电视节目时要注意些什么？

（1）用变换器增加节目频道。有线电视大大丰富了电视节目源，单用户变换器（有线电视选台器）能将所有节目频道都变换成一个固定的频道送往电视机，节目选择通过变换器本身附带的遥控器进行。

（2）注意连接方法。有线电视使用双孔用户盒，一个孔标有TV，是收看电视节目的；另一个孔标有 FM，是收听调频广播的。连接时，收看电视节目只能将连接线插入 TV 孔中，如果插入 FM孔，那收看收听效果较差。

对于两台或多台电视机的用户，要另外购买一个二分器或多分器，一个用户盒，高频接头和一段同轴电缆。以家庭有两台电视机为例，装上二分器，两台电视机所接收的电视节目电平一致，如果用普通插头直接插入双孔用户盒的 TV 孔中，将电视信号分成两路送入两台电视机，将导致连接阻抗不匹配，在连接线上产生反射波，影响图像的质量，甚至还影响附近的其他用户。

3.3 电热器具

62. 微波炉怎样分类？

英国的两位发明家于 1940 年在雷达研究室内制作了第一台微波炉，他们在改进雷达系统时设计了一个称为"磁控管"的部件，它能产生微波能，磁控管产生的热能融化巧克力，还能用来爆玉米花。微波炉最早被称为"雷达炉"，后来才正名为微波炉，但这种微波炉体积太大了。1945 年，专为烹饪而制造的微波炉才问世。现在，微波炉已成为人们生活中普遍使用的家用电器了。

目前市场上出售的微波炉分为普及型机电控制式微波炉、电脑控制式微波炉和复合式微波炉三大类，输出功率为 400～800W，腔体容积为 17～37L。

（1）普及型微波炉。这是国内市场上供应较多的品种，采用单一的微波加热，具有对食物解冻、加热和烹饪的基本功能。

（2）电脑型微波炉。它采用电脑控制，在普及型微波炉的基础功能上增加了储存食品、自动烹饪等功能。

（3）复合型微波炉。复合型微波炉是微波炉与电烤箱合成的产品，烹饪各种食物的灵活性、适用性较大。

63. 微波炉的结构是怎样的？

微波炉主要由电源、磁控管、炉腔和控制系统等部分构成。

（1）电源。电源由高阻抗漏磁变压器和单相倍压整流电路组成，输出 4000V 电压供给磁控管阳极，输出 3.5V 作为灯丝电压。

（2）磁控管。磁控管就是微波发生器，将工业频率的电能转换成微波能，通过炉腔上的波导管、旋转的金属风扇叶片，扩散到炉腔内对食品进行加热。

（3）炉腔。炉腔应与磁控管有良好的阻抗匹配，反射回磁控管的能量很少，并且在炉内分布均匀，加热效率高，材料一般要采用非磁性不锈钢板。

普及型微波炉的内部结构主要由电源变压器、整流器、磁控管、波导、风扇、搁板和托架等组成。

64. 微波炉控制系统的结构是怎样的？

一般微波炉的控制系统包括定时器、双重闭锁开关、炉门安全开关、烹饪继电器和热继电器。

（1）定时器。定时器有机械数字和电子显示两种形式。机械数字定时器采用步进计时电动机，通过转动两个数字转盘进行控制和指示。选定定时时间后，接通电源，走时电动机开始转动，当转盘退到零时零分位置时，就会发出信号并且自动切断电路。这种定时器可在 0～30min 或 0～60min 内进行控制，不受电源电压波动和温度的影响，准确性高。电子显示式定时器是利用阻容电路的基准信号进行工作的，到达规定的时间后输出回路工作，并通过发光二极管在门板上显示，这种定时器不受机械振动的影响，使用寿命长。

（2）双重闭锁开关。双重闭锁开关通过炉门的把手加以控制。当炉门打开或没有完全关好时，该开关一方面断开烹饪继电器及定时器的电源，一方面断开微波炉电路，以防止微波泄漏出去。

（3）炉门安全开关。炉门安全开关通过炉门的凸轮臂来闭合烹饪继电器的触点，为电源变压器的一次侧绕组提供通路。因此，当炉门打开时，即使双重闭锁开关没有能断开电路，炉门安全开关也可以断开电源变压器的电源，使微波炉停止工作。

（4）烹饪继电器和热继电器。烹饪继电器用来控制风扇搅拌器电机、照明灯和电源变压器的接通与断开。热继电器是一种热敏型保护元件。

📌 65. 怎样选购微波炉?

（1）选择类型。普及型微波炉对食物表面烘焙存在一定的局限性，它的加热时间、加热功率和加热方式都由机电装置完成。这类微波炉简单可靠、价格低、易操作；但控制功能难以扩充。电脑型微波炉用电脑控制加热时间、加热功率和加热方式，控制精度高，还可以增加实用的功能。它的价格依功能不同而相差很大。复合型微波炉有微波加热、对流加热、微波对流混合加热和烘烤等多种加热方式，适用范围广；但价格较贵。

（2）选择规格。微波炉的规格选择主要考虑腔体容积和输出功率。腔体容积 17L 以下的为小型炉，17～28L 的为中型炉，28～37L 的为通用炉，其中中型炉的尺寸大小能较好地兼顾实用性以及小巧轻便。家用微波炉输出功率在 400～800W 之间，但微波炉的实际消耗功率约为其输出功率的 2 倍。一般，3～4 口之家选用输出功率为 500～600W 的微波炉就可以了。

（3）选择造型。微波炉的外部形状和表面颜色各式各样，主要考虑家庭的室内装饰及家具的总体格调而定。

66. 怎样选择烹饪功率?

微波炉的功率一般分为 5 档,普及型微波炉的功率选择开关为旋转式,电脑型微波炉的功率选择开关为按键与数字键。不同牌号的微波炉,各档功率强弱略有不同,例如,夏普 R-588 型微波炉各档输出功率比例分别为 100%、75%、50%、30%、10%。功率大,则烹饪所需的时间短;功率小,则烹饪所需的时间长。

一般来说,高功率档(HIGH)用来烹饪米饭、蔬菜、水产品、肉类以及烧开水;中高功率档(MED-HIGH)用来对食物的再加热,煨炖食物时先用高功率档再转入这一档;中功率档(MED)用于需要煮较长时间的食物,焙烤食物使食物干脆;中低功率/解冻档(MED-LOW/DEFROST)用来烹饪低热食物以及冰箱冷冻食物的解冻;低功率档(LOW)用于食品保温以及面团发酵。

67. 怎样选择烹饪器皿?

微波炉中盛放食物的器皿要用玻璃制品或瓷制品,不能用金属锅盛食物放入炉内烧煮,因为金属反射微波,锅内的食物吸收不到微波;同时,金属锅会形成高频短路,损坏磁控管。也不能用塑料制品,特别是不能用塑料袋盛食物去加热,因为它们均不耐高温。

使用微波炉烹饪时,选择的器皿要满足两个条件:一个是微波容易通过,并且不会对微波产生反射;另一个是耐热。家庭中常用的厨房器皿很多都可以用,例如瓷碗瓷盘。器皿的形状最好是圆形、浅边或直边、宽口。

68. 怎样安全使用微波炉?

标准规定,在离微波炉 5cm 处的空间测得的微波功率密度,新机不应超过 1mW/cm^2,长期使用时不应超过 5mW/cm^2。国内外生产厂家都是按这个标准生产的,确保了微波炉的安全使用性能。

　　微波炉内没有放进食物时，不能启动微波炉，以免空载运行损坏磁控管。经常使用的微波炉，可在炉腔内放入一杯水，防止空载运行。烹饪时将要烹饪的食物用专用器皿放进炉腔，或直接放到炉腔内的架子上。烹饪完成后，要及时清洁炉门密封面的污垢。

　　使用微波炉时，关闭炉门，使炉门连锁开关可靠闭合，按食物的种类和烹饪的要求进行调节。微波炉烹饪各种食物的时间见表3-9。普及型微波炉调节控制面板上的时间旋钮或温度控制旋钮，并调节好功率旋钮。电脑型微波炉可依次触动控制板上的标记，将烹饪程序输入微波炉的储存器，然后按下烹饪开关（ON/COOK或START/COOK）。

微波炉烹饪食物时间 表3-9

食物名称	食物量（kg）	预加工情况	烹饪时间（min）	烹饪效果
猪肉	1	切块	9	熟
猪排骨	1	切块	10.5	肉脱骨
猪肘子	1	切块	16	肉脱骨
牛肉	1	切块	11	熟
砂锅整鸡	0.75	整只	7	熟
卤整鸡	0.85	整只	10	熟
盐水整鸭	0.8	整只	9	熟
螃蟹	0.5	整只	6	熟
鲜鱼	1	整条	10	熟
大蛋糕	0.25	整个	10	熟
马铃薯	1	开半	13	熟
菜花	1	切块	11.5	熟
萝卜	1	切块	9	熟
黄豆	1	水浸	8	熟
鸡蛋	2个	整只	1.5	熟
腊肠	2根		2	熟
豌豆	1.5	水浸	3	熟
盐花生米	0.5		8.5	脆
米面制品	1	和水	6	熟

当达到预定的烹饪时间，或者食物的温度达到预定值，微波炉自动停止，同时发出信号。开炉门去取食物时，因为食物经过加热后，器皿也变热，不要直接用手去拿，以免烫手；器皿也不要立即冲洗，以免爆裂。如果不是立即食用，可按下保温（WARM）按钮予以保温。

瓶装食物需打开瓶盖，表面无孔的食物如香肠、板栗等必须先划开皮才能放入微波炉中加热，否则加热后气体膨胀会发生爆裂。特别不允许在炉中生煮或再加热整只鸡蛋，不然会发生爆裂，甚至损坏炉门。另外，罐装、铝箔包装的食物也要除去包装，才能放进微波炉中加热。

69. 高频电磁灶的结构和工作原理是怎样的？

电磁灶可以运用炒、煮、烧、溜、炸、煎等多种传统烹饪方式，烧制的食物比较适合我国人民的口味。

高频电磁灶的外形像一块扁方形的平板，大小约为煤气灶的一半，前侧装有电源开关和功率调节控制器，并有多种自动保护装置。通电后，灶具自身不发热，当放上锅具数分钟后，锅内食物就会被加热以至沸腾起来。一旦锅具离开台面板，电源就会自动切断。

（1）高频电磁灶的结构

高频电磁灶由高频感应加热线圈、高频电力转换装置、控制系统、灶台台板、烹饪锅等部分组成。高频电磁灶有较完善的控制电路和保护电路，电磁灶的台面板一般采用高强度耐高温的钢化陶瓷材料或石英结晶玻璃制作而成。灶台面板下面装有高频感应加热线圈、高频电力转换装置以及控制系统。

（2）高频电磁灶的工作原理

高频电磁灶工作时，整流器首先将工业频率的交流电整流为直流电，再通过高频电力转换装置使其转换成高频电流。高频电流流过扁平空心螺旋状的感应加热线圈后，产生高频交变磁场，其磁力线穿透灶面作用于金属烹饪锅。在烹饪锅内，因为电磁感应产生大的涡流，涡流克服锅体内阻流动时，电能转换为热能。

根据感应加热理论，烹饪锅的发热与锅的表面电阻及励磁线圈的安匝数的平方成正比。为了避免产生噪声，电磁灶的励磁频率一般在 20～40kHz 范围内，由高频发生装置产生。在台面板的下表面涂了一层极薄的导电膜，一旦灶台面板发生裂纹，灶台面板断裂探测装置会自动切断电源，防止水由裂纹处渗入机内而引起短路或触电事故。此外，电磁灶还配有异常温度探测器、负荷检测装置和电力元件温度探测装置，从而保证电磁灶安全可靠地工作。

当电磁灶的励磁频率在 20kHz 时，铜和铝的表面电阻很小，为保证得到一定的发热功率，就必须要大幅提高励磁线圈的安匝数，以至励磁线圈自身的铜损耗就大于或等于锅的等效电阻，显然是行不通的。因此，铜锅、铝锅不能用于电磁灶。平底的铁锅、搪瓷锅可以选择作为高频电磁灶的烹饪锅具。

70. 怎样使用电磁灶?

为了避免磁力线通过空间而增大磁阻，要求烹饪锅具制成平底，使锅底紧紧贴住灶面。电磁灶生产厂家一般提供与之配套的平底锅。

电磁灶的使用比较简单，只要插上电源，接通开关就可以使用。电磁灶可用来进行煮、炒、煎、蒸等多种烹饪操作。

煮。将被煮食物先放入锅内，并加足水，放到电磁灶的灶台加热面板上；然后接通电源，用强火加热，当水沸腾后改用中火加热，在食物快熟时改用弱火加热，直至烹饪完成。

炒。炒菜时一般使用强火。

煎。煎炸食物时，先用强火将烹饪锅加热，放上的食油温度足够热后，就可放入待煎炸的食物。在烹饪过程中，要根据不同的需要，改用中火或弱火直至食物被煎炸好。

蒸。蒸是直接用强火加热食物至熟。但蒸蛋类时，当有大量的蒸汽冒出时，就要改用弱火来蒸，以免食物老化。

电磁灶使用时要注意的事项有：

（1）电磁灶最忌水气和湿气。当灶台面板上有难以擦去的污垢时，不能用沾有中性肥皂水的湿布擦拭，再用干的软布擦，千万不要用水直接冲洗。

（2）电磁灶放置的地方要离开热源100mm以上，在电磁灶3m范围内，不要放置录像机、电视机、收录机等有磁性的电器，以免影响烹饪效果。刀叉等金属件也不宜放在灶台面板上。

（3）电磁灶内部装有冷却风扇，所以应放置在空气流通处使用。进风口、排风口要离墙壁或其他物件100mm以上，通风口不可堵塞。

（4）电磁灶应使用单独的电源插座，电源插头必须与插座接触良好。电磁灶插入插头或从插座上拔出插头之前，应将功率调节旋钮旋到关的位置，否则容易损坏功率管。

（5）安装了心脏起搏器的人使用电磁灶时要谨慎，必须遵守医嘱，或采取保护措施后再用。

71. 普通型电烤箱的结构是怎样的？

电烤箱用来烤制面包、蛋糕、烤鸭、花生，烤制猪排、牛排等中西式菜点，是一种使用越来越广泛的家庭厨房用电器。

普通型电烤箱由箱体、加热器和控制装置等部分组成。

（1）箱体。箱体由外壳、内腔、炉门三部分组成。外壳用冷轧薄钢板冲压成型后点焊而成，表面喷涂彩色热漆，在壳体的左上方有调节箱体内温度的出气孔。

内腔一般也是由冷轧薄钢板冲压成型，并经镀铬处理；也有用铝合金压制而成的。内腔进行表面处理的目的在于形成具有较高反射率的表面，以提高热效率。内腔内一般附设有烤盘、网格栅和取放烤盘及网格栅之用的柄叉。

炉门上方一般装有钢化玻璃，以便随时观察食物的烘烤程度，钢化玻璃能承受剧冷剧热的变化，在烘烤过程中，即使有冷水溅射上去，也不会破裂。有的电烤箱当炉门打开时，可以联动拉出烤盘

180

和网格栅，操作更为方便。

（2）加热器。电烤箱的内部装有两组加热器，电热元件一般采用管状，这是一种以渗碳钢管或不锈钢管为外套，在管内装入螺旋状电热丝，并填充以电熔氧化镁粉使电热丝与钢管相互绝缘的电热元件，这两组加热器分别装在内腔的顶部和底部，作为烘烤食物的面火和底火。

为了获得可靠的高温绝缘性能，管状电热元件与炉腔的装配是将元件管端插入瓷座，紧固于箱体上，或是以插柱插入瓷质插座。绝缘瓷件采用刚玉质瓷或高频瓷。

（3）控制装置。电烤箱的控制装置包括调温器、定时器、开关等部分。

要改变电烤箱温度时，可转动面板上的调温旋钮，调温器的温度一般用数字表示，分为 5 档或 7 档，最低档温度为 100℃，最高档为 250℃。定时器一般采用钟表结构，定时器的触点与加热器串联，旋转定时器旋钮，则发条被拧紧，触点闭合通电。当走时结束时，旋钮回到"OFF"位置，自动分开触点，切断电源。如果不需要定时控制，可将旋钮反时针旋转至"ON"位置。电烤箱的转换开关是控制电源通断的，改变触点的位置，可以分别实现上面"面火"加热、下面"底火"加热、全部加热和全部断电。转动转轴凸轮便可以改变触点的情况，并且通过旋钮上的标志显示出来。

72. 怎样使用电烤箱?

目前，家用电烤箱种类较多，有普通简易型、自动控制型、温度可调型、远红外型等，一般家庭选择普通简易型就可以了。

先将调制好待烤的食物放入已经用食油涂抹过的烤盘内，接通电源，将转换开关置于全部加热位置，即面火、底火同时通电加热；将调温器置于所需的温度位置。经过一定时间，指示灯灭，表示烤箱已达到预热温度。用柄叉将烤盘送入烤箱内，烘烤过程中随时观察食物各部分受热是否均匀，必要时用柄叉将烤盘调转方向。

当烘烤到了预定时间时，将转换开关、调温器旋回"OFF"位置，拔掉电源插头，取出食物，待烤箱冷却后，擦干净炉腔、炉门及烤盘烤网等附件。

烤盘主要用于烘烤鸡、鸭、面包、牛排，烤网主要用于烘烤带壳花生、瓜子，烤蛋糕要用烤网和蛋糕模盒，烤鱼则要同时使用烤网和烤盘。

以烤制蛋糕为例进一步说明电烤箱的使用方法。准备好面粉150g，鸡蛋4个，白糖150g，食盐少许。打蛋并分开蛋白与蛋黄，在蛋白中加少许盐，搅至糊状；加白糖入蛋白中，搅到奶白色；再加入蛋黄和香精，并调匀；加入经过筛后的精面粉，充分调搅均匀。在蛋糕模盒中垫上蛋糕纸，将调匀的面粉浆倒进去，制成蛋糕模。将转换开关置于全部加热档，调温器置于175℃，通电，待烤箱达预定的温度后，将烤网置于搁架的第二格。再将蛋糕模放入烤网上；烤至蛋糕表面转色后，在蛋糕面上盖上一块铝箔再烤半个小时即可取出食用。常见食品的烘烤参数如表3-10所示。

常见食品的烘烤参数　　　　　表 3-10

食品名称	烘烤温度(℃)	搁架位置	烘烤时间(min)
汉堡牛排	250	第2格	8～10
烤鱼	250	第1格	10～15
烤鸡、烤鸭	220～250	第4格	30～40
模装蛋糕	200	第2格	30～35
曲奇饼	175	第1格	7～10
多士	150	第3格	4～5
面包	200	第3格	9～10
花生米	225	第2格	10～15

73. 使用电烤箱时要注意些什么?

食品放入烤箱前，一定要先预热烤箱，无论烤制何种食品，一次只应放置一盘，以使食品同时受到面火和底火的烘烤。

由于箱顶和箱门的温度比较高，使用时不要用手碰触。取放烤盘烤网时，一定要用柄叉，不使手触碰加热器或炉腔其他部分，以免烫伤。

电烤箱每次使用完毕后，待冷却至室温，应及时清洁炉腔及附件，以免腐蚀生锈。在清洁炉腔内部时，如有可能，最好将加热器和搁架卸下，注意加热器插孔及插脚不要弄湿，如果不小心弄湿了，要先用干布擦干，再晾干后才能使用，以免漏电。烤盘、烤网可以用水洗涤。炉腔或烤盘、烤网上，如果沾上食品液汁，烤干炭化后不容易洗干擦净时，可用墨鱼骨蘸水擦拭，或者用洗涤液轻轻擦干净。

74. 常用电取暖器的结构有哪些特点？

电取暖器又称为空间电加热器，它将电能转变为热能，利用电流流经电热元件发热，再以对流、辐射的方式，将热量传递出去达到取暖的目的。

常用的电取暖器有：石英管远红外取暖器、卤素石英管远红外取暖器、PTC 陶瓷取暖器、电热油汀、CPC 电热屏取暖器等。

（1）石英管远红外取暖器。石英管远红外取暖器主要结构为电热元件，电热元件两端有瓷帽，中间部分是乳白色的石英管，外涂红外线辐射材料。石英管能将管内电热丝发出的可见光和近红外光经晶体振动而产生远红外线，而人体和着装对远红外光有较强的吸收特性，能立即将吸收的能量转化为热能。因此有很高的电热转换效率。

（2）卤素石英管远红外取暖器。卤素石英管远红外取暖器采用卤素灯作为发热管，减少了灯丝的氧化，提高了灯管的使用寿命。这种取暖器的灯管玻璃也是采用远红外石英管，采用铝合金网罩，既起保护作用，又使发热均匀。

（3）PTC 陶瓷取暖器。PTC 陶瓷取暖器由 PTC 电热元件和离心风机等组成。PTC 电热元件是一种具有正温度系数的钛酸钡陶瓷，取暖器通过电机带动离心风叶将室内冷空气与机内大功率

（800～1250W）PTC发热体进行热交换，以提高室温。功率分高低两档，设有定时和温度控制装置，并有自动开关装置。

（4）电热油汀。电热油汀主要由密封式电热元件、金属散热片（7、9、10、11片，功率500～1000W）、控温元件和指示灯组成，电热油汀内充有导热油。散热片用薄钢板冲压成长槽形状，由两块铆合成一块散热片，各片相互接通，在上、下连孔处各安装一组电热管。内充的油是一种经特殊处理的导热油，导热油作为导热介质，经电热管加热通过大面积的散热片向空间扩散热量，达到取暖的目的。适用于小客厅和卧室。

（5）CPC电热屏取暖器。CPC电热屏取暖器的发热部件是CPC热均衡印刷电路板，实际上是一块导电膜发热搪瓷板。取暖器的发热功率分高低两档调节，在电热屏中设有温度控制器，温度的控制由温度控制器的旋钮调节，取暖器耗电约1000W。由于CPC取暖器做得比较薄，厚为70mm，可以挂在墙壁上，适合于客厅使用。

75. 怎样使用电取暖器？

一般在室内温度低于10℃时，人便感觉到脚冷，这时就要使用电取暖器。

（1）没有温度调节器的电取暖器，如石英管远红外取暖器、卤素石英管远红外取暖器、微晶远红外取暖器，大多数采用两组加热管。在接通电源后，指示灯亮，将功率选择开关旋至强功率档，让2组加热管全功率加热，升温较快。当室温上升到15～20℃时，将功率开关旋至弱功率档，剩下1组加热管工作保温。辐射式石英取暖器，其热辐射强度与距离的平方成反比，距离若增加一倍，热辐射强度下降1/4。这类取暖器是一种近身加热的器具，有效使用距离为1～3m。

（2）有温度调节器的电取暖器，如PTC取暖器、CPC取暖器、电热油汀等在使用时，接通电源开关，指示灯亮，将温度控制器旋钮顺时针方向旋到最大位置，功率选择开关旋至强功率档。当室温上升到 15～20℃时，慢慢将温度控制器逆时针方向旋至指示灯刚好熄灭的位置，功率选择开头旋至弱功率档。这样，取暖器就能在此温度下保持恒温值。

目前，多功能的取暖器不断面世，除了取暖、控温、调节功率之外，还有时钟、定时超温和倾倒自动保护、烘干被褥、增湿、喷香、过滤空气等功能。除了原有的分档有级功率调节之外，还增加了滑键式无级调节，使用起来更加方便。

要注意的是，电取暖器的插头最好直接插入墙壁上的插座内。如果导线过长，要使用分插座，一定要注意分插座以及新增加的连接导线的额定电流在 5A 以上，因为 1kW 功率取暖器的额定电流达 4.5A，否则会引起导线或插座过载烧坏。还有一点，电取暖器的背面要离开墙壁 200mm，并应避开窗帘、床单等可燃物至少500mm，以免因温度过高而引发火灾。

76. 怎样选择电消毒柜？

（1）选择规格型号。老式单功能的电热消毒柜采用发热温度较高的远红外石英电加热管加热，温度达 100℃ 以上，它的显著优势是价格比较便宜。壁挂式消毒柜采用温度较低的远红外石英电加热管或 PTC 加热，温度在 70℃ 左右，主要用来烘干，消毒方式采用臭氧和紫外线形式，一般具有一种或两种消毒方式组合，价格适中。嵌入式消毒柜在功能上类同于其他形式的消毒柜，只是其造型新颖、制作精良，价格相对也较贵。如果厨房面积较大，或者安装有橱柜，可购买容积较大的高档消毒柜，如落地、嵌入、抽屉式消毒柜。

（2）外观检查。在确定了要选购的款式以后，再进行外观检查。消毒柜的箱体结构外形应端正，外表面应光洁、色泽均匀，无划痕，涂覆件表面不应有起泡、流痕和剥落等缺陷；箱体结构应牢固，门封条应密闭良好，与门粘合紧密，不应有变形，柜门开关和控制器件应方便、灵活可靠，紧固部位应无松动。柜门密闭性的检测：可以取一张小薄硬纸片，如果能够轻易插入消毒柜门缝中，就说明柜门密闭不严。

（3）通电检查。接通电源指示灯亮，逐个按下开关，各开关按钮应灵活可靠；同时检查各功能工作情况，从外观观察臭氧放电、加热、紫外线能否正常工作，静听臭氧发生器放电声音的连续均匀性。还要检查门的连锁开关（防臭氧泄漏、紫外线漏光的连锁装置），打开消毒柜的门，消毒柜应立即停止工作，关上门消毒柜应立即恢复工作或重新开机，可反复试验几次，以确定门的连锁开关的可靠性。

77. 电消毒柜使用时要注意些什么？

只有良好的消毒设备才能保证人们摄入身体的食物是健康卫生的，消毒柜是现代厨房中重要的家用电器之一。

（1）消毒柜要"干用"。采用加热消毒的消毒柜是通过红外发热管通电加热，柜内温度上升至 $200\sim300℃$，才能达到消毒的目的。而里面的红外线加热器管的电极却很容易因为潮湿而氧化。如果刷完的碗还滴着水就放进消毒柜，其内部的各个电器元件及金属表面就容易受潮氧化，在红外发热管管座处出现接触电阻，易烧坏管座或其他部件，缩短消毒柜的使用寿命。

（2）消毒柜要常通电。消毒柜可代替普通碗柜，并起到避免洁净碗筷二次污染的保洁作用。但是，虽说消毒碗柜的密封性比较好，但是如果里面的红外管长期不发热，柜子里的潮湿空气难以及时排出，附着在餐具上的霉菌照样会滋生，危害人体健康。因此，不要把带水的餐具放入消毒柜内又不经常通电，这样会导致电器元件及金属表面受潮氧化，在发热管管座处容易出现接触电阻，易烧坏管座或其他部件，缩短消毒柜的使用寿命。消毒碗柜最好一两天通电消毒一次，最少也要每周开一两次，这样既可起到消毒的目的，又可延长其使用寿命。应将餐具洗净沥干后再放入消毒碗柜内消毒，这样能缩短消毒时间和降低电能消耗。

（3）餐具材料选择。消毒柜并不是所有的东西放进去都能够消毒，这其中就包括部分餐具在内，有些餐具是不适合用消毒柜消毒的。不同类型材料的餐具应该先分类，再分别进行消毒，即将不耐高温的餐具放进低温消毒室消毒，耐高温的可放入高温消毒室。一般来说，塑料等不耐高温的餐具不能放在下层高温消毒柜内，而应放在上层臭氧消毒的低温消毒柜内消毒，以免损坏餐具。一些花花绿绿的盘子不宜放入消毒柜中消毒。因为这些陶瓷碗碟的釉子、颜料含有铅、镉等重金属，若遇到高温就容易溢出。消毒柜在工作状态下，内部温度可高达 200℃。经常在这些消毒过的彩色瓷器里放置食品，容易使食品受到污染，危害健康。碗、碟、杯等餐具应竖直放在层架上，最好不要叠放，以便通气和尽快消毒。彩绘器皿尽量不要放入高温消毒柜中消毒，因为其中含有化学物质，在常温下它们呈稳定状态，而在高温下可能会释放有害物质，危害人体健康。

（4）消毒柜位置摆放。消毒柜应水平放置在周围无杂物的干燥通风处，距墙不宜小于 30cm；

嵌入式消毒柜放置于橱柜的预留位置。消毒过程中除非必需，否则不要打开柜门，既影响消毒效果，又增加耗电量。如果是高温消毒方式的消毒柜，消毒结束后，柜内温度仍较高，一般要 10～20min 后，方可开柜取物。每次消毒完毕，都要及时关闭电源，或拔下电源插头。使用期要经常检查柜门封条是否密封良好，以免热量散失或臭氧溢出，影响消毒效果。

78. 电饭锅的结构是怎样的？

电饭锅分为组合式和整体式两类。新型自动电饭锅采用全面加热，从锅底、侧面、顶盖加热，使米饭软硬一致，底部不焦。有的还采用了远红外加热器或电磁感应加热方式，有的还能煮大豆、小豆、绿豆等。

普通电饭锅主要由外壳、内锅、锅盖、电热盘、限温器组成，此外，还配有电源线、蒸板、量杯等附件。

（1）外壳。外壳采用 0.6～1.2mm 的冷轧钢板一次拉伸成型，表面处理方法常用喷漆、烤花、电镀等工艺，外壳是连接其他部件的保护体。内锅及锅盖是蒸煮食物的盛具，可以拿下来清洗，它们都是用厚 0.52～1mm 食用铝板整体冲压成型的。内锅加工成球面状，使之与电热盘紧密贴合，以提高发热效率；并且当取出内锅后，锅底与下部的接触面只在锅底圆周的位置，这样可以防止锅底部变形。内锅上部边缘向外翻卷，可以增加强度，还可使溢出来的米汤流出壳体，以免内部零件受损。现在有的内锅用不锈钢制造。锅盖除了配有手柄外，有的还配有球面状的玻璃，以便使用者能清楚地看到锅内的情况。

（2）电热盘。电热盘是电饭锅的主要部件。电热盘由盘体和电热管两部分组成。盘体通常采用合金铝经铸造加工而成，电热管是在铸造时铸入盘体中的，这样加强了机械强度，并有良好的导电性能和绝缘性能。管状电热元件在浇注后，其端部要用密封材料密封，以保证电绝缘性能。电热盘与锅底接触的表面，加工成与锅底相配合的球面，使两者紧密贴合，达到较高的热效率。由于各个厂家生产的电饭锅规格不一，因此不同品牌、不同规格的内锅不能通用。

（3）限温器。在电热盘的中间有一个控制煮饭温度的磁钢限温器，它的作用是当饭熟水干后，使电饭锅的温度限制在 101～105℃之间，保证不煮出夹生饭或焦饭。磁钢限温器主要由感温磁钢镍锌铁氧体（软磁）和永久磁钢锶铁氧体（硬磁）组成。在常温状态下，软磁为铁磁物质，能够吸引硬磁；当温度升高到某一限界时，软磁不再吸引硬磁。这一转变温度称为居里点，居里点是随着软磁材料的成分而变化的。适合电饭锅的控制温度选择为 $103\pm2℃$。

🔧 79. 怎样使用电饭锅?

将米洗净后倒入电饭锅的内锅，加水时要比传统方法少加一些。有的电饭锅附有专用的量杯量米和量水，通常每一杯米加水一杯半。有的电饭锅内标有明显的水位线，供使用者参考，自动电饭锅有 4 种标记的水位线以适应不同米种。

将电饭锅内锅放入外壳内，随手将内锅转动一下，使内锅能紧紧贴合在电热盘上，并且居于中间位置，然后盖上锅盖。

将电饭锅一侧的电源线插好，再与室内的电源插座连接。压下按键开关，红色指示灯亮，表示电饭锅已接通电源，开始煮饭。饭熟时，按键开关自动跳回原位，指示灯也同时熄灭，表示饭已煮好。为了把饭焖透焖香，应利用余热再焖 10min，不要马上打开锅盖。如果不立即食用，也不必将其取下，自动保温装置能使饭保持在 60～80℃ 范围内，但不要再压开关，否则米饭易烧焦。

如果用电饭锅煮粥、做汤，则必须有人照看，等食物煮至适度的时候，将开关断开。因为此时内锅内有汤水，温度始终不会超过 100℃，磁钢限温器不会动作，电饭锅将不会自动停止工作。如果需要将面包、馒头、油条等食物蒸热，只需在干净的内锅内放入一层食物，盖好锅盖，按下开关，大约 5min 左右，按键开关自动跳开，食物烤至微黄，香脆可口，特别适合做早餐。

🔑80. 电饭锅使用时要注意些什么？

（1）电饭锅在接通电源后，不能取出内锅，否则加热器空载，电热盘有熔化烧掉的可能。

（2）内锅在放入和取出时应避免碰撞底部，特别是不能随意放置，以防变形；内锅变形后，它与电热盘的接触面变小，传热效率降低，延长了加热时间，既多耗电，又会将饭烧焦或煮不熟饭。

（3）内锅容易受酸、碱的腐蚀，不宜经常煮酸、碱类食物。在每次使用后要及时用水洗干净，清洗时切忌用尖硬的东西刮铲锅底部。清洗完后要将锅底部的水擦干净，内锅底面与加热器板面之间应保持干净，不应有饭粒等杂物掉进去。

（4）电饭锅的外壳与电热盘之间切忌进水，如果不慎进了水，只能在切断电源后，将电饭锅底板拆开，用软布擦干净，不能用火烘烤。

🔑81. 普通型电熨斗的结构是怎样的？

电熨斗发明已经 100 多年了，现在发展成普通式、调温式、蒸

189

汽式三大类产品。

普通型电熨斗由底板、电热元件、外壳、手柄等四个基本部件组成。

(1) 底板。底板作为热储存器,可以将电热元件发出的热量均匀地分布在整个底面上,并传导至织物上使之平整,并予定型。底板还起到连接、支撑其他部件的作用,常用的底板材料有铸铁板和铝合金板两种。

(2) 电热元件。电熨斗使用的电热元件有云母板式、电热管式和 PTC 三种。半封闭云母板式电热元件的对称中心部位有若干供紧固用的孔,电热丝一般为扁平状,采用直绕或斜绕的方法绕制在云母板上,电热丝的两端与固定在绕丝板上的导电片相接,导电片是一对条状铜质的薄金属片,散热面积大,有利于提高使用寿命。

(3) 外壳。电熨斗的外壳采用薄钢板冲压成型或采用高温热塑性聚酯材料,外壳上部与手柄连接,下部与底板连接。将电热元件和电气连接部分罩住,起安全和保温作用。

(4) 手柄。电熨斗的手柄用来手持熨斗来烫衣物,用胶木或酚醛树脂制成,新型电熨斗将手柄和外壳做成一体式结构,是电熨斗的一大发展方向。

82. 调温式电熨斗和蒸汽式电熨斗的结构有何特点?

调温型电熨斗与不能调温的普通型电熨斗不同,结构上增加了调温器和调温旋钮,控制温度在 60~230℃ 之间的范围内连续可调。

蒸汽式电熨斗是在调温式电熨斗的基础上增加蒸汽发生装置和蒸汽控制器而成的,具有调温和喷汽双重功能,不用人工喷水。在蒸汽型电熨斗的基础上加装一个喷雾系统就成为蒸汽喷雾式电熨斗,具有调温、喷汽、喷雾多种功能。其喷汽系统和蒸汽型电熨斗相同,当底板温度高于 100℃ 时,按下喷汽按钮,控水杆使滴水嘴开启,水即滴入汽化室内汽化,并从底板上的喷汽孔喷出。喷雾装置与产生蒸汽的装置是彼此独立的。手揿喷雾按钮,喷雾阀内活塞向下压,阀门的圆钢球便将阀底部的孔紧闭,阀内的水便通过活塞杆的导孔由喷雾嘴形成雾状喷出;松开手后,喷雾按钮自动复位,由于阀的作用,储水室内的水将阀底部的圆钢球顶开,通过底孔进入阀内。

83. 怎样使用电熨斗?

(1)普通型电熨斗。普通型电熨斗没有调温装置,在需要不同温度熨烫衣物时,只能用切断电源的方法,待电熨斗自然降温后再用。这种温度控制全凭使用者的经验,稍不注意容易出现过热现象。对于缺少经验的人,可参照表 3-11,采用控制通电时间的方法掌握温度。

电熨斗温度与通电时间(min)　　　　　　表 3-11

织物名称	温度(℃)	300W 电熨斗	500W 电熨斗
化学纤维	70~100	3~4	3~4
人造纤维	100~125	4~5	4~5
丝	125~150	7~8	5~6
羊毛	150~180	8~9	6~7
棉	180~210	10~11	7~8
麻	210~235	10~11	7~8

(2)调温型电熨斗。调温型电熨斗的调温旋钮所调定的温度要与被熨织物名称相符合,可以根据衣物织物不同,将调温旋钮对准合适的温度标志。如果不能对应,应先选择较低的温度,当发现温度不够时,再逐渐调高工作温度。在使用调温型电熨斗过程中,转动调温旋钮时用力要轻,缓慢地旋至所需熨烫的织物名称位置上。由于织物名称较多,织物指示牌所示织物名称有限,在熨烫几种不同织物时,调节温度要从较低温度位置开始熨烫,当觉得温度不够时,可适当地提高。这样可以连续熨烫还能节电。各类纤维织物对熨烫温度要求不同,熨烫时应掌握的温度见表 3-12。

熨烫温度（℃）　　　　　表 3-12

织物名称	直接熨烫	垫干布熨烫	垫湿布熨烫
氯纶	45～65	80～90	90～110
尼龙	55～75	80～90	90～110
丙纶	85～105	140～150	160～190
腈纶	115～135	150～160	180～210
维纶	125～145	160～170	180～210
锦纶	125～145	160～170	190～220
涤纶	150～170	185～195	195～220
柞纶	155～165	180～190	190～220
蚕丝	165～185	190·～200	200‑230
羊毛	160～180	185～200	200～250
棉	175～195	195～200	220～240
麻	185～205	205～220	220～250

（3）蒸汽式电熨斗。蒸汽式电熨斗需要用水，并且最好是没有杂质的开水或纯净水，如果是一般的自来水，里面的杂质可能会堵塞出气孔，影响使用效果。在加水的过程中注意掌握水量，不要太少，容易在短时间内就蒸发完。往注水口倒水时要仔细，不要把水洒在熨斗的其他部位，以免触电。蒸汽电熨斗用完之后，如果还有残余的水，要将水倒掉。否则，水就有可能自己漏出，附着在底板上，留下水渍，对电熨斗的保养不利。

被熨烫的衣服较厚或衣服上皱纹较多时，最适合使用蒸汽喷雾型电熨斗。使用时，可启动手柄前上方的拨动式喷雾按钮，使其指向"喷雾"档（SPRAY），电熨斗的前方便立即喷出水雾。有的蒸气喷雾型电熨斗采用按钮式控制，使用时，要用手指一直按下按钮，水雾才出来，若手指离开按钮，水雾立即停止。另一种拨动式的控制按钮是向右拨动时喷射，手指离开，水雾仍可继续喷射。如果感到衣服的湿度已达到要求时，可将喷雾按钮沿相反方向关闭，就能立即停止喷射水雾。若要进行干熨时，只要将蒸气按钮按下，并向后锁住即可。

使用完后，再一次按下蒸汽钮将其锁住，将电熨斗竖立，调整温度旋钮至"0"位，拔下电源插头，取下水箱，倒尽剩水。

第4章 汽车电器

4.1 乘用车

1. 什么时候迎来了汽车时代？

世界公认的汽车发明者是德国人奔驰，他于 1885 年研制出世界上第一辆以汽油为动力的三轮汽车，并于 1886 年 1 月 29 日获得世界上第一项汽车发明专利。这台汽车的速度为 15km/h，已经具有电点火、水冷循环、钢管车架、钢板弹簧悬挂、后轮驱动、前轮转向、掣动手把等现代汽车的一些特点。1887 年，奔驰成立了世界上第一家汽车制造公司——奔驰汽车公司。

19 世纪 90 年代后期，汽车制造公司开始出售汽车，但早期的汽车是手工制作，难驾驶、速度慢、价格费，普通人买不起。1908 年，美国福特汽车公司采用流水线生产 T 型汽车，T 型汽车开始对普通人敞开了大门。到 1919 年，T 型汽车装配线的产量已达 2000 辆，结束了手工装配汽车的时代，汽车得以迅速普及，汽车时代到来了。

电动汽车的发明早于燃油汽车。世界上最早开发电动汽车的是法国和英国，1881 年法国人特鲁夫第一次用电驱动三轮车。英国人阿顿和培里制造了第二辆电动汽车，见图 4-1，而且在安培计和伏特计上镶嵌了照明灯。1886 年德国人本茨制造成功世界上第一辆内燃机三轮车，这一年被认为是汽车工业的开端。美国从 1890 年到 1902 年，设计师们仅仅经过 12 年时间，就完成了从三轮车、货车和厢式客车到今天的车身车架结构的变革。

1895～1905 年是早期电动汽车的黄金时代，电动汽车占领了美国私人汽车市场。但到了 1935 年，电动汽车工业已近崩溃。

图 4-1　1882 年的电动汽车

1976 年，美国国会认识到石油短缺和城市日益严重的空气污染问题，推翻了总统的否决，通过了"电动车辆及混合车辆研究、开发与演示法案"。20 世纪 70 年代后期，现代高性能电动汽车终于进入了汽车市场。欧盟在 2006～2008 年期间就有 200 辆氢燃料汽车投入市场运营。

2. 汽车早期的车身、车轮和轮胎是怎样的？

（1）车身。早期的汽车使驾驶员和乘客暴露在变幻莫测的天气之下，风雨、灰尘和寒冷会使旅途非常艰难，人们必须穿上厚厚的毛皮大衣，戴上防寒帽和墨镜，驾驶员武装得就像现代的宇航员，这种暴露式车身使人觉得很不舒服。

1910 年前后，美国麻省劳旋-朗电气公司发明了封闭式车身，一直延续到现在。

（2）车轮。汽车早期使用的是木质车轮，这是一种钢丝辐条车轮，能使车轴悬置于弧形轮辋之中，解决了车辆转弯时车轮变形的问题，1896 年获得了专利。

（3）轮胎。1843 年，吉德伊尔对一种热带植物的渗汁进行了研究，发现这种汁能够擦去纸上的铅笔字，他把其命名为橡胶。由于这项发现在当时没有得到广泛应用，特别是没有应用在汽车上，因此，发现橡胶的吉德伊尔一生却贫困潦倒。

1845 年，汤姆森发明了充气轮胎；1888 年兽医邓禄普重新发明充气轮胎；1895 年，充气轮胎用于汽车车轮中，一直使用至现在。

3. 我国汽车是怎样分类的？

中国汽车分类标准 GB 9417—1989 将汽车分为 8 类：

（1）载货汽车。载货车主要是微型货车、轻型货车、中型货车、重型货车。

（2）越野汽车。越野汽车主要有轻型越野车、中型越野车、重型越野车、超重型越野车。

（3）自卸汽车。自卸汽车主要有轻型自卸车、中型自卸车、重型自卸车、矿用自卸车。

（4）牵引车。牵引车主要有半挂牵引车、全挂牵引车。

（5）专用汽车。专用汽车主要有箱式汽车、罐式汽车、起重举升车、仓栅式车、特种结构车、专用自卸车。

（6）客车。客车主要有微型客车、轻型客车、中型客车、大型客车、特大型客车。

（7）轿车。轿车主要有微型轿车、普通级轿车、中级轿车、中高级轿车、高级轿车。

（8）半挂车。半挂车主要有轻型半挂车、中型半挂车、重型半挂车。超重半挂车。

2002 年 3 月 1 日实施的 GB/T 3730.1—2001 和 GB/T 15089—2001，在按用途划分的基础上，建立了乘用车和商用车的概念。

4. 什么是乘用车？

乘用车是在其设计和技术特性上，主要用于载运乘客及其随身行李或临时物品的汽车，包括驾驶员座位在内最多不超过 9 个座位。乘用车涵盖了轿车、微型客车以及不超过 9 座的轻型客车。乘用车下细分为基本型乘用车（轿车）、多功能车（MPV）、运动型多用途车（SUV）、专用乘用车和交叉型乘用车。图 4-2 为一台乘用车（轿车）。

图 4-2　乘用车

🔧 5. 什么是概念车？

概念车是汽车中内容最丰富、最能代表世界汽车科技发展和设计水平的汽车。概念车是汽车制造商经过产品定位、市场调查后的试制品，是汽车制造商对汽车市场走向的探索。概念车是最具有吸引力的汽车，是未来汽车的雏形，它也是每届国际汽车展中的亮点。

汽车发明 200 年后的 2096 年，"概念 2006"电动汽车的技术指标将达到：

（1）车速：最高车速为 480km/h，可以根据路面情况自动调整。

（2）动力系统：外壳为可以重复充电的电池板，公路两旁有不计其数的释放电能的装置。

（3）车辆行驶系统：无车轮，底部由韧性材料制成，汽车像蛇一样在路上爬行。

（4）汽车安全性：汽车上的电脑与电脑控制的交通管理系统联网，接受它的指令，汽车的安全性大大提高。

驾驶"概念 2006"电动汽车，你唯一要做的是：只需选择目的地。汽车行驶过程中，你完全就像在家里一样，一边喝茶，一边欣赏沿途的风光，也可以与同行者聊天。不知不觉就到达了你要去的地方。

6. 汽车电路由哪些部分组成?

汽车电路包括车载电源和用电设备两个部分，通过导线和配电装置连接成汽车电路。

（1）电源系统。汽车电源系统由蓄电池、发电机及调节器等组成。

（2）起动系统。由起动开关和起动机等组成。

（3）照明系统。由各灯开关和照明灯组成。

（4）信号系统。由声响信号装置（如电喇叭）和灯光信号装置（如转向灯、制动灯、示宽灯、停车灯）组成。

（5）仪表系统。由各种指示仪表和各种指示/警告灯组成。

（6）点火系统。由点火开关、点火线圈、分电器、火花塞等组成；采用电子点火配电的没有分电器。

（7）辅助系统。辅助系统包括风窗玻璃刮水器/洗涤器、电动玻璃升降器、电动天窗调节器、电动车门/中央门锁控制装置、电动座椅调节装置、电动后视镜、音响系统等。

（8）汽车电子控制装置。包括燃油喷射控制、点火时间控制、怠速控制、防抱死制动控制、安全气囊系统等。

7. 汽车电路图的表达方式有哪些?

汽车电路图表达方式主要有汽车电路原理图、汽车电路线路图和汽车电路线束图三类。

（1）汽车电路原理图。用来表示汽车电系的工作原理，分为全车汽车电路原理图、分系统的局部电路原理图。电路原理图中，电路连接关系清晰，电器元件表达明了，便于分析电路。

（2）汽车电路线路图。用来表示汽车电系线路的实际连接关系和线路的分布情况，有分布图和接线图两种。线路分布图表示汽车电器的大致位置和线路的连接情况；而接线图则表示了各电器与电源之间的实际连接关系，但各电器的位置和线路的布置都作了简化。

（3）汽车电路线束图。用来表示汽车电路线束和电器的具体布置，可分为线束结构图、线束定位图和布线图三种。

汽车电路布线图直接清晰地反映了线束所连接器件的具体位置，线束在乘用车上的布置示意图如图 4-3 所示。图 4-4 为富康988 型乘用车仪表系统布线图。

图 4-3　　线束在乘用车上的布置示意图

8. 汽车电路的特征有哪些?

（1）低电压。现代汽车大多采用 6V、12V、24V 电源电压，12V 用得较多。有的汽车全车采用 24V 电压，有的只是起动机用24V 电压，其他电器用 12V 电压。一般情况下，汽油发动机汽车普遍采用 12V 电源，柴油发动机汽车多采用 24V 电源（由两个12V 蓄电池串联而成），摩托车采用 6V 电源。汽车运行中的实际工作电压，一般 12V 系统为 14V 左右，24V 系统为 28V 左右。

在现代汽车中，电气设备越来越多，电气负荷越来越大，这就要求汽车电源系统提供更多的电能，电压升级已经成为汽车电气系统的发展趋势。目前提出的汽车电压升级方案有两种：一种是全车42V 单电压方案；另一种是 14V/42V 双电压方案。全车 42V 单电压方案是将目前汽车上采用的 14V 电源改为 42V；14V/42V 双电压方案是指在车上根据用电设备的特点，采用 14V 与 42V 并存的方法，有针对性地对电气设备提供不同电压的电源。

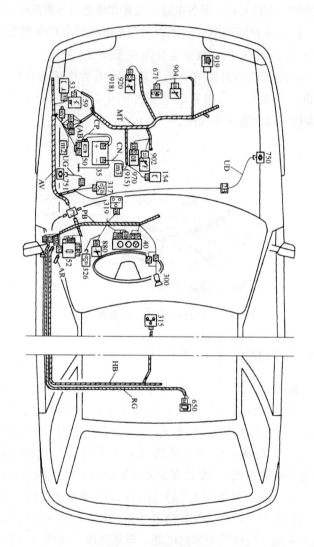

图 4-4　富康 988 型乘用车仪表系统布线图

35—蓄电池；40—仪表板；50—发动机盖下熔断器盒；52—驾驶室内熔断器盒；

53—冷却液温度控制盒；300—点火开关 315—驻车制动灯开关；317—液面开关；

319—制动灯开关；326—阻风门开关；650—燃油表传感器；671—机油压力传感器；

750—左前制动摩擦片；751—右前制动摩擦片；880—仪表照明变阻器；

919—冷却液温度传感器

（2）直流电源。蓄电池和发电机都是直流电源，汽车上的用电设备和控制电路都适应直流电源。

（3）单线制。蓄电池和发电机及用电设备都是并联连接，用电设备只用一根导线与电源的正极相连，再利用发动机、车身及车架等金属体作为另一公共导线，与电源的负极相连。单线制节省导线，线路清晰，安装和检修方便，而且电器也不需要与车体绝缘。

单线制（单线连接）是汽车电路的突出特点之一，它是指汽车上所有电器设备的正极均采用导线相互连接；而负极则直接或间接通过导线与金属车架或车身的金属部分相连，即搭铁。任何一个电路中的电流都是从电源的正极出发，经导线流入用电设备后，再由电器设备自身或负极导线搭铁，通过车架或车身流回电源负极而形成回路。

有一些乘用车，部分区域采用双线制，这些用电设备的负极是用导线连接到一个公共接地点，或连接到一根公共地线上的。

（4）负极搭铁。为利用发动机、车身及车架等金属体作为公共回路，蓄电池、发电机及各用电设备的一极必须与其安装位置的发动机、车身及车架等机体相连，这称之为"搭铁"。采用单线制时，将蓄电池的负极接车架就是"负极搭铁"，现代汽车一般采用负极搭铁。

（5）保护装置。为了防止因电源短路（火线搭铁）或电路过载而烧坏线束，电路中一般设有保护装置，如熔断器（短路保护）、易熔线（过载保护）等。

1）熔断器。熔断器一般用在负荷不大的电路中，当电路发生短路故障或在电路中电流过载一倍的情况下，可在数秒内迅速熔断，自动切断电路，实施保护。

熔断器按结构形式分有金属丝式（缠丝式）、熔管式、绝缘式、插片式、平板式等多种形式。各种熔断器的额定电流见表4-1。

2）易熔线。易熔线是一种截面积一定，能长时间通过较大电流的合金导线。当电流超过易熔线额定电流数倍时，易熔线首先熔断，以确保电路和用电设备免遭损坏。易熔线比常见导线柔软，长度一般为 50～200mm，主要用于保护电源电路和大电流电路，因此通常接在蓄电池正极端或集中安装在中央接线盒内。易熔线不得捆扎在线束内，也不得被车内其他部件包裹。

各种熔断器的额定电流 表 4-1

规格	额定电流(A)
熔管式、插片式熔断器	2、3、5、7.5、10、15、20、25、30
金属丝熔断器	7.5、10、15、20、25、30
平板式熔断器	40、60、120

易熔线的绝缘护套有棕、绿、红、黑等不同颜色，以表示其不同规格，见表 4-2。

易熔线的规格 表 4-2

颜色	尺寸(mm)	构成	1m长的电阻值(Ω)	允许连续通过的电流(A)	5秒内熔断时的电流(A)
棕色	0.3	φ0.32×5 股	0.0475	13	约150
绿色	0.5	φ0.32×7 股	0.0325	20	约200
红色	0.85	φ0.32×11 股	0.0205	25	约250
黑色	1.25	φ0.50×7 股	0.0141	33	约300

9. 现代汽车电路的最大特点是什么？

现代汽车电路的最大特点是电子控制装置的大量使用。1976年，美国通用汽车公司将微机用于汽车点火时间控制，从此，以微机为控制核心的汽车电子控制装置迅速发展起来。

在现代汽车上，燃油喷射控制、点火提前角控制、发动机怠速控制、防抱死制动控制、自动变速器控制、动力转向控制、安全气囊控制、废气再循环控制、燃油蒸发排放控制、悬架刚度与阻尼控制、汽车巡航控制、车轮防滑转控制、卫星定位与导航控制等已得到普及。

10. 汽车电路中导线的截面积是如何规定的？

汽车上的导线采用多股铜线，最小截面积不小于 $0.5mm^2$，各种低压导线标称截面积所允许载流量如表 4-3 所示。汽车 12V 电系主要线路导线的标称截面积推荐值如表 4-4 所示。

汽车低压导线标称截面积允许载流值　　　　表 4-3

导线标称截面积（mm²）	1.0	1.5	2.5	3.0	4.0	6.0	10	13
导体允许载流量(A)	11	14	20	22	25	35	50	60

汽车 12V 电系主要线路导线的标称截面积　　　　表 4-4

导线标称截面积(mm²)	电　路
0.5	尾灯、顶灯、仪表灯、牌照灯、燃油表、冷却液温度表、油压表、电子时钟
0.8	转向灯、制动灯、停车灯、点火线圈初级绕组
1.0～1.5	前照灯、电喇叭
1.5～4.0	电流5A以上电路
4.0～6.0	柴油发动机电热塞电路
6.0～25	电源电路
16～95	起动电路

11. 汽车电路中导线的颜色是如何规定的？

为了配线和检修的方便，汽车各条线路的导线都采用不同的颜色，我国规定截面积在 4.0mm² 以上的导线采用单色，其他导线采用双色，即在主色基础上加辅助色条。我国汽车各电路导线主色的规定如表 4-5 所示。另外，为了方便电路的识别，国际标准组织（ISO）规定采用各颜色的英文字母为导线颜色代码（我国采用）。汽车线路中导线英文字母颜色代码如表 4-6 所示。

汽车导线采用主色的规定（JB/2-116/75）　　　　表 4-5

导线主色	电路系统
红	电源系统
白	点火系统、起动系统
蓝	前照灯、雾灯等车外照明系统
绿	灯光信号系统
黄	车内照明系统
棕	仪表、警报系统、电喇叭
紫	电子时钟、收音机、点烟器
灰	各种辅助电动机和电气操纵系统
黑	搭铁

汽车线路中导线英文字母颜色代码 表4-6

红	R	棕	Br
白	W	紫	V
蓝	Bl	灰	Gr
绿	G	黑	B
黄	Y	橙	O

汽车电路中双色线的标注方法是主色在前，辅色在后。如BW，则表示该导线的主色是黑色，辅色是白色。在一些汽车电路图中，还标出了导线的截面积，如2.5G，则表示该条线路的导线截面积是2.5mm²，颜色为绿色。

12. 德国大众车系电路图的特点有哪些？

德国大众车系的电路图反映了电气系统的实际接线关系，其特点如下：

（1）用不同的线条表示不同的连接。电路图的连接导线用粗实线表示，并标明导线的颜色和截面积；内部连接（非导线连接）用细实线表示。

（2）用符号和代号表示电气元件。在电路图中，各个电气元件都用规定的符号画出，每个元件用字母或字母和数字组成的代号标注。

（3）接地点清晰。在电路图中标注出线路各个铰接点和接地点代号，并在图注中说明铰接点和接地点的确切位置。

13. 发动机电子控制装置由哪些部分组成？

（1）发动机转速与曲轴位置传感器。用于产生发动机转速和曲轴位置电信号，常用的有磁感应式、光电式、霍尔效应式。

（2）空气流量传感器。它将发动机的进气流量转变为电信号，是电子控制单元计算喷油量、确定最佳点火提前角的重要参数之一，常用的有量板式、热膜式、卡门涡旋式。

（3）进气管压力传感器。它将发动机进气管的绝对压力转变为相应的电信号，用来监测发动机的负荷状况。常用的有压电式、半导体压敏电阻式、电容式、差动变压器式、表面弹性波式等。

（4）温度传感器。它将被测对象温度的变化转换为相应的电信号，使电子控制单元进行温度校正或进行与温度相关的自动控制。常用的是热敏电阻式。

（5）节气门位置传感器。它将气门的开度转变为电信号，输送给电子控制单元。常用的有线性式、开关式。

（6）氧传感器。它的作用是检测发动机排气中氧的含量，向电子控制单元提供混合气空燃比反馈信号，使电子控制单元及时修正喷油量，将混合气浓度控制在理论空燃比附近。常用的有氧化锆式、氧化钛式。

（7）爆燃传感器。它用于监测发动机是否爆燃，当发动机出现爆燃时，传感器便产生相应的电信号，并输送给电子控制器，使电子控制器通过点火推迟的方法消除发动机爆燃。常用的有压电式、磁电式。

（8）电子控制单元（ECU）。它的作用是对各传感器和开关的输入信号进行预处理、分析、判断，并按信号处理的结果输出控制信号，控制执行器工作，使发动机在目标状态下工作。

执行器分为电动机类执行器和电磁阀类执行器两类。电动机类执行器有普通直流电动机和步进电动机；电磁阀类执行器有直动式电磁阀和转动式电磁阀。

14. 防抱死制动系统的作用是什么？

ABS防抱死制动系统，通过安装在车轮上的传感器发出车轮将被抱死的信号，控制器指令调节器降低该车轮制动缸的油压，减小制动力矩，经一定时间后，再恢复原有的油压，如此循环，始终使车轮处于转动状态而又有最大的制动力矩。

没有安装ABS的汽车，在行驶中如果用力踩下制动踏板，车轮转速会急速降低，当制动力超过车轮与地面的摩擦力时，车轮就会被抱死，完全抱死的车轮会使轮胎与地面的摩擦力下降，如果前轮被抱死，驾驶员就无法控制车辆的行驶方向，如果后轮被抱死，就极容易出现侧滑现象。

要注意的是，在遇到紧急情况时，制动踏板一定要踩到底，才能激活 ABS 系统，这时制动踏板会有一些抖动，有时还会有一些声音，但也不能松开，这表明 ABS 系统开始起作用了。

因此，防抱死制动系统（ABS）在汽车制动时起作用，用于自动控制制动器制动力的大小，使车轮不被抱死，确保车胎与地面的附着力保持在较大的范围内，从而提高汽车制动的安全性。

15. 防抱死制动系统由哪些部分组成？

ABS 由车轮转速传感器、减速度传感器、ABS 电子控制器、制动压力调节器、液压与液位开关等部件组成。其中，ABS 电子控制器接收各传感器和开关的电信号，通过计算与分析，判断车轮的滑移情况，并向制动压力调节器输出控制信号，及时调节制动力的大小。另外，电子控制器还有故障自诊断和故障报警功能。

16. 自动变速器电子控制系统由哪些部分组成？

自动变速器电子控制系统由传感器与开关、自动变速器电子控制器、自动变速器执行装置组成。其中，自动变速器 ECU 根据各个传感器及控制开关的信号和其内部设定的控制程序，通过运算和分析，向各个执行元件输出控制信号，实现对自动变速器的自动换档、油压调节、变矩器锁止等控制。

自动变速器电子控制器一般要与发动机电子控制系统、巡航控制系统的电子控制器相互传递相关的信号，以协调各个控制系统的工作。一些汽车的自动变速器电子控制与发动机电子控制系统共用一个 ECU，使自动变速器和发动机的控制相互配合得更好。

17. 悬架电子控制系统由哪些部分组成？

悬架电子控制系统由传感器与开关、悬架刚度与阻尼调节装置、车身高度调节装置和悬架电子控制器组成。其中，悬架电子控制器根据各传感器输入的信号，经过运算分析后输出控制信号，控制各执行器动作，及时调整悬架的刚度、阻尼及车身的高度，确保汽车行驶过程中的平顺和操纵稳定。

18. 安全气囊有什么作用?

随着高速公路网的发展和汽车性能的提高，汽车的行驶速度越来越快，加上汽车拥有量的迅速增加，交通越来越拥挤，使得事故更为频繁，所以汽车的安全性就变得尤为重要。安全气囊是为了减小汽车发生正面碰撞时由于巨大的惯性力所造成的对驾驶员和乘员的伤害，现代汽车在驾驶员前端方向盘中央普遍装有安全气囊系统，在驾驶员副座前的工具箱上端也装有安全气囊系统。

安全气囊也称辅助乘员保护系统（SRS），是汽车上的一种被动安全保护装置，当汽车遭遇碰撞时，安全气囊迅速膨胀，在车内人员与硬物之间形成一个缓冲垫，因而起到了保护人身安全的作用。

19. 安全气囊由哪些部分组成?

安全气囊的触发方式分为机械触发式和电子触发式两种，在乘用车上广泛使用电子触发式安全气囊。

电子触发式安全气囊主要由安全气囊传感器、安全气囊电子控制器、安全气囊引燃装置和气囊组件组成，并配有安全带收紧器。

安全气囊传感器感知汽车的碰撞强度；安全气囊电子控制器接收到碰撞传感器信号，判断汽车碰撞的强度，并确定是否输出点火信号引爆点火剂给气囊充气；安全气囊引燃装置在 SBS 微机输出气囊膨开指令时，迅速使气囊引爆器通电，引爆引爆剂和气体发生剂，使气囊迅速充气；而气囊组件包括充气装置、气囊、气囊衬垫和底板。

安全带收紧器安装在汽车内前排座椅外侧，当汽车发生碰撞时，迅速将安全带收紧，将车内人员拉向座椅靠背，防止人员在惯性力的作用下前冲而成伤害。

要特别注意的是，儿童不能坐在汽车前排，因为安全气囊是为成年人设计的，儿童难以承受因安全气囊展开所产生的巨大冲击力，安全气囊展开瞬间所产生的冲击高达 1000N，会对儿童造成严重伤害。据美国统计的数据显示，1999 年由于安全气囊展开致死的 150 人中绝大多数是儿童。

20. 汽车巡航控制系统有什么作用?

汽车巡航控制系统（CCS）即速度控制系统或自动驾驶系统，它的作用是自动控制汽车在驾驶员设定的车速下稳定地行驶，以减轻驾驶员驾车的劳动强度，提高汽车行驶的舒适性，并可使发动机在理想的转速范围内运转。

长期在高速驾车过程中，驾驶员需要长期将右脚踏在加速踏板上以维持较高的行驶速度，而巡航控制系统的发明大大减轻了驾驶员的负担，提高了行驶的舒适性。同时，巡航控制系统可使汽车燃油的供给与发动机功率间的配合处于最佳状态，有效降低燃油消耗，减少有害气体的排放。

21. 汽车巡航控制系统由哪些部分组成?

汽车巡航控制系统主要由汽车巡航控制传感器、汽车巡航控制开关、汽车巡航控制执行器和汽车巡航系统电子控制器组成。

驾驶员通过控制开关设定车速后，汽车巡航系统电子控制器将车速传感器输入的实际车速与存储器中的设定车速进行比较，当两个车速有偏差时，电子控制器就输出控制信号，通过驱动电路使执行器动作，节气门开度随之增大或减小，从而自动控制汽车在设定的车速下稳定行驶。

汽车巡航系统电子控制器一般还具有车速下限控制、车速上限控制、自动变速器控制、迅速降速和迅速升速控制和故障自诊断功能。

使用巡航控制系统要注意的事项有：

（1）在交通拥堵，或在雨、冰、雪等湿滑路面上行驶及遇上大风大雨天气时，为安全起见，不要使用巡航控制系统。

（2）汽车在陡坡行驶时，应该立即关闭巡航控制系统。否则会引起发动机转速变化过大，损害发动机。

（3）汽车在长下坡驾驶中，须避免将车辆加速。如果车辆的实际行驶速度较设定的正常行车速度高出太多，则可省略巡航控制装置，然后将变速器换成低档，利用发动机制动使车速得到控制。

（4）使用巡航控制系统要注意观察仪表板上的指示灯 CRUSE 是否闪烁发亮。若闪烁就表明巡航控制系统处在故障状态。此时，应停止使用巡航控制系统，待故障排除后再使用。

（5）为了避免巡航控制系统误工作，在不使用巡航控制系统时，务必使巡航控制系统的控制开关（CRUISE ON-OFF）关闭。

22. 汽车电子防盗系统的功能有哪些？

为了进一步提高汽车的防盗能力，在中央控制门锁的基础上，还装备了汽车电子防盗系统。汽车电子防盗系统的功能一般包括：

（1）服务功能。如遥控车门，遥控起动，寻车。

（2）警告提示功能。如提示汽车曾被人打开过车门。

（3）报警提示功能。当有人动车时，当即会发出闪光，并鸣笛报警。

（4）防盗功能。当有人非法移动汽车，或开启车门、打开燃油箱盖、发动机盖、行李箱门，或接通点火线路时，防盗器立刻发出警报，并切断起动电路以及点火电路、喷油电路、供油电路、自动变速器电路，使汽车完全无法移动。

23. 汽车电子防盗系统由哪些部分组成？

汽车电子防盗系统一般由保险装置、报警装置和汽车行驶控制器组成。

（1）保险装置。当拔下点火钥匙，将各个车门锁好后，防盗保险装置就进入了预警状态，使在汽车外能看到的大灯、转向灯、尾灯等一起闪亮 30s 后熄火，表示汽车处于预警状态。

（2）防盗报警装置。当有人破坏车门、车窗非法进入汽车内时，防盗报警装置便会发出报警，使喇叭或蜂鸣器发出鸣叫，大灯、尾灯忽明忽暗地反复闪亮。有的汽车还能向车主发送警报电波，并使交通警察能在电子地图上看到被盗汽车的具体位置。

（3）防被盗车辆行走控制装置。当不是用遥控器或开门钥匙打开车门，以及不是用点火钥匙接通起动电路起动发动机时，防盗系统立即起作用。在发出报警信号的同时，断开起动电路、点火电路、燃油供给电路，都将使发动机无法起动；锁止转向器，使汽车无法转向；锁止变速杆，使汽车无法挂档行驶。

24. 汽车电子门锁有哪些类型？

汽车电子门锁按输入密码的方式不同分类：

（1）按键式电子门锁。按键式电子门锁采用键盘或组合式按钮输入开锁密码，四位密码的有 LS7220、LS7225。这种电子锁也可用于按键式电子点火锁。

（2）电子钥匙式电子门锁。电子钥匙式电子门锁采用电子钥匙输入作为开锁密码，电子钥匙与主控电路的联系有光、声、电、磁等多种形式。这种电子锁也可用于电子点火锁、转向锁。

（3）触摸式电子门锁。触摸式电子门锁采用触摸方式输入密码，操作简单，使用时汽车门上可以不设门把手。而由触摸传感器和电子门锁替代。

（4）生物特征式电子门锁。生物特征式电子门锁将人的声音、指纹等生物特征作为密码，通过计算机的模式识别控制开锁，相比前几种电子门锁更安全可靠。

25. 遥控车门怎样上锁与解锁？

现代乘用车一般采用遥控车门锁方式来上锁和解锁。

遥控车门锁由发射机、接收机和执行机构组成。发射机包括单芯片集成电路、水晶振子、天线（键板）、纽扣型锂电池和发射开关，如图4-5所示。由于采用了单芯片集成电路，可使它的体积很小，其发射频率可选择27MHz、40MHz、62MHz。

遥控车门由发射机向电子锁控制电路发射密码信号，发射机利用次载体发出识别代码，将次载体的频率按数字识别代码信号进行频率偏移后发射，因此不会受到外来干扰的影响。车辆天线收到密码信号后，利用分配器进入接收机ECU的高频增幅处理部分进行放大，并和存储器中标准密码相互对比，如果代码是正确的，鉴别器就输出信号给控制电路，使执行机构上锁或解锁。

采用遥控车门锁方式来上锁后，还须拉一下车门，确认车门是否已经上锁，以防止电子干扰。

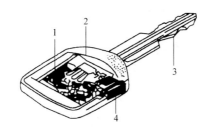

图4-5　遥控门锁发射器

1—集成电路；2—水晶振子；3—键板（天线）；4—发射开关

4.2　农用汽车

26. 什么是三轮汽车？

为农民提供运输工具的农机产品，叫做农用搬运机械，习惯上称为"农用车"。我国第一辆农用三轮车诞生于20世纪80年代初的安徽宣城农机修造厂（安徽飞彩前身）。

2004年《汽车产业发展政策》分类中，将三轮农用运输车改称三轮汽车，四轮农用运输车改称低速载货汽车。图4-6为7YPJZ-16100PFA时风农用三轮汽车。

三轮汽车按动力不同又分为燃油三轮汽车和电动三轮汽车。

　　燃油三轮汽车是载货汽车的一种，载货部位为栏板结构，具有三个车轮。三轮汽车细分为两种：一种是农用三轮运输车，以小型柴油机为动力，主要用于载货；另一种是以汽油机为动力，排量和摩托车相同。车身是仿轿车结构设计。

　　电动三轮车以电力为动力，它根据用途分为多种形式，其中，货运型电动三轮车是以直流电动机或差速电动机为主要驱动方式，要求电池电压高、钢材标号高、钢板厚，一般作为城市轻型货物的运输工具。由于电动三轮车电池组自重大，消耗了电池的电量，使其行驶里程缩短。

图 4-6　农用三轮汽车

🔧 27. 什么是低速载货汽车？

　　低速载货汽车（原四轮农用运输车）与三轮汽车是 C3 驾驶证规定的驾驶车型。指以柴油机为动力，最高设计车速小于或等于 70km/h，最大设计总质量小于或等于 4500kg，长小于或等于 6m，宽小于或等于 2m，高小于或等于 2.5m，具有四个车轮的货车。

　　低速载货汽车设计速度不高于 70km/h，不允许上高速公路。

　　图 4-7 为一款低速载货汽车。

212

图 4-7　低速载货汽车

28. 铅酸蓄电池有哪些特点?

1859 年，法国人普兰特发明了现在铅酸蓄电池的原型，它是由腐蚀铅箔而形成活性物质。1881 年，福尔采用了糊状氧化铅，即用氧化铅和硫酸形成糊膏状涂在铅箔上作为正极，以增加蓄电池的容量。1882 年，格拉斯顿和特拉普提出了双硫酸反应理论，说明蓄电池中的化学反应过程。1883 年，图德将普兰特和福尔的方法结合起来，将氧化铅和硫酸的混合物涂在经普兰特法预处理的板栅上，制造出了出色的铅酸蓄电池。

铅酸蓄电池电压高，内阻小，容量大，充放电可逆性好，比能量较大，使用寿命较长（2 年）。这些特点易于满足大量生产的汽车的需要；并且起动性能好，能在短时间内提供汽车起动机所需要的大电流。因此，在汽车上广泛采用铅酸蓄电池。

29. 蓄电池的结构是怎样的?

铅酸蓄电池是在盛在稀硫酸的容器内插入两组极板而构成的电能贮存器，它由极板、隔板、外壳、电解液等部分组成。容器分为 3 格或 6 格，每格里装有电解液，正负极板组浸入电解液中成为单格电池。每个单格电池的标称电压为 2V，3 格串联起来成为 6V 蓄电池，6 格串联起来成为 12V 蓄电池。铅酸蓄电池的结构如图 4-8 所示。

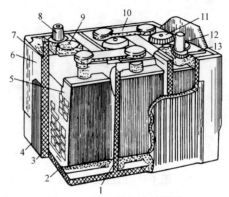

图 4-8   铅酸蓄电池的结构

1—隔壁；2—凸筋；3—负极板；4—隔板；5—正极板；6—电池壳；7—防护板；

8—负接线柱；9—通气孔；10—联条；11—加液螺塞；

12—正接线柱；13—单格电池盖

（1）极板。极板是蓄电池的基本部件，由极板接受充入的电能和向外释放电能。极板分为正极板和负极板，正极板上的活性物质是二氧化铅，呈棕红色；负极板上的活性物质是海绵姿态纯铅，呈青灰色。

（2）隔板。蓄电池内的正负极板应尽可能靠近。为了避免相互接触而短路，正负极板之间要用绝缘的隔板隔开。隔板的材料有木质、微孔橡胶、微孔塑料、玻璃纤维纸浆、玻璃丝棉等。

（3）外壳。汽车蓄电池的外壳为一整体式结构的容器，极板、隔板和电解液均装入外壳内，外壳内的间壁分成 3 个（6V）或 6个（12V）互不相通的单格。外壳的材料有硬质橡胶、沥青塑料和工程塑料。

（4）电解液。蓄电池电解液要用规定的汽车蓄电池专用硫酸和蒸馏水配制。

30. 什么是蓄电池的初充电、补充充电？

（1）初充电。新蓄电池或修复后的蓄电池在使用之前的首次充电称为初充电。初充电过程一般分为两个阶段：第一阶段的充电电流约为额定容量的 1/15，充电至电解液中逸出气泡，单格电池端电压为 2.4V 时为止；第二阶段将充电电流减半，继续充电，一直到电解液剧烈放出气泡（沸腾），端电压连续 3h 不变时为止。整个初充电时间需要 60h。

（2）补充充电。蓄电池在汽车上使用时，经常有充电不足的现象发生，应该根据需要进行补充充电，一般一个月进行一次。补充充电需要 13～16h。

蓄电池充电时要注意以下事项：

（1）配制和注入电解液时，要严格遵守安全操作规则和器皿的使用规则。

（2）充电时，应先接好蓄电池线，导线连接必须可靠，防止发生火花；停止充电时，应先切断充电机交流电源。

（3）充电过程中，要经常测量各个单格电池的电压和密度，及时判断充电程度和技术状况。

（4）充电时要打开蓄电池加液孔盖，使氢气、氧气顺利逸出，并保持充电场所通风良好，以免发生事故。

（5）初充电工作应连续进行，不可长时间中断。

（6）充电过程中，要注意测量各个单格电池的温升，以免温度过高影响铅酸蓄电池的使用性能，也可采用风冷和水冷的方法来降温。

（7）充电室要安装通风设备，严禁用明火取暖，充电机和蓄电池应隔室放置。

31. 怎样正确使用汽车蓄电池?

（1）在连接蓄电池的电缆线时，要分清蓄电池的正、负极桩，确认正、负极连接无误后再将电缆线夹与蓄电池极桩连接。一定要注意，蓄电池为负极搭铁，一定不要接错，否则会烧坏交流发电机中的整流二极管，还会损坏汽车电子设备。标有"＋"、涂红色或较粗的为蓄电池正极桩，标有"－"、涂蓝色或较细的为蓄电池的负极桩。

（2）拆卸蓄电池时，应先拆下负极电缆线夹，再拆正极电缆线夹；安装时则相反，以避免拆装过程拆装工具无意碰撞周围金属部件而产生碰撞火花造成电源短路，损害蓄电池和汽车电子设备。拆装蓄电池极板时，要在专用的有良好通风换气设施的场所进行，以防止铅中毒。

（3）蓄电池的连接必须牢固可靠。如果蓄电池极桩与线夹连接松动，将使接触不良，造成发动机不能起动或起动困难、充电电流过小或不充电；如果汽车运行中蓄电池夹松脱，电路中出现的瞬间过电压不能被蓄电池吸收，容易损坏汽车电路中的电子元件；如果蓄电池线夹松动使电路时通时断，会使电路中的电感元件产生较高的感应电压，损害电子元件；如果蓄电池线夹突然断脱，其产生的火花还容易造成火灾事故。

32. 免维护铅蓄电池的使用特性有哪些？

（1）使用中不需要加水。普通蓄电池在接近完全充电时，由于过充电而造成水的分解，析出氢气和氧气，使电解液的液面降低，因此要加蒸馏水。免维护蓄电池采用袋子隔板将极板完全包住，并且极板都直接坐落在蓄电池的底板上，可以使电解液量比普通蓄电池增加不少。这样，不仅储液量增加，且耗水量又大大减少，所以免维护蓄电池在使用中不需要加水。

（2）自放电少，寿命长。普通蓄电池由于极板采用铅锑合金，在放电过程中，锑要从栅架内转移到正、负极板的活性物质及电解液中去，因而增加了自放电，缩短了使用寿命，正常情况下蓄电池使用寿命不超过 2 年。免维护蓄电池由于极板采用的是铅钙合金，不用锑，从而自放电大大减少，延长了使用寿命，免维护蓄电池的正常使用寿命为 4 年，比普通蓄电池提高了一倍。

（3）接线柱腐蚀较小。普通蓄电池中，由于极板析出的酸气聚集在蓄电池顶部，不仅腐蚀接线柱，还会在电极极桩之间形成短路电流。免维护蓄电池有新型的安全通气装置，能将酸气保留在单格电池内，防止火花进入蓄电池，这样，不但可以减少或避免来自外部原因引起的蓄电池爆炸，而且能够保持蓄电池盖顶部的干燥，减少接线柱的腐蚀，保证电气线路连接牢固可靠。

图4-9　免维护蓄电池

（4）起动性能好。免维护蓄电池单格电池之间采用了穿壁式连接，缩短了电路的连接长度，减少了内阻，可以使联条上的功率损失减少80%，放电电压提高0.15～0.4V。因此，免维护蓄电池比普通蓄电池具有较好的起动性能。

一款免维护铅酸蓄电池外形如图4-9所示。

33. 汽车充电系统电路由哪些部分组成？

汽车充电系统电路主要由蓄电池、发电机及调节器、充电指示灯组成。

（1）硅整流发电机。交流发电机是汽车上的电源之一，它与发电机调节器相互配合工作，其主要任务是对除起动机之外的所有电器设备供电，并向蓄电池充电。现代汽车用发电机为硅整流发电机。

硅整流发电机主要由定子、转子、整流器和其他辅件组成，图4-10所示为普通汽车交流发电机。发电机磁场绕组的搭铁形式分为内搭铁和外搭铁两种，发电机的整流二极管有6管、8管、9管、11管等形式，8管、11管整流器是在6管、9管整流器的基础上增加了两个连接定子绕组中性点的二极管，以使中性点瞬时电压高于发电机输出电压时，也可向外输出电流，从而提高了发电机的输出功率。

（2）发电机调节器。发电机调节器的作用是在发电机的转速变化时，通过调节发电机励磁绕组的励磁电流，使发电机的电压保持稳定。发电机调节器分为触点式和电子式两大类，现代汽车普遍采

图 4-10   普通型汽车交流发电机

用电子式调节器。电子式调节器利用晶体管的开关特性，通过其导通和截止的相对时间变化来调节发电机的励磁电流。

（3）充电指示灯。现代汽车充电电路都设充电指示灯，用来指示充电电路工作是否正常。

34. 交流发电机和发电机调节器使用时要注意些什么？

（1）交流发电机使用时要注意的有：

1）蓄电池搭铁极性不能接错。国产交流发电机均为负极搭铁，故蓄电池必须为负极搭铁，否则会出现蓄电池经发电机二极管大电流放电、将二极管迅速烧坏现象，有时还会烧坏电压调节器中的电子元件。在蓄电池更换或补充充电后，要格外注意。

2）充电系统的导线连接要牢固可靠，以免在电路突然断开时产生瞬时过电压而烧坏晶体管元件。

3）发电机和电压调节器二者的规格型号要相互匹配。

4）发动机熄火后，应将点火开关（或电源开关）断开，以免蓄电池长时间向励磁绕组和电压调节器磁化线圈放电，浪费电能。

5）发动机运行中，不得用"试火"的方法检查发电机是否正常，不得用兆欧表或 220V 交流电压检查发电机及其电压调节器的绝缘情况。应采用万用表或低压试灯检查。

6）在更换半导体元件时，电烙铁的功率应小于 45W，焊接时操作要迅速，并应采取相应的散热措施，以免烧坏半导体元件。

（2）交流发电机电压调节器的使用时要注意的有：

1）电压调节器与发电机的电压等级必须一致，否则充电系统不能正常工作。

2）电压调节器与发电机的搭铁形式必须一致，当电压调节器与发电机的搭铁形式不匹配而又急需使用时，可通过改变发电机磁场绕组的搭铁形式来解决。

3）电压调节器与发电机之间的电路连接必须完全正确，否则充电系统不能正常工作，甚至还会损坏电压调节器。

4）配用双级电磁振动式的电压调节器，当检查充电系统故障时，在没有断开电压调节器与发电机的接线之前，不允许将发电机的"＋"与"F"（或电压调节器的"＋"与"F"）短接，否则将会烧坏电压调节器的高速触点。

5）电压调节器必须受点火开关控制。

35. 汽车起动系统电路由哪些部分组成？

汽车起动系统电路主要由蓄电池、起动机和起动控制电路组成，如图 4-11 所示。起动控制电路包括起动按钮或开关、起动继电器等。

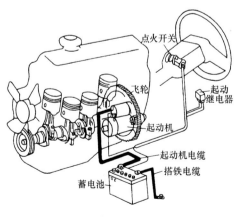

图 4-11　汽车起动系统构成

（1）起动机。起动机的作用是将蓄电池的电能转变为机械运动，驱动发动机从而使发动机起动工作。起动机由直流串激电动机、传动机构和电磁开关三个部分组成。传动机构中，强制啮合式起动机有传动套筒、单向离合器、驱动齿轮等部件，而减速起动机除了上述部件之外，还在电枢轴与驱动齿轮之间增设了一套减速齿轮。

（2）起动控制电路。起动控制电路分为起动开关直接控制的起动电路、带起动继电器的起动电路和具有驱动保护作用的起动电路几种。

36. 起动机使用时要注意些什么?

（1）起动机每次起动时间不超过 5 秒，再次起动前应停止 2 分钟，使蓄电池得以恢复。如果连续第三次起动，应在检查与排除故障的基础上停歇 15 分钟以后。

（2）在冬季或低温条件下起动时，应采取保温措施，如先将发动机手摇预热后，再使用起动机起动。

（3）发动机起动后，必须立即切断起动机控制电路，使起动机停止工作。

37. 汽车点火系统有哪些要求?

汽车发动机点火系统的作用是适时地为汽油发动机气缸内已压缩的可燃性混合气提供足够能量的电火花，使发动机迅速做功。对点火系统的要求有：

（1）点火正时。点火正时就是让分电器轴的位置与发动机曲轴（活塞）的位置相匹配，使点火系统能有正确的初始点火提前角。发动机在工作时，真空、离心点火提前调节器是在初始点火提前角的基础上调节点火提前角的。因此，点火正时的准确与否对发动机的点火是否准确影响极大。在安装分电器总成或更换燃油品种后，都要进行"点火正时"作业。

1）传统触点式点火系统点火正时基本步骤：

① 检查断电器触点的间隙；

② 找出第一缸压缩终了上止点；

③ 确定断电器触点刚刚打开的位置；

④ 按点火顺序接好高压线；

⑤ 检查点火正时；

⑥ 试中进一步检验点火正时。

2）无触点电子点火系统点火正时基本步骤：

① 找到第一缸压缩终了上止点；

② 安装分电器；

③ 安装分火头，并转动分电器轴使分火头指向分电器壳体上的标记或规定方向，或者使信号转子与传感部分的相对位置符合要求；

④ 连接高压线，插好中央高压线，按发动机的点火顺序，插接好分缸高压线。插接时，第一缸的高压线应插接在正对分火头的旁电极座孔内，然后顺分火头的旋转方向，按点火次序插接好其余各缸的高压线。部分汽车发动机点火顺序及分火头旋转方向见表4-7。

汽车发动机的点火顺序及分火头旋向 表 4-7

车型	点火顺序	分火头旋向
天津华利(大发)、夏利	1→2→3	顺时针
BJ2120、NJ1061、标致	1→2→4→3	逆时针
奥迪100、桑塔纳2000Gli	1→3→4→2	顺时针
切诺基 2.5L	1→2→4→3	顺时针
奥迪 Audi100 2.2E 五缸发动机	1→2→4→5→3	顺时针
CA1091、CA1092、EQ1091、EQ1092	1→5→3→6→2→4	顺时针

（2）点火系统应能迅速及时地产生足以击穿火花塞电极间隔的高压。在汽车行驶中，发动机在满载低速时需 6～10kV 的高压电，起动时可达 19kV，正常点火一般在 15kV 以上。考虑各种不利因素的影响，通常对点火装置的设计能力为 30kV。

（3）电点火应有足够的点火能量。发动机正常工作时，所需电点火能量为 1～5MJ，但在发动机起动、怠速运转时则需较高的电点火能量，其可靠的点火能量应达到 50～80MJ，起动时应产生大于 100MJ 的电点火能量。

（4）点火时间应适应发动机的各种工况。

38. 汽车点火系统电路由哪些部分组成？

非电控发动机的点火系统有传统点火系和电子点火系两类。传统点火系又称为机械触点式点火系，如图 4-12 所示，其组成包括：

（1）电源。电源供给点火系统所需的电能，由蓄电池和发电机提供。

（2）点火线圈。点火线圈将 12V 的低压电变为 15～20kV 的高压电。

（3）分电器。分电器由断电器、配电器、电容器和点火提前机构等组成。断电器接通与切断点火线圈的一次侧电路；配电器将点火线圈产生的高压电按气缸的工作顺序送至各缸火花塞（如 6 缸发动机为 1-5-3-6-2-4 等）；电容器能减小断电器的触点火花，延长触点使用寿命，并能提高点火线圈二次侧电压；点火提前机构能随发动机转速、负荷和汽油辛烷值的变化而自动改变点火提前角。

（4）火花塞。火花塞将高压电引入气缸燃烧室产生电火花点燃混合气。

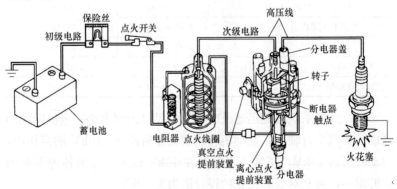

图 4-12　传统点火系统基本结构

（5）点火开关。点火开关接通或切断电源。

（6）附加电阻。附加电阻用来改善点火性能和起动性能。

39. 汽车照明系统电路的部件有哪些？

汽车照明系统由安装在所需照明位置的照明灯具和相应的控制开关、线路及熔断器组成，也称为"灯系"。照明系统用于汽车夜间的道路照明、车内照明及其他特殊照明。

（1）照明设备灯。照明设备灯包括前照灯、雾灯、牌照灯、仪表灯、顶灯和工作灯等。

1）前照灯。前照灯也称前大灯，安装于汽车头部两侧，用于夜间行车时的道路照明，有两灯制和四灯制之分。四灯制前照灯并排安装时，装于外侧的一对应为近、远光双光束灯；装于内侧的一对应为远光单光束灯。远光灯功率一般为 40～60W，近光灯功率一般为 35～55W。

2）雾灯。雾灯安装在汽车前部或尾部。如果安装在汽车前部，应稍低于前照灯的位置，用于在雨雾天气行车时照明道路；雾灯的光色规定为黄色或橙色，透雾性比较好。前雾灯功率为 45～55W，光色为橙黄色。后雾灯功率为 21W 或 6W，光色为红色，以警示尾随车辆保持安全间距。

3）牌照灯。牌照灯安装于汽车尾部牌照上方或左右两侧，用来照明后牌照，功率一般为 5～10W，确保行人在车后 20m 处看清牌照上的文字及数字。

4）仪表灯。仪表灯安装于汽车仪表板上，用于仪表照明，其数量根据仪表设计布置而定。

5）顶灯。顶灯安装于驾驶室和车厢顶部，用于车内照明。

6）工作灯。汽车上一般只设置工作灯插座，配带导线和移动式灯具，用于检修照明。

（2）灯光信号装置。灯光信号装置包括转向信号灯、示宽灯、制动灯、尾灯、倒车灯和指示灯等。

1）转向信号灯。转向信号灯安装于汽车前、后、左、右角，用于在汽车转弯时发出明暗交替的闪光信号，使前后车辆、行人、交警知道汽车行驶方向。一般在汽车车侧中间还装有侧转向灯。近年来，在小型车上，把侧转向灯安装到左右后视镜上渐成趋势。主转向灯功率一般为 20～25W，侧转向灯为 5W，光色为琥珀色。转向时，灯光呈闪烁状，频率规定为 1.5 ± 0.5Hz，起动时间不大于 1.5s。在紧急遇险状态需其他车辆注意避让时，全部转向灯可通过危险报警灯开关接通同时闪烁。

2）示宽灯。示宽灯又称前小灯，安装于汽车前后两侧边缘，用于标示汽车夜间行驶或停车时的宽度轮廓。

3）制动灯。制动灯安装于汽车尾部，一般采用组合式灯具，用于当汽车制动或减速停车时，向车后发出灯光信号，以警示随后的车辆和行人。

4）尾灯。尾灯安装于汽车尾部，用于夜间行驶时警示随后的车辆和行人。

5）倒车灯。倒车灯安装于汽车尾部，用于照亮车后面的道路路面，并警示车后的车辆和行人，表示该车正在倒车。

6）指示灯。指示灯安装于驾驶室的仪表板上，数量多少根据设计而定，用于指示有关照明、灯光信号、工作系统的技术状况，并对异常情况发出警报灯光信号。

40. 汽车指示灯系统的组成及种类是怎样的？

安装在汽车仪表板上的各种指示灯用于指示发动机温度、制动液面、机油压力等的极限情况，以及非正常状况的报警，各种指示灯电路由灯具和相应的传感器组成。

（1）机油压力过低报警灯。用于润滑系统压力过低时报警。

（2）燃油量不足指示灯。用于指示燃油箱内的燃油已接近耗尽，以提醒驾驶员及时加油。

（3）制动气压不足报警灯。用于采用气压制动的汽车，当气压制动系统压力过低时报警。

（4）制动液面不足报警灯。用于采用液压制动的汽车，当制动液面低于设定值时报警。

（5）驻车制动未松警告灯。用于提醒驾驶员，驻车制动器仍处于制动位置。

（6）冷却液温度过高报警灯。用于发动机过热报警，当发动机温度达到或超过设定的上限时，接通冷却液温度过高报警电路，报警灯亮起，以示警告。

41. LED灯在汽车上有哪些应用？

汽车制动灯的工作时间短，要求起动速度快，而LED光源正好有反应迅速的特点。早在20世纪80年代，LED光源就最先应用于汽车高位制动灯。20世纪90年代，汽车仪表板的背光照明几乎都采用LED灯。

21世纪以来，LED灯全面进入汽车照明和信号系统。制动灯、转向指示灯、尾灯、倒车灯，应用LED灯功率为1.5W，而白炽灯功率为16～27W；信号灯、示宽灯，应用LED灯功率为0.2～1.5W，而白炽灯功率为5～10W。同时，LED灯的质量高于同类白炽灯灯具。

前照灯是LED灯进入汽车照明领域最晚的。2007年日本丰田汽车公司、2008年德国大众汽车公司在其汽车产品的前照灯上引入了LED灯。MCP1630方案应用在欧洲应用相当广泛，占欧洲市场70%以上的份额，主要应用在前照灯。图4-13为一款LED汽车前照灯。

图4-13　汽车LED前照灯

目前，大多数汽车都采用组合灯具，即把前照灯、前转向灯、前示位灯等组合在一起，构成前组合灯；把倒车灯、制动灯、后转向灯、后示位灯等组合在一起，构成后组合灯。

LED为光源的后组合灯如图4-14所示。

图 4-14　LED 后组合灯

42. 汽车仪表种类有哪些?

为了监测发动机的运转状况,使驾驶员随时观察与掌握汽车各系统的工作状态,在驾驶室仪表板上装有各种指示仪表,主要有机油压力表、水温表、发动机转速表、燃油表、电流表等。

(1) 机油压力表。用来指示发动机油压的大小,以便了解发动机润滑系工作是否正常。它由安装在发动机主油道上的机油压力传感器和仪表板上的机油压力指示表组成,常用的油压表有电热式和电磁式两种。例如双金属片机油压力表的指针偏转角度减小时,指示出较低的油压;而指针偏转角度增大时,则指示较高的油压。电热式油压表接线如图 4-15 所示。电磁式油压表接线如图 4-16 所示。

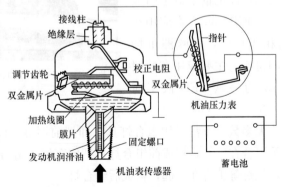

图 4-15　电热式机油压力表

发动机处于怠速工况时，机油表的指示值不得低于 100kPa；低速工况时，指示值不得低于 150kPa。正常值应为 200～400kPa，一般最高不允许超过 600kPa。

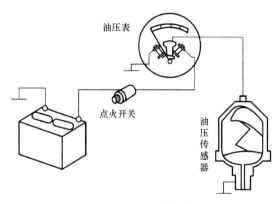

图 4-16　电磁式机油压力表

（2）水温表。水温表的作用是指示发动机冷却水的温度。正常情况下，水温表指示值应为 85～95℃。水温表与装在发动机水套上的水温传感器（水温感应塞）配合工作。常用的水温表有电热式和电磁式两类，电磁式水温表又分双线圈式和三线圈式两种。

配热敏电阻水温传感器的电热式水温表接线如图 4-17 所示，双线圈电磁式水温表接线如图 4-18 所示。

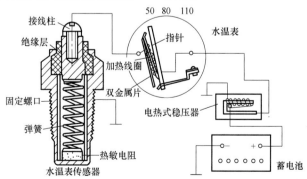

图 4-17　配热敏电阻水温传感器的电热式水温表

图 4-18　电磁式水温表（切诺基）

（3）发动机转速表。用来指示发动机的运转速度，分为机械式和电子式两种，常用的是电子式转速表。电子式转速表按转速信号的获取方式不同可分为：

1）从点火系统获取信号的转速表。

2）测取飞轮（或正时齿轮）转速的转速表。

3）从柴油机燃油供应系统获取转速信号的转速表。

脉冲式电子转速表的电气原理图如图 4-19 所示。

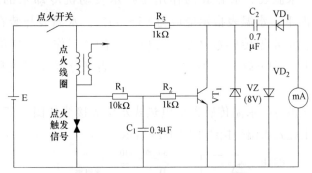

图 4-19　脉冲电子转速表原理图

（4）燃油表。用来指示燃油箱内燃油的储存量，也就是油量表，它由安装在燃油箱内的传感器和装在仪表板上的燃油指示表组成。当油箱内无油时，动磁式燃油表的指针为"0"；随着油量的增加，指针向右偏转，指示出与油箱油量相应的标度。双线圈燃油表接线如图 4-20 所示。

（5）电流表。电流表串接在蓄电池充电电路中，主要用来指示蓄电池充电、放电电流值，同时还可通过它检测电源系的工作是否正常。

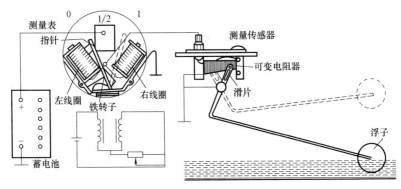

图 4-20　双线圈燃油表

电流表一般为双向工作方式，表盘中间的示值为"0"，两侧分别标有
"＋"、"－"标记，其最大读数为20A。当发电机向蓄电池充电时，示
值为"＋"，蓄电池向用电设备放电时，示值为"－"。

　　电流表的接线原则为：

　　1）电流表应与蓄电池串联连接，由于汽车为负极搭铁，蓄电
池的负极也搭铁，因而电流表的负极必须与蓄电池的正极相连接。

　　2）电流表只允许通过较小电流，一般对点火系、仪表等长时
间连续工作的小电流可通过电流表；而对短时间断续用电设备的大
电流，如起动机、转向灯、电喇叭等均不通过电流表。

　　电流表按结构可分为电磁式和动磁式两种。电磁式电流表接线
如图 4-21 所示。动磁式电流表接线如图 4-22 所示。

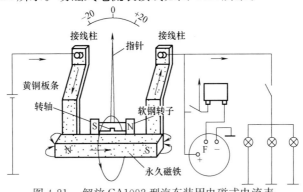

图 4-21　解放 CA1092 型汽车装用电磁式电流表

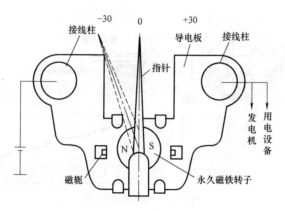

图 4-22　东风 EQ1092 型汽车装用动磁式电流表

🔧 43. 汽车仪表的故障有哪些?

（1）电热式机油压力表的常见故障及故障原因见表 4-8。

电热机油压力表常见故障及故障原因　　　　表 4-8

故障现象	故障原因
指针不动(电源正常)	指示表损坏; 传感器线圈断线或机械故障; 引线脱落
接通电源,发动机未起动,指针移动	传感器内部搭铁或短路
指针指示值不准	传感器调整不当或损坏,指示表调整不当或损坏

（2）装有热敏电阻传感器的电热式水温表的常见故障及故障原因见表 4-9。

电热式水温表常见故障及故障原因　　　　表 4-9

故障现象	故障原因
指针不动(电源正常)	稳压器不正常; 稳压器发热线圈断线或引线脱落; 双金属片发热线圈引线脱落; 热敏电阻失效
指针指示值不准	稳压器工作不正常; 仪表发热线圈短路; 热敏电阻老化

（3）电磁式燃油表常见故障及故障原因见表 4-10。

故障现象	故障原因	故障现象	故障原因
燃油表不动或微动	左线圈引线脱落； 左线圈烧断； 接错电源； 指针和转子卡住； 指针和表面卡住	指针总在满刻度处	燃油表到传感器连接不良； 传感器电阻引线断线； 传感器电阻断线； 活动触点接触不良
指针只在零处作微动	右线圈引线脱落； 右线圈烧断； 传感器浮筒漏油	指针跳动	传感器搭铁不良； 铜片触点烧坏； 触点压得不紧； 指针和表面有摩擦
指针总在1/2处	跨接电阻接触不良或断线； 传感器氧化锈蚀		

4.3　电动汽车

44. 电动汽车经历了怎样的发展过程?

电动汽车是指全部或部分用电能驱动电动机作为动力系统的汽车。电动汽车包含纯电动汽车、混合动力电动汽车和燃料电池电动汽车。

1881 年,法国人发明了电动三轮车。

1882 年,英国人制造出了电动汽车。

1890 年,美国人做出了电动汽车。图 4-23 为美国产电动汽车。

1900 年代,是电动汽车的时代,还不是内燃机工业的时代。

1935 年,电动汽车工业已近崩溃。

1960 年,由于能源、环境的双重压力,电动汽车重获新生。

进入 21 世纪,电动汽车工业迅速发展。

45. 什么时候燃油汽车开始成为公路运输的霸主?

1886 年,德国人本茨制造成功世界上第一辆内燃机三轮车。

1890 年美国首次出现电动车时,已有两种动力源互相竞争,一种是蒸汽机,蒸汽机汽车见图 4-24 ;另一种是内燃机。

1895 年,在法国的一次汽车比赛中,燃油汽车战胜了蒸汽汽

图 4-23　四轮电动汽车

注：1891 年莫里森组装的电动萨里式游览车，时
速为 14 英里，这是美国第一辆电动四轮车。

图 4-24　蒸汽机汽车

车，从而确立了燃油汽车延续至今在交通运输业的霸主地位。

　　1902 年，最有远见卓识的发明家断言，燃油汽车将会成为公路上的主宰。但是没有人能够预示到汽车究竟有多么重要。其影响可能是任何别的发明不可比拟的。它不仅影响到人们的生活，而且影响到国家的对外政策。汽油所含的能量密度之高、汽油价格相对低廉和人们对内燃机的日益依赖使电动汽车相形见绌。

46. 我国电动汽车的发展历程是怎样的?

2001年9月29日，标志着我国汽车工业发展具有重大战略意义的"863计划"——电动汽车重大专项正式启动。在"十五"期间，国家以电动汽车的产业化技术平台为工作重点，在电动汽车关键单元技术、系统集成技术和整车技术上取得重大突破；建立燃料电池汽车产品技术平台；实现混合动力电动汽车的批量生产，开发的产品通过国家汽车产品形式认证；推动纯电池电动汽车在特定区域的商业化运作。

"863计划"——电动汽车重大专项的实施。有益于探索适合我国能源结构多元化车用清洁燃料的转换，减轻我国对石油能源的依赖程度，维护我国能源安全。通过电动汽车商业化示范运营，为大中城市清洁交通开通道路，改善大城市大气环境。

(1)"十五"电动汽车重大科技专项进展

1)确立了"三纵三横"的研发布局三纵为：燃料电池汽车、混合动力汽车、纯电动汽车三种整车技术；三横为：多能源动力总成系统、驱动电机、动力电池三种关键技术。

2)采用总车组负责制，由整车企业牵头，关键零部件配合、产学研相结合，政策、法规、技术标准同步研究，基础设施协调发展的研发体制。同时，项目实施管理过程中采用第三方监理机制，保障专项顺利进行。经过三轮研发，相继研制出电动汽车功能样车、性能样车和产品样车。其中，燃料电池汽车技术已进入国际先进行列，混合动力汽车实现载客运行、具备了小批量生产能力，纯电动汽车实现量产和运营，并开始出口。

(2)"十一五"电动汽车进展

1)优化整车性能。完成奥运车和出口车的研制任务。提高燃料电池混合动力城市客车耐久性、可靠性，降低成本。在性能方面，达到与国外主导车型全方位竞争的水平。在性价比方面，达到大大超过国外车型的水平，率先实现燃料电池城市客车的商业化。

2）开展示范工程。建设完成面向奥运的北京氢能加氢站和新能源汽车示范园，以示范运营公司形式组织运营奥运示范车队和开展车辆租赁业务，进行相关研究和科普教育，根据示范考核结果制定氢能基础设施和新能源车辆标准法规，在此基础上将示范园技术扩散和推广。

3）健全产业体系。形成以新能源汽车动力系统为核心业务的集团公司。推出油—电混合动力系统和大客车产品；2010 年推出电—电混合动力系统和大客车产品。

（3）电动汽车科技发展"十二五"专项规划

1）确立"纯电驱动"的技术战略。顺应全球汽车动力系统电动化技术变革总体趋势，发挥我国的有利条件和比较优势，面向"纯电驱动"实施汽车产业技术转型战略，加快发展"纯电驱动"电动汽车产品。

2）坚持"三纵三横"的研发布局。我国电动汽车研发在"三纵三横"的技术创新战略指导下，经过"十五"、"三纵三横、整车牵头"和"十一五"、"三纵三横、动力系统技术平台为核心"两阶段技术攻关，取得了重大技术突破，形成了中国特色的电动汽车研发体系。"十二五"期间，继续坚持"三纵三横"的基本研发布局，根据"纯电驱动"技术转型战略，进一步突出"三横"共性关键技术。在"三纵"方面，纯电动汽车、增程式电动汽车和插电式混合动力汽车作为纯电驱动汽车的基本类型归为一个大类；燃料电池汽车作为纯电驱动汽车的特殊类型继续独立作为一"纵"；混合动力汽车主要为常规混合动力汽车。在"三横"方面，"电池"包括动力电池和燃料电池；"电机"包括电机系统及其与发动机、变速箱总成一体化技术等；"电控"包括"电转向"、"电空调"、"电制动"和"车网融合"等在内的电动汽车电子控制系统技术。

47. 电动汽车的主要部件有哪些？

电动汽车基本骨架与燃油汽车有明显区别：采用低重心，保证行驶安全。车架设计为纵直车架，既能减轻重量，又可保证车厢内

234

有最大限度的乘员空间。电动汽车的主要部件有：

（1）电池。电池是电动汽车的动力源。

（2）电机。直流电机驱动：不需要离合器、变速器，但效率低；交流电机驱动：体积小，重量轻，效率高，调速范围宽。

（3）控制器。交流电机为 IGBT 逆变器。

（4）管理系统。能源管理系统：夜间充电器，行车时能源分配，能源再生；安全管理系统：信号检测，ABS 车轮防抱死制动系统，SRS 安全气囊。

48. 电动汽车的特点有哪些？

（1）对环境无污染。燃油汽车有尾气污染和噪声污染（CO，CO_2，NO，HC，SO_2，铅化物，光化学烟雾），历史上造成美国洛杉矶等城市的光化学污染事件。

（2）节能及能源多样化和综合利用。电动汽车在运行中停车不耗能，下坡制动时发电，能源转换率高，电动汽车充电在夜间进行，可以提高电网负荷率。

（3）电动汽车运动部件比燃油汽车少，结构简单，操作方便。

49. 电动汽车的关键技术有哪些？

（1）动力电池。以能量型锂离子动力电池为重点，电池模块化为核心的动力电池全方位技术创新，实现我国车用动力电池大规模产业化的技术突破。

（2）电机。面向纯电驱动大规模商业化示范需求，开发纯电动汽车驱动电机及其传动系统系列，同步开发配套的发动机发电机组（APU）系列，为实现纯电动汽车大规模商业示范提供技术支撑。

（3）电气控制技术。重点开发先进的纯电驱动汽车分布式、高容错和强实时控制系统，高效、智能和低噪声的电动化总成控制系统（电动空调、电动转向、制动能量回馈控制系统），电动汽车的车载信息、智能充电及其远程监控技术，满足纯电动汽车大规模示范需要。

为了应对电动汽车技术多元化和车型多样化问题，紧紧抓住"电池、电机、电控"三大共性关键技术，以关键零部件模块化为基础，推进动力总成模块化，促进动力系统平台化，实现电动汽车技术平台"一体化"。

动力电池、电机、电子控制单元等关键部件模块化，有利于规模化生产和应用，便于电池的维修、更换、租赁、梯级利用和回收处理。以通用化、系列化的动力电池模块为核心，可以形成多样化的车用动力电池系统，结合电机等基础模块，可开发各种纯电驱动汽车。

车用动力总成方面，以动力电池等关键零部件模块为基础，进一步提升系统集成层次，可发展出各种新型电气化动力总成；混合动力、纯电动和燃料电池汽车在电驱动总成方面的核心技术相通，容易实现电动汽车技术平台的"一体化"，并可以共同培育一体化的零部件产业基础。

💡50. 目前应用的电动汽车电池有哪些？

（1）铅酸蓄电池。技术成熟、成本低；比能量低，快速充电技术不成熟，寿命不长。目前研究水平为极板水平放置，栅格用外包铅的玻璃纤维丝制成；比能量为 80Ah/kg，快速充电时间为 30min（恢复 90%），自放电少，价格为 400～550 美元/kWh。

（2）氢镍电池。用储氢合金作电极，美国 Cvonic 公司研制的氢镍电池比能量为 80Wh/kg，快速充电时间为 15min（恢复 80%），一次充电行程 345km，0～60km/h 加速时间 10s，样车一年行驶 8 万 km。

（3）锂离子电池。包括液体锂离子电池和锂聚合物电池两种，具有能量密度高、循环寿命长、重量轻、体积小、安全性好等优点，正在成为纯电动汽车的核心电源类型。

锂天然存在于矿石和盐水两种资源中。2005 年总需求量为 7.6 万 t。世界最大的锂储藏地是智利北部的盐湖，占全球碳酸锂市场的 60%，由智利、美国、阿根廷开采。我国锂储藏量主要在青海柴达木盆地中部，2005 年产量为 500t，2010 年规划生产 1.5 万 t。

我国为奥运会公共汽车提供的 100Ah 锰酸锂动力电池，持续运行 2 万 km。国家"863 重大专项"——电动大客车开发项目，从 2005 年 6 月 21 日国内首支纯电动汽车公交车队在北京 121 线路运行至今，已经形成密云示范区和 121 示范线的"一区一线"示范运行格局。电池的充电有更换电池充电和就车充电两种模式。国际上大多采用快速更换电池充电；121 线路采用就车充电，不利于维护电池寿命和电池性能；而且成本高，一台电动客车用 400Ah 锂离子动力电池，售价几十万元，降低成本是急需解决的问题。

🔧51. 电动汽车的充电情况是怎样的？

北京市纯电动公交车采用常规充电模式，即：配套建设地面充电站，车辆运行完毕直接进入充电站补充能量。电动公交车运行 2 圈（50.4km）后进行充电，落班后再进行 2h 维护充电，每 15 天进行 1 次 6h 维护充电。充电机采用总线方式联网进行协调控制、实现充电过程的监控。配套基础设施建设情况示范运营中利用新建的西黄庄无轨电车整流站进行技术改造，以满足纯电动汽车的充电要求。2005 年 4 月建成了规模为 28 台充电机的地面充电基础设施，1 年多来充电设施保证了电动汽车电能的可靠供给。

到 2015 年左右，在 20 个以上示范城市和周边区域建成由 40 万个充电桩、2000 个充换电站构成的网络化供电体系，满足电动汽车大规模商业化示范能源供给需求。

同时，在充电站建成了电动汽车实时监控系统，实现了对纯电动汽车的远程实时监控、提供车辆运行故障分析与诊断平台。并可对示范运行数据进行自动化采集、记录和统计，能够为电动汽车的技术及经济性评价提供原始数据。

电动汽车充电站充电桩如图 4-27 所示。

图 4-25　电动汽车充电桩

🔧52. 电动汽车驱动系统有几种？

（1）直流驱动系统。电机采用直流电动机，驱动器的功率电路采用斩波器控制方式。这种系统控制简单，成本低，技术成熟，但有电刷和换向器等易损件。

（2）交流驱动系统。电机采用交流感应电动机，采用矢量控制方法，这种系统效率高，免维护，能再生制动；但控制器中的逆变器电路复杂。其方框图如图 4-26 所示。

1）永磁同步电机交流驱动系统。电机采用无刷直流电动机 BDCM 或三相永磁同步电动机 PMSM。这种系统效率最高，体积最小、免维护；但驱动器成本高、技术难度大，有发展前途。

2）开关磁阻电动机驱动系统。电机采用开关磁阻电动机 SRM，转子无绕组，调速范围宽，但振动与噪声大，比较适于电动汽车。

🔧53. 电动汽车能量管理系统是怎样的？

电动汽车能量管理系统包括充电管理系统和放电管理系统。EV 系列电动汽车能量管理系统的方框图如图 4-27 所示。

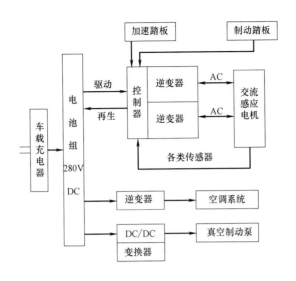

图 4-26 交流驱动系统方框图

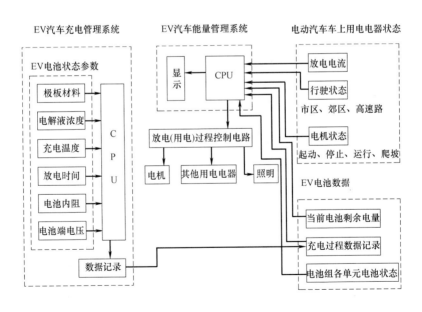

图 4-27 EV 系列电动汽车能量管理系统的方框图

54. 电动汽车运营情况是怎样的?

"十五"期间,国家选择多个城市进行电动汽车示范运营,对电动汽车商业化运营模式进行有益探索。科技部先后将北京、武汉、天津、株洲、威海、杭州6个城市确定为电动汽车示范运营城市。这些城市在地貌地形、地理位置和气候上各具特点,适合不同工况下电动汽车的示范运行,对运行数据的采集非常有利。各城市充分发挥各自优势,分别采用不同车型、不同示范运营主体、不同运营管理方式和不同线路,通过示范运营,探索了不同的电动汽车商业化运营模式。同时,组建专门的示范运营公司,积累了大量的试验数据和运营管理经验。

电动汽车示范运营旨在通过区域和线路的商业化运行试点示范,探索符合市场规律的商业运行模式和多种交通形式互动的新型交通模式;建立多元化、互动型的电动汽车示范运营技术服务体系。在运营过程中采数据,为示范运营车辆的考核、评估和改进提供科学依据;在运营中逐步建立电动汽车商业化运行的政策支撑体系,研究政策效益与社会效益以促进形成推广应用电动汽车的市场氛围;通过示范运营进行科普教育,使广大民众了解、认识和尝试电动汽车新技术。

2005年6月21日在北京公交121线路总站,举行了国内首支纯电动公交车队(装备铅酸动力电池)的运行开通仪式,由此标志着纯电动公交汽车示范运营项目正式启动。在"十五""863计划"电动汽车重大专项的"三纵三横"总体布局中的电动汽车示范运营课题,主要针对整车研制水平和实用性能进行试验研究。通过在各种工况下的试验研究,对国内主要电动汽车整车研发进展进行实用化的考核试验,对推进电动汽车产业化的政策环境和运营模式进行探索与研究。

自北京市纯电动汽车示范运营正式启动以来,截至2006年8月,电动公交车队已累计完成运营里程30万km。已形成"一区一线"(密云示范区和121示范线)的示范运行格局;开展了公交车、通勤车、班车等多种形式的示范运行工作，在车辆运行、充电机制、基础设施建设等方面取得宝贵经验。线路运行的电动汽车受到车辆数量影响。不能独立承担一条线路的运营工作，因此采用与内燃机车辆混编、按班行驶的运行模式，单班日行驶里程约110千米。

北京市纯电动汽车的示范运营工作关系到车辆管理、劳动安全、电力供应、工商税务以及消防、保险等众多部门，而且作为国内首次纯电动客车商业化载客运行，更是涉及运行组织、公告申请、牌照申领程序等诸多问题。运营车辆作为机电一体化产品，是多项高新技术的综合集成，技术上的复杂性和集成性也要求各研发、生产和运营单位之间的高度协调与配合。

6个示范城市电动汽车累计运营近千万千米，武汉建有9处电动汽车运营的基础设施；株洲投资170万元完成400m² 充电维修总站建设，实行一车一机独立电表记录；杭州建有50m² 的充电站，还开发了电动车车载数据系统，用于监控示范运营电动公交车的行驶速度、加速度大小、耗电量等数据及电池、电机安全。

通过6个城市电动汽车的示范运营，积累了大量的车况、运营环境、操作情况等试验数据，既有不同工况下电动汽车运营数据，也有电动汽车与传统燃油汽车的对比运营数据。对电动汽车产业化后的市场服务奠定了技术基础。实施了推动电动汽车示范运营的优惠政策，为建立电动汽车产业政策法规体系作了有益探索。

2008年开始的奥运示范项目，首次实现电动汽车规模化示范运行；2009年启动"十城千辆"大规模示范推广工程，全国13个示范城市约5000辆节能与新能源汽车投入示范运营；2010年，示范城市从13个增加到25个，重点转向纯电驱动汽车，全国25个示范城市约8000辆节能与新能源汽车投入示范运营。

55. 电动汽车的技术经济指标是怎样的？

汽车的技术经济指标可以用动力性、可靠性、操控性、安全性、舒适性、维修与配件、经济性等七项技术经济指标来测评。纯电动汽车主要是指点动力性指标、续驶里程以及经济性指标。

北京市通过电动汽车示范运营，从数据统计角度比较现公交运行的燃油车辆和无轨电车，初步得出以下几个结论：

（1）在目前的技术条件下，鉴于电池的使用特性，将其列入车辆使用成本，则电动车辆单车制造成本与同类型燃油车辆/无轨电车基本相当。

（2）因受铅酸电池一次充电连续行驶里程所限制，按照目前常规充电模式，单台电动汽车日完成运载里程仅为燃油车辆的1/2，若改用锂离子电池或采用快速更换电池模式，这一问题可以解决。

（3）从能源消耗角度看，电动汽车的能耗费用与无轨电车基本相当，明显低于燃油车辆。

（4）在车辆使用成本方面，因高额电池更换成本，电动汽车的使用成本远高于燃油车辆与无轨电车。

（5）电动汽车单车基础设施投入要大幅低于无轨电车，如果考虑电动汽车规模化后的情况，在充电基设施使用效率提高的同时，其单车基础设施投入有望进一步降低。

（6）在动力电池性能达到理想状态情况下，电动汽车在寿命周期内的综合成本低于无轨电车。

（7）考虑到纯电动汽车可有效利用低谷电，以及国内外石油资源紧缺所造成的燃油价格激增，对纯电动汽车的使用者而言，其使用成本将与燃油车辆逐步趋同。

第 5 章 节 约 用 电

5.1 电能

1. 什么是电能?

早在 2500 年之前,古希腊人泰勒斯大发现琥珀的摩擦会吸引绒毛或木屑,第一次提出了"电"这个词。

英国人吉乐伯物于 1600 年发明了验电器,他还发现不只是琥珀,玻璃、硫磺、水晶、树脂、钻石及某些液体在摩擦后也能使指针偏转。

1800 年春,意大利人伏打发明了著名的"伏打电池"。这种电池是由一系列圆形锌片和银片相互交迭而成的装置,在每一对银片和锌片之间,用一种在盐水或其他导电溶液中浸过的纸板隔开。银片和锌片是两种不同的金属,盐水或其他导电溶液作为电解液,它们构成了电流回路。这是一种比较原始的电池,是由很多银锌电池连接而成的电池组。并在英国皇家协会发表了关于伏打电池的论文。

1821 年,英国人法拉第发现了电磁感应现象,他在实验时无意间发现带电的导线在接通电流的一瞬间,靠近导线的带磁性指针发生了偏转。

电能指电以各种形式做功的能力。电能的利用是第二次工业革命的主要标志,从此人类社会进入电气时代。电能是表示电流做多少功的物理量,分为直流电能、交流电能,这两种电能均可相互转换。

电能生产的特点是发电、供电、用电同时发生,同时完成,既不能中断,也不能储存。

243

电能的单位是千瓦时，符号是 kWh。

2. 电能的质量指标有哪些?

电能质量是当今世界范围内热议的课题。衡量电能的质量指标比较多，最主要的是电压、频率及波形。

（1）电压。电压一般是指用户受电端的供电电压。供电电压的额定值和容许偏差，是电能重要的质量指标。现阶段我国家庭用电的单相电压是 220V。对于照明负荷的电压的容许偏差为＋5 到－5％；对于其他负荷，电压的容许偏差为＋7 到－7％。

电压偏移到电器照明影响较大。当白炽灯的端电压降低 10％时，发光效率将下降 30％以上；端电压升高 10％，使用寿命只有原来的 1/3。当荧光灯端电压偏低时，灯管不易点燃；端电压偏高时，灯光寿命将缩短。

（2）频率。频率的额定值是 50Hz，容许偏差为±0.5Hz。大多数情况下电网频率都低于额定值，当电网频率下降 1Hz 时，不仅是许多行业产量下降，而且产品质量也下降，还会使自动装置误动作。

（3）波形。在理想情况下，交流电压和电流的波形是正弦波。但是，随着电力电子技术的发展，越来越多投入使用的半导体变流装置会使波形发生畸变；此外荧光灯、节能灯也会产生高次谐波电流。高次谐波电流将使电机转子发生振动现象，干扰附近的通信设备，造成感应式电子表计量不准。

3. 什么是电力系统、电力网?

电源、电力网及用户组成的整体称为电力系统，电力系统包括发电、变电、输电、配电和用电几个环节。

电力网是电力系统的一部分。它包括所有的变配电所的电气设备以及各种不同电压等级线路组成的统一整体。电力网的作用是将电能输送和分配给各用电单位。

4. 我国最早的电能应用有哪些方面？

1820 年，丹麦科学家奥斯特发现了电流的磁效应，第一次揭示出电与磁之间的密切关系。英国科学家法拉第受到启发，1921 年他成功地使一根小磁针绕着通电导体不停地转动，从而发明了世界上第一台电动机。法拉第坚信不仅有电流的磁效应，也应有磁的电流效应。1831 年，法拉第在实验中发现，运动的磁能够产生电流，据此又发明了发电机。

我国电能早期应用于照明和发电。

（1）照明。我国最早应用电能是作为照明电源，1879 年 4 月 11 日，上海市虹口区一家英国商人仓库里的一台英制 10HP（7.46kW）柴油发电机试运转成功。当年 5 月 11 日，由这台发电机供电的弧光灯在上海外滩放射出耀眼的光亮。

（2）火力发电。中国第一座商用火力发电厂，是 1882 年发电的上海电光公司的乍浦火力发电厂。发电机组容量为 12kW，可供 19 盏弧光灯的照明用电。

（3）水力发电。中国第一座水力发电厂始于 1912 年，在云南省昆明附近建成的石龙坝水力发电站，投产初期装有 2 台 240kW 的水轮发电机组。

5. 我国用电构成情况怎样？

我国的用电构成，是以工业用电为主，农业用电、生活用电也占有相当的比重。其中，照明用电占 14%，这是国家电气化水平的一个重要标志。

2013 年，我国发电装机容量为 12.47 亿 kW，全年发电量为 52451 亿 kWh，发电装机容量和发电量均位列世界第一位。

2013 年，我国用电量达 52323 亿 kWh，其中，第一产业（农业）用电 1014 亿 kWh，第二产业（工业）用电 39143 亿 kWh，第三产业（服务行业）用电 6273 亿 kWh。其中，居民生活用电 6793 亿 kWh，各项用电量都比 2012 年有增长。

据"电动机调速技术产业化途径与对策的研究报告"的数据，我国发电量的 66% 消耗在电动机上，全国电动机总装机容量超过 4 亿 kW，有 70% 拖动的是风机、泵、压缩机，这其中一半即 7500 万 kW 适合调速节电。

6. 发电的形式有哪些?

主要的发电形式是火力发电、水力发电、风能发电、太阳能发电和核能发电。这几种主要发电形式所占的地位因各国能源资源的构成不同而异。我国以火力发电为主，火力发电量在总发电中所占比重为 70% 以上。

2013 年，我国发电装机容量为 12.47 亿 kW，2013 年装机容量中，火力发电 8.6 亿 kW，占 68.1%，同比增长 5.7%；水力发电 2.8 亿 kW，占 22.45%，同比增长 12.3%；并网风能发电 7548 万 kW，同比增长 24.5%；核能发电 1461 万 kW，同比增长 16.2%；并网太阳能发电 1479 万 kW，增长 3.4 倍。其中，新能源和可再生能源发电装机容量占比 31%，较上年提高 5.76 个百分点。

7. 我国火力发电的情况怎样?

利用煤或石油与天然气作燃料的发电厂称为火力发电厂，火力发电厂的主要设备有锅炉，汽轮机和发电机。1991 年国产 30 万 kW 火力发电机组在上海吴泾热电厂投产发电。

燃煤发电是我国电能生产的最主要方式，建立以煤电为主的电源结构，一是因为我国煤炭资源十分丰富；二是因为煤电在脱硫、脱硝、除尘、灰渣利用等技术方面取得了巨大的进步，基本上可以排除煤炭利用的局地污染。

美国能源信息署认为，在未来 10 年，煤电很可能保持其在美国电力领域的领导地位；德国已经计划新建设 26 座燃煤电厂，欧洲其他国家也有可能仿效德国，计划新建设煤电厂，填补核能发电停运后的电力缺口。2012 年我国五大发电集团总装机容量及总发电量见表 5-1。

序号	企业名称	总装机容量 （万 kW）	总发电量 （亿 kWh）	全国发电 量占比	总发电量同 比增长率
1	我国华能集团公司	13508	6087	16.07%	0.68%
2	我国大唐集团公司	11400	5115	13.51%	−0.80%
3	我国国电集团公司	12000	4898	12.93%	16.65%
4	我国华电集团公司	10179	4323	11.42%	3.45%
5	我国电力投资集团公司	8000	3493	9.22%	7.18%

8. 我国水力发电的情况怎样？

我国是一个水力资源十分丰富的国家，水能资源理论蕴藏量为
6.76 亿 kW，可开发水能资源约 3.78 亿 kW，均居世界首位。
2012 年水力发电装机容量为 2.49 亿 kW，相当于可开发水力资源
的 63%。目前我国十大水电站的基本情况见表 5-2 。

十大水电站的基本情况 表 5-2

水电站名称	所在水系	所在省份	装机容量(GW)	年发电量(GWh)
三峡	长江	湖北	18.200	84680.2
龙滩	红长河	广西	4.200	15670.3
二滩	雅砻江	四川	3.300	17000.4
葛洲坝	长江	湖北	2.715	15700.5
广州抽蓄能	流溪江	广东	2.400	4890.6
李家峡	黄河	青海	2.000	5920.7
小浪底	黄河	河南	1.800	5830.8
天荒坪	西苕溪支流	浙江	1.800	3160.9
长白山	第二松花江	吉林	1.500	1920.1
水口	闽江	福建	1.400	4950.1
大朝山	澜沧江	云南	1.350	5930.1

9. 我国风能发电的情况怎样？

我国风能资源丰富，储量大，分布广，地面风能潜力为 16 亿
kW，可利用风能资源约 2.53 亿 kW，平均风能密度为 100W/m^2。

我国风能发电的研究始于 1957 年，吉林白城试制成功 66W 微型风力发电机。

2011 年我国新增风力发电装机容量接近 1800 万 kW，总装机容量达 6500 万 kW，是世界上风力发电装机容量最多的国家。例如，湘电风能 5 兆瓦直驱式永磁风力发电机组 2012 年 5 月 28 日在福建福清风电场投入运行，该机组塔高 100m，风机叶片直径达 115m，总重 130 吨。

目前正在组织实施"十二五"第二批规模为 1500 万～1800 万 kW 的风力发电项目建设规划。2012 年我国风力发电累计装机制造商前十名企业生产情况见表 5-3 。

十大风电厂商的基本情况　　　　　　　　　表 5-3

序号	制造商	装机台数	装机容量(MW)	装机容量占比(%)
1	金凤	12227	15200.4	20.2
2	华锐	9178	14180.0	18.8
3	东汽	4901	7364.5	9.8
4	联合动力	4801	7311.0	9.7
5	明阳	2802	4256.5	5.7
6	Vestas	3175	3979.9	5.3
7	Gamesa	3220	2694.5	4.4
8	湘电风能	1345	2694.5	3.6
9	上海电气	1582	2603.5	3.5
10	GE	1292	1635.5	2.2

10. 核能发电的情况怎样?

核能发电在世界上的发展大体经历了五个阶段:

(1) 探索发展阶段:19 世纪末至 1950 年。1938 年，核裂变现象的发现标志着核能的问世。

(2) 试验示范阶段:1951～1968 年。20 世纪 50 年代和 60 年代是核能用于发电的试验和示范阶段，该阶段建立的一批的核电站主要目的是为了通过试验示范形式来验证核电在工程实施上的可行性，是第一代核电站。在此期间，世界共有 38 个机组投入运行，属于早期原型反应堆，容量均在 300MW 左右。在 1960 年，世界共有 5 个国家建成 20 座核电站，装机容量 1279MW，基本上都为实验示范性核电站。1954 年 6 月 27 日，苏联在奥布灵斯克建成了世界上第一座天然铀石墨水冷堆核电站，装机容量为 5000 kW，利用浓缩铀做燃料，采用石墨做减速剂，普通水作冷却剂。奥布灵斯克核电站的顺利运行，揭开了核能用于发电的序幕，标志着人类进入了和平利用核能的时代。

（3）高速发展阶段：1969～1979 年。进入 20 世纪 70 年代，发达工业国家积极带头兴建核电站。不但能源极缺的国家如法国、意大利、日本坚决发展核电，而且有一定或较多石化能源储备的国家如美国、英国等也积极建设核电站，甚至当时能源自给有余的国家如苏联等也都很重视核电的发展。同时，美国、苏联等发达国家也将核电技术传播给其他发展中国家，印度、巴西等发展中国家也开始发展核动力。特别是受 1973～1974 年石油危机的影响，世界核电迎来了一波大规模高速发展的热潮，高峰时期平均每 17 天就会有一座新核电站投入运行。法国政府甚至在 1973 年做出决定，从 1977 年起只建核电站不建火电站。到 1797 年底，世界已有 41 个国家或地区建成或正在筹建核电站，已运行的动力堆达到 228 座，装机容量为 13105.6 万 kW。在建的 237 座，装机容量为 22878.2 万 kW。订货和计划中的 199 座，装机容量为 20356.4 万 kW。核电站装机容量已占全世界电站总容量 8% 左右。

（4）滞缓发展阶段：1980～2000 年。1979 年 3 月 25 日美国三里岛核电站和 1986 年 4 月 26 日苏联切尔诺贝利核电站事故的发生，世界核能发电发展几乎停滞，特别是欧美地区核能发电发展徘徊不前甚至出现倒退。据国际能源机构统计，在 1990 年至 2004 年间，全球核电总装机容量年增长率由此前的 17% 降至 2%。

（5）复苏发展阶段：进入 21 世纪，由于核电安全技术的快速发展、高涨的油气和煤炭价格使得核能发电相对便宜，尤其是燃烧化石能源导致的严重环境污染和气候变暖，令许多国家将核能列入本国中长期能源政策。

利用核能发电的工厂为核电站，核动力反应堆是核电站的主要设备，常用的有轻水反应堆、重水反应堆、石墨气冷堆和不用慢化剂的快中子增殖堆 4 类堆型。

我国重视核电的发展，浙江秦山核电厂 30 万 kW 机组 1992 年发电，广东大亚湾核电厂两台 90 万 kW 机组 1994 年投入运营。截至 2012 年，建成并且投入运行并网发电的核电站有 8 座：

浙江省的秦山核电站；

秦山二期核电站及扩建工程；

秦山三期核电站；

广东大亚湾核电站；

广东岭澳核电站一期；

江苏连云港的田湾核电站一期；

广东岭澳核电站二期；

辽宁红沿河核电站一期。

截至 2012 年 1 月，正在建设中的核电站有：

福建宁德核电站一期；

福建福清核电站；

广东阳江核电站；

浙江秦山核电站扩建方家山核电站；

浙江三门核电站；

广东台山核电站一期；

山东海阳核电站；

山东石岛湾核电站；

海南昌江核电站一期。

11. 我国特高压输电线路的建设情况怎样?

高压输电技术最早是直流输电，电压为几十千伏级。变压器发明后，交流高压输电技术发展很快，在输电系统中占统治地位，电压为几百千伏级。电力电子技术的不断进步，使高压直流输电重新

250

得到发展。目前，世界最高输电电压，交流为 1000kV，直流为
±800kV。

2005 年 2 月，我国的特高压电网工程全面启动。

（1）交流 1000kV 输电工程有：国家电网公司的陕北—晋东
南—南阳—荆门—武汉的中线 1000kV 交流输电工程；淮南—皖
南～浙北—上海的东线 1000kV 交流输电工程。南方电网公司的云
南昭通—广西桂林—广东龙门—惠东 1000kV 交流输电工程，线路
长度约 1320km，线路输电能力约 4～5GW。图 5-1 所示为我国交
流 1000kV 输电工程一角。

图 5-1　交流 1000kV 输电工程

（2）直流 800kV 输电工程有：国家电网公司的 ±800kV 的金
沙江一期水电外送工程。南方电网公司的云南昆西北—广东广州增
东第一回 40～800kV 直流输电工程。2010 年，四川向家坝—上海
的 ±800kV 直流输电线路正式投入使用，线路全长 2000km，自然
功率 600 万 kW。图 5-2 所示为我国直流 800kV 输电工程一角。

🔧12. 我国输电、配电、用电电压各是多少？

输电线路的电压越高，传输的电能越多，传输的距离也越远，
输电电压一般在 220kV 以上。例如，220kV 的输电线路能够把 20
多万千瓦的电力传输到几百千米以外的地区。目前我国已建成交流

图 5-2　直流 800kV 输电工程

1000kV 和直流 800kV 的超高压输电线路。

配电电压一般为 10（6）－35kV。在区域变电站，将 220－1000kV 的输电电压降至 10（6）－35kV 的配电电压，经配电线路传送到各个用户。10kV 应用最多。

配电电压再经用户的降压变压器降至低压电 380/220V。目前我国家庭用电一般为 220V 的单相交流电，俗称市电。高层住宅楼，由低压线路以三相四线制或三相五线制送进；低层住宅楼或单门独院，由低压线路以单相二线或单相三线制送进，最后经由配电箱或配电板送入每个家庭。对于每一个家庭的电源线，大部分是单相二线制入户，新宿舍有的是单相三线制入户，多设了一根保护零线。

13. 预装式变电站如何分类?

预装式变电站通过电缆或母线来实现电气连接，所有高低压配电装置及变压器均组装在一起。适用于城市公共配电、路灯配电、工矿采用除 RS485/RS422 总线方式之外的 GSM 无线组网技术和多站管理技术进行远程通信管理，可以到运行安全可靠，维护方便。

252

预装式变电站按电压等级分为高压 6～35kV，低压 220/380V，具有体积小、占地面积小、可选择性大、现场安装量小、安装调试周期短以及随负荷中心移动等优点。

预装式变电站的容量等级有：三相交流，50Hz，额定容量一般为 30～1600kVA。

预装式变电站中的变压器分为干式、油浸两种。图 5-3 所示为一款预装式变电站。

图 5-3　预装式变电站

预装式变电站一般由高压开关柜、低压配电屏、配电变压器、外壳四部分组成。预装式变电站可作为环网型和终端型变配电装置，目前应用的分为欧式箱变和美式箱变两大类。

🔧 14. 什么是欧式箱变？

早在 20 世纪 70 年代，欧洲一些国家的变电系统就已开始使用变电站设备，它将高压开关柜、变压器、低压开关柜组合在一起，置于一个公共的箱体内，这就是所谓的"欧式箱变"。我国自 20 世纪 80 年代初开始自行研制这种箱变。内装的各元件为已通过型式试验的电器设备，用母线或电缆相互连接，外壳多采用金属材料（彩色钢板、铝合金板），高、低压室的控制、保护、计量措施完善。近年来，也有采用玻璃纤维加强水泥、钢筋混凝土浇筑结构。由于这类箱变的变压器置于箱体内，双重外壳的结构使得散热困难。因此不论是 1EC1330，还是 GB/T 17467 都对箱变作了规定：变压器在外壳内部的温升超过同一变压器在外壳外部测得温升的差值，不应大于外壳级别规定的数值，如 10K、20K 或 30K，否则变压器必须降容。变压器的降容运行，造成资源浪费，而且变电站内部又易凝露，安全可靠性降低。采用空气绝缘的设计方式，其外型尺寸偏大，占地面积一般在 $4\sim6m^2$，造价较高。近年来，各生产厂家已通过多种方法改进，如：

（1）采用加隔热层的彩色钢板，以减小外界环境的影响；

（2）加装通风设备，去湿器等。

15. 什么是美式箱变？

美式箱变的特点有：

（1）体积小（等同参数下的体积约为"欧式箱变"的 1/2）。它的高压电器元件与变压器共箱，采用油作为绝缘、灭弧介质。充分利用配电变压器是户外设备自然散热的优点。在美国，此类变电站大多就近安装，其低压出线进入户内后，一般都设有独立的低压配电及电能计量柜，因此低压侧没有保护、控制和计量设备。

（2）损耗低（若采用非晶合金的变压器损耗更低），维护简单，价格便宜。

（3）全绝缘、全封闭结构，防护等级高，不受外界环境的影响。

16. 为什么说节约用电是节能工作中十分重要的一环？

电能是使用最广泛的一种二次能源。在人们的生产劳动和日常生活中，电能起着十分重要的作用。电能的应用不仅促进了劳动生产率的提高，而且改善了人们的生活。

做好节约用电工作，不仅可以降低生产成本，还可以将节省下来的电能用于扩大再生产，缓解电力供需矛盾。

随着电能的广泛应用，对电的需求量正在飞速增长。因此，节约用电是整个节约能源工作中十分重要的一环。有人将节能列在煤炭、石油与天然气、水利、新能源之后，称为第五大能源。

我国高度重视节能工作，节约和替代石油、燃煤工业锅炉（窑炉）改造、区域热电联产、余热余压利用、电机系统节能、能量管理系统、建筑节能、绿色照明、政府机构节能、节能监测和技术服务体系建设等十大节能工程，先后列入"九五"、"十五"节能重点领域和"十一五"、"十二五"重点节能工程。

据统计资料显示，电机系统耗电约占我国用电量的60%以上，2011年我国电机耗电量约为2万kWh，占全国用电量的60%和工业用电量的80%。

如果我国现有中小型电机的效率提高2%，每年就可节电200亿kWh，节电效果相当于3个100万kW级火电站的发电量，同时等于减少3个100万kW级火电厂每年燃烧70万t标准煤的能耗。在其他条件不变的情况下，可使我国全社会用电量降低两个百分点左右，能源消费总量的单位GDP能耗下降一个百分点左右。因此，电机节电成为我国实现节能减排的必然途径。

🔧 17. 什么是电动机能效标准？

目前我国中小型电动机约有300多个系列，近1500个品种。其额定功率在0.55～315kW范围内，极数为2极、4极和6极（少数为8极），机座号在80～355mm之内，是量大面广的产品，其应用遍及工业、农业、国防、公用设施、家用电器等各个领域。2011年，我国中小型电动机年生产能力达1.74亿kW，而且电动机出口量每年约为700万kW，约占交流电动机总产量的20%，是我国重要的出口机电产品之一。

我国电动机生产厂家约2400家，主要分布在浙江、江苏、福建、山东、辽宁、广东、河南及上海等省市，这8省市的电动机生产厂家有2055家，其中浙江省电动机企业数量占全国28%。

目前生产和使用的电动机以Y、Y2、Y3系列电动机为主，占据了 90％以上的市场份额。其中，Y 系列电动机效率平均值为 87.72％，Y2 系列电动机效率平均值为 87.74％（1996 年鉴定），Y3 系列电动机效率平均值为 87.75％（2003 年 3 月鉴定）。

我国于 2002 年发布了针对中小型三相异步电动机的能效标准《中小型三相异步电动机能效限定值及能效等级》，2006 年第一次修订，2012 年第二次修订。与 GB 18613—2006 标准相比，GB 18613—2012 标准的变化如下：

功率范围从 0.55～315kW 改为 0.75～375kW。

提高了各级电动机能效指标。故 GB 18613—2006 版中的 2 级能效在新标准中将降为 3 级能效，1 级能效降将为 2 级能效，而超高效电机（IE 4）则为我国的 1 级能效。

测试方法改为输入—输出功率损耗分析法。

删除了 75％额定输出下的效率要求及取消了功率因数的要求。尽管在 GB 18613—2012 标准中取消了功率因数的要求，考虑到电动机的实际情况，保留对功率因数的考核。

依据新修订的《中小型三相异步电动机能效限定值及能效等级》GB 18613—2012，《中小型三相异步电动机能效标识实施规则》CEL-007 的适用范围变更为适用于 1000V 以下的电压，50Hz 三相交流电源供电，额定功率在 0.75～375kW 范围内，极数为 2 极、4 极和 6 极，单速封闭自扇冷式、N 设计、连续工作制的一般用途电动机或一般用途防爆电动机。

GB 18613—2012 规定了中小型异步电动机的能效等级、能效限定值、目标能效限定值、节能评价值和试验方法。

（1）电动机能效等级

电动机能效等级见表 5-4 所示。电动机能效等级分为 3 级，其中 1 级能效最高。各等级电动机在额定输出功率下的实测效率应不低于表 5-4 的规定，其容差应符合 GB 735—2008 第 12 章的规定。

电动机能效等级   表 5-4

额定功率	效率(%)								
（kW）	1 级			2 级			3 级		
	2 极	4 极	6 极	2 极	4 极	6 极	2 极	4 极	6 极
0.75	84.9	85.6	83.1	80.7	82.5	78.9	77.4	79.6	75.9
1.1	86.7	87.4	84.1	82.7	84.1	81.0	79.6	81.4	78.1
1.5	87.5	88.1	86.2	84.2	85.3	82.5	81.3	82.8	79.8
2.2	89.1	89.7	87.1	85.9	84.7	84.3	83.2	84.3	81.8
3	89.7	90.3	88.7	87.1	87.7	85.6	84.6	85.5	83.3
4	90.3	90.9	89.7	88.1	88.6	86.8	85.8	85.6	84.6
5.5	91.5	92.1	89.5	89.2	89.6	88.0	87.0	87.7	86.0
7.5	92.1	92.6	90.2	90.1	90.4	89.1	88.1	88.7	87.2
11	93.0	93.6	91.5	91.2	91.4	90.3	89.4	89.8	88.7
15	93.4	94.0	92.5	91.9	92.1	91.2	90.3	90.6	89.7
18.5	93.8	94.3	93.1	92.4	92.6	91.7	90.9	91.2	90.4
22	94.4	94.7	93.9	92.7	93.0	92.2	91.3	91.6	90.9
30	94.5	95.0	94.3	93.3	93.6	92.9	92.0	92.3	91.7
37	94.8	95.3	94.6	93.7	93.9	93.3	92.5	92.7	92.2
45	95.1	95.6	94.9	94.0	94.2	93.7	92.9	93.1	92.7
55	95.4	95.8	95.2	94.2	94.6	94.1	93.2	93.5	93.1
75	95.6	96.0	95.4	94.7	95.0	94.6	93.8	94.0	93.7
90	95.8	96.2	95.6	95.0	95.2	94.9	94.1	94.2	94.0
110	96.0	96.4	95.6	95.2	95.4	95.1	94.3	94.5	94.3
132	96.0	96.5	95.8	95.4	95.6	95.4	94.6	94.7	94.6
160	96.2	96.5	96.0	95.6	95.8	95.6	94.8	94.9	94.8
200	96.3	96.6	96.1	95.8	96.0	95.8	95.0	95.1	95.0
250	96.4	96.7	96.1	95.8	96.0	95.8	95.0	95.1	95.0
315	96.5	96.8	96.1	95.8	96.0	95.8	95.0	95.1	95.0
355-375	96.6	96.8	96.1	95.8	96.0	95.8	95.0	95.1	95.0

（2）电动机能效限定值

电动机能效限定值是指在规定的测试条件下，允许电动机效率最低标准值。电动机能效限定值在额定输出功率时的效率应不低于表 5-4 中 3 级的规定。

（3）电动机目标能效限定值

电动机目标能效限定值是指在 GB 18613—2012 实施一定年限后，允许电动机效率最低标准值。电动机目标能效限定值在额定输出功率的效率应不低于表 5-4 中 2 级的规定。在表 5-4 中，7.5～375kW 电动机的目标能效限定值在标准实施之日 4 年后开始实施，7.5kW 以下电动机的目标能效限定值在标准实施之日 5 年后开始实施，并替代表 5-4 中 3 级的规定。

（4）电动机节能评价值

电动机节能评价值是指满足节能认证要求的电动机效率应达到的最低标准值。电动机节能评价值在额定输出功率的效率均不低于表 5-4 中 2 级的规定。

18. 为什么要提高用户的功率因数？

用户功率因数的变化直接影响电力系统有功功率和无功功率的比例变化。如果用户的功率因数过低，势必会使发电机降低功率因数运行，使发电机多发无功功率，以达到功率平衡。而发电机多发无功功率时，则会影响它的有功功率输出，这是很不经济的。因为输电线路损失不仅与输送的有功功率有关，还与输送的无功功率有关，即：

$$\Delta P = \frac{P^2 + Q^2}{U^2} R \times 10^{-3}$$

或
$$\Delta P = \frac{P^2}{U^2 \cos\varphi} \times 10^{-3} \tag{5-1}$$

式中　ΔP——有功功率损耗，kW；

　　　　P——线路输送的有功功率，kW；

　　　　Q——线路输送的无功功率，kVAR；

　　　　R——线路电阻，Ω；

　　　　U——线路额定电压，kV；

$\cos\varphi$——负荷地功率因数。

由上式可知，如果用户的功率因数补偿至 1，线路的功率损耗只决定于线路输送的有功功率值，线路的损耗将大大降低。

5.2　照明节电

19. 住宅照明节电的方法有哪些?

住宅照明节电的方法主要有：

(1) 选用高效电光源和高效灯具。

(2) 提高利用系数和维护系数。

(3) 推行分布式照明方式。

20. 怎样选择高效电光源?

《建筑照明设计标准》GB 50034—2004 规定以照明功率密度值 (LPD) 为节能评价指标。LPD 是与不同的房间、不同的照度值相对应的数值，居住建筑每户照明功率密度值与对应照度值见表 5-5。

居住建筑每户照明功率密度值与对应的照度值　　　表 5-5

房间	照明功率密度值(W/m²)		对应照度值(lx)
	现行值	目标值	
客厅			100
卧室			75
餐厅	7	6	150
厨房			100
卫生间			100

各种光源由光效较高的光源替代后，节电效果和电费节省明显。

节能灯具有光效高、显色性好、结构紧凑、使用方便等优点，是新一代比较理想的节能光源。节能灯替代白炽灯的效果见表 5-6。

细管荧光灯替代粗管荧光灯的效果见表 5-7。

节能灯替代白炽灯的效果　　表 5-6

白炽灯(W)	由节能灯替代(W)	节电效果(W)	电费节省(%)
100	25	75	75
60	16	44	73
40	10	30	75

细管荧光灯替代粗管荧光灯的效果　　表 5-7

灯管径	镇流器种类	功率(W)	光通量(lm)	光效(lm/W)	替换方式	照度提高(%)	节电率(%)
T12 (38mm)	电感式	40	2850	72			
T8 三基色 (26mm)	电感式	36	3350	93	T8 替代 T12	17.54	10
T8 三基色 (26mm)	电子式	32	3200	100	T8 替代 T12	12.28	20
T5 (16mm)	电子式	28	2900	104	T5 替代 T12	1.75	30

高效散热型 COB-LED 日光灯替代荧光灯，保持相同的照明效果，节电效益显著。T8C-Z164-9W 的 LED 日光灯与 60cm T8-20W 荧光灯在设定距离和角度上照度对比如表 5-8 所示。T8C-Z164-18W 的 LED 日光灯与 120cm T8-40W 荧光灯在设定距离和角度上照度对比如表 5-9 所示。

T8C-Z164-9W LED 日光灯与 60cm T8-20W 荧光灯照度对比

表 5-8

种类	照度(lx)							
	1m	1m/45°	1.5m	1.5m/45°	2m	2m/45°	3m	4m
T8C-Z164-9W 日光灯	137	44	62	21	38	11	15	9
60cmT8-20W 荧光灯	109	45	49	23	30	12	12	7.2

21. 为什么选用高效灯具能节电?

照明灯具不仅局限于照明，而且起到房间装饰作用。因此照明

260

灯具的选择会复杂一些，灯具不仅涉及安全省电，而且会涉及材质、种类、风格品位等诸多因素。

T8C-Z164-18W LED 日光灯与 120cmT8-40W 荧光灯照度对比

表 5-9

种类	照度(lx)							
	1m	1m/45°	1.5m	1.5m/45°	2m	2m/45°	3m	4m
T8C-Z164-18W 日光灯	229	80	116	39	69	21	28	19
120cmT8-40W 荧光灯	210	130	103	45	68	23	29	20

照明灯具的品种很多，有吊灯、吸顶灯、台灯、落地灯、壁灯、射灯等，照明灯具的颜色也有很多，分为无色、纯白、粉红、浅蓝、淡绿、金黄、奶白色等。选择照明灯具时，不要只考虑灯具的外形和价格，还要考虑灯具的效率。灯具的效率是指灯具光源的光通量与光源的光通量的比值，它直接反映了灯具对光的利用率。各种灯具的效率高低不一，高的可达 96%，低的在 40% 左右，个别的甚至只有 30%。灯具效率越高，说明对光的利用越充分，使用时耗电就越少。

国际照明委员会提出，按灯具的配光特性将灯具分为五类：直接照明型、半直接照明型、均匀漫射型、半间接照明型、间接照明型。其中直接照明型灯具向下投射的光通量占光通量的 90%～100%，而向上投射的光通量极少。室内照明宜选用直接型照明器。

某铁路水电段在某火车客站站台柱灯照明中，选用新型灯具，采用新光源，达到了提高照度、节约用电的目的。他们选用沈阳某厂生产的 GNI-D-110 新型灯具，这种灯具壳体用高纯铝板加工成型，反光板电解抛光氧化处理，灯壳内部为全反光体，用透明的耐高温有机玻璃作保护罩，重量轻、反光好、光效高。选用 70W 高压钠灯替代原有的琵琶灯具、100W 白炽灯以及部分 125W 高压汞灯。全站台 72 盏灯，改造前总容量 8.9kW，改造后总容量为 4.984kW，减少 3.916kW，减少容量 44%。在保证照明质量不降低的情况下，以每年工作 365h 计算，每年节电量为 14293kWh。

22. 怎样提高利用系数？

在室内一般照明系统中，平均照度的计算通常采用利用系数法。采用利用系数法计算时，既考虑了由灯具直接投射到工作面上的光通量，又考虑了房间墙壁、顶棚、地板等表面之间光通量多次反射的影响，能够得到比较准确的计算结果。利用系数法照度的计算公式为：

$$E = \frac{n\phi UM}{A} \tag{5-2}$$

式中　E——照度，lx；

　　　n——光源的个数；

　　　ϕ——每个光源的光通量，lm；

　　　A——受照房间的面积，m^2；

　　　U——利用系数；

　　　M——维护系数。

利用系数与房间的布置、光源的选择和灯具的选择等多种因素有关。提高利用系数的做法有：

（1）选择高效光源和节能灯具。选择高效光源和节能灯具，能使光通量集中。例如选用直接照明型灯具可以提高利用系数。

（2）房间的形状与布置。房间设计应尽可能接近正方形，使光源直射光通量增加；房间装饰时尽量不要吊顶，以增加空间高度，即增加灯具悬挂高度，使反射光通量增加，可以提高利用系数。

（3）房间装饰用浅色。刷白的顶棚和墙壁、浅色木地板和瓷砖地面、浅色窗帘的房间，反射系数较大，反射光通量增加，可以提高利用系数。

23. 怎样提高维护系数？

维护系数与环境有很大的关系。清洁环境房间的维护系数达0.8，房间环境一般的维护系数为0.7，脏污环境房间的维护系数只有 0.6 甚至更低。加强对电光源和照明器具的维护管理，定期擦拭照明器具，可以提高维护系数，这是一种不花钱即可以做到的节电措施。

提高维护系数的做法有：

（1）定期清扫灯和灯具。在灯上以及在灯具的反射表面与透射表面上沉积的灰尘吸收光。一个装置由于该原因而损失的光通量可能很大，有必要对灯和灯具进行定期清扫。一般每年至少要清扫 2 次。

（2）清扫房间。沾染灰尘的表面使它们反射的光通量减少，并且损害了房间的外观。由于这种原因而损失的光通量取决于房间的尺寸和灯具的光分布，用间接分量大的灯具照明的小房间，光通量损失最大；而用主要是直射光的灯具照明的大房间，光通量损失最小。平均测定，由半直接灯具照明的中等大小的房间，在长期没有清扫的室内，光通量损失可达 10% 以上。

（3）换灯。为了减少照明装置由于灯老化和失效而引起的光输出下降，就要换灯。室内的换灯周期为 2~4 年，这与灯和灯具的清扫、房间的清扫有关。

24. 怎样充分利用自然光节电？

充分利用自然光，不仅可以减少建筑物的能源消耗而节电，还可以满足人们健康的需求。我国地域广大，自然光资源丰富，《建筑采光设计标准》GB/T 50033—2001 根据我国 30 年的气象资料取得的 135 个站的平均总照度对全国的光气候进行了分区，按不同照度范围将全国划分为 5 个区，以便充分利用自然光资源，取得更多的利用时数。光气候是指由太阳直射光、天空漫射光和地面反射光形成的天然光平均状况。

2012 年 12 月，国家发布了《建筑采光设计标准》GB 50033—2013，替代 GB/T 50033—2001，自 2013 年 5 月 1 日起实施。在建筑采光设计中，贯彻国家的技术经济政策，充分利用自然光，创造良好的光环境，节约能源。

从 20 世纪 60 年代开始，人们就已经认识到在热带地区发展自然采光的潜力，有研究指出，单使用天窗（天空漫射光，不包括直射光）就可以节省电力达 50%。为了自然采光，窗户窗口尺寸需要足够大，从而使自然光能够入射到房间更深的地方，但自然光过多会产生视觉问题和热问题。关键是要计算出一个合理的窗户窗口尺寸，在合适的照明水平和其不利影响之间获得平衡。

在房间靠近窗户、走廊等采光条件好的场所，当自然光充足的时候，要适当控制照明器的数量，充分利用自然光。

自然光是通过透光材料进入室内的，玻璃是使用量最大的透明材料。近年来，新材料的研究促进了自然光照明利用技术的发展，其中，低辐射镀膜玻璃除了具有控制太阳辐射和阻止热辐射透过玻璃传递的功能之外，还具有良好的采光性能，对波长 380～780nm 的可见光有很高的透光率，加上其具有低的反射表面，有效控制光污染，在住宅建筑中越来越多地获得应用。

25. 什么是分布式照明？

分布式照明是相对于集中式照明提出的一种照明方式。分布式照明是让光线只在需要的时间照射在需要的地方，其主要手段是把大功率点光源分解成多个小功率光源，分别分布到被照对象的表面，并加以时段控制。

分布式照明方式的实施的要求：

（1）照明器具要求小型高效。分布式照明的照明器具使用比较多，除了价格合适之外，主要是要求小型、高效。LED 灯及 LED 灯具的日益普及，为分布式照明的应用打下了基础。LED 散热问题，还有待进一步取得进展。

（2）灯具使用寿命长。集中式照明容易解决灯具维护问题，而分布式照明往往需要将灯具安装在不太容易到达的部位，这就对灯具的使用寿命和维护周期提出了更高要求。要求灯具使用寿命长，最好是使用期间免维护。

（3）控制灵活。分布式照明将集中式照明的单点变成了多点，对控制的灵活性要求大大提高了。在数量巨大的家庭分布式照明系统里，人们对灯具的控制，要求在节能的同时，必须保证操作控制方便，否则，繁多的开关会影响人们在节能方面的积极性。

（4）供电。小型照明器具，比如 LED，是由直流供电的。现在市场上配供 LED 灯具的交流一体化驱动器已经成熟，分布式照明的供电应该不成问题了。

分布式照明方式的直接效果就是耗电量的降低以及光污染的减少。分布式照明方式逐渐被人们所接受，在技术方面，分布式照明已经日趋成熟。

26. 客厅和卧室怎样实施分布式照明？

住宅中客厅的照明要放弃一盏大灯照明整个房间的布局，而是采用落地灯、台灯、壁灯、阅读灯、夜灯等的组合，将这些灯分布在客厅的不同部位，根据不同的需求开启不同的灯具。尽管客厅的这些灯的总功率会超过原来一盏大灯的功率，但由于不同时段只使用这些灯中的一盏或几盏，这样，各个时段使用的灯的功率就比原来那只大灯的功率减少了。

在卧室中，可以用壁灯、阅读灯、镜前灯，采用分布式方式布置，替代设计选用的一盏荧光灯吸顶灯。

在宾馆的标准房间，不再设置一盏大灯（吸顶灯），而在床头设置两盏可以调光的壁灯，在书桌上设置台灯，在沙发旁设置落地灯，在过道设置筒灯。

分布式照明方式灯具的总装容量超过单灯布局，但实际的耗电量却大大降低了。分布式照明的灯具使用较多，初投资较大，由于其灯具使用寿命长，加上节省电能，在一定的使用时期内，使用寿命长节省的灯具购置费和节省的电费可以充抵分布式照明的初期投资，长期使用其费用可能比集中式照明还要省。

27. 为什么要一盏灯设置一个开关？

家庭装饰灯具中一般有多个光源，应尽量使用可控制光源燃点数量的开关，并且一个灯具安装一个开关，人走灯灭，这样可以大大减少照明器的使用时间，从而节约用电。随手关灯是最有效、最经济的家庭照明节电方法。

照明器具的功能，除了提供电气照明之外，同时还有装饰居室环境的作用。花样翻新的吊顶花灯、壁灯已经进入了一些家庭。最好是一个灯由一个开关控制，不要一个开关控制几个灯，以便在必要时逐个减少或逐个增加照明。处于自然光强的地方的灯由一个开关控制，而处于自然光弱的地方的灯由另一个开关控制，这样可以根据自然光的情况来控制相应的灯。在有局部照明的房间，局部照明和一般照明也应由各自的开关分别控制。

以一个家庭客厅中安装的 DGL-7/40-1 型橄榄罩顶灯为例：该灯中心有一个灯（100W），周围有 6 个灯（每个灯 40W）组成一组花灯，由一个开关控制这一组花灯共 7 个灯泡。实际上，除了来客，或者节假日及周末聚会才有必要将灯全部打开。后来将这组灯改用两个开关控制：一个开关控制中心的一个灯，一个开关控制周围的 6 个灯。若每年 300 天中只开中心一个灯，每天工作 3h，年节电为 $40 \times 6 \times 3 \times 300 = 216 kWh$。

照明器具的开关应该安装在便于操作的位置，以便及时关灯，养成人走灯灭的良好习惯非常重要，因为随手关灯是最经济有效的节电方法。

28. 电子节能荧光灯的节电效果如何？

电子节能荧光灯由电子镇流器和荧光灯管组成，电子镇流器具有普通电感式镇流器和启动器的功能。电子节能荧光灯的发光效率比普通荧光灯提高 50% 以上，发出的光色更接近自然光，比普通荧光灯节电 23%～34%，使用寿命是白炽灯的 5 倍。

1978 年，荷兰飞利浦公司研制出第一只电子镇流器。我国也研制生产了多种规格的电子镇流器，规格从几瓦到几十瓦。其中，ZF40I、ZF402 型电子镇流器已通过国家质量检测。试验数据表明，电子镇流器节电效果明显。40W 荧光灯配电子镇流器输入总功率为 41W，比电感镇流器节电 15%，比 30W 的荧光灯节电

20%，比 20W 的荧光灯节电接近 20%；功率越小，节电越多。而且电子镇流器重量只有电感镇流器的 1/4，节约了大量的金属。同时，荧光灯的功率因数也可以提高到 0.7 以上。

🔑 29. 景观照明节电的措施有哪些？

景观照明应根据照明场所的功能、性质、环境区域亮度、表面装饰材料及所在城市的规模，确定照度或亮度标准值；合理选择夜景照明的照明方式；选择的光源及其附件应符合能效标准，并达到节能评价值的要求；采用高效率的灯具。

(1) 环境区域划分。《城市夜景照明设计规范》JGJ/T 163—2008 规定，环境区域根据环境亮度和活动内容划分为 4 个区域：

E1 区，为天然暗环境区，如国家公园、自然保护区和天文台所在区等；

E2 区，为低亮度环境区，如乡村工业或居住区；

E3 区，为中等亮度环境区，如城郊工业或居住区；

E4 区，为高亮度环境区，如城市中心或商业区等。

(2) 建筑物立面夜景照明的照明功率密度值。《建筑照明设计标准》GB 50034—2004 规定，以照明功率密度值（LPD）为节能评价指标。《城市夜景照明设计规范》JGJ/T 163—2008 规定的建筑物立面夜景照明的照明功率密度值见表 5-10。在表 5-10 中，市区和近郊区非农业人口在 100 万以上的城市为大城市，市区和近郊区非农业人口在 50 万～100 万的城市为中等城市，市区和近郊区非农业人口在 50 万以下的城市为小城市。为保持 E1 区的生态环境，E1 区内的建筑物立面不设置夜景照明。

建筑物夜景照明的照明功率密度值   表 5-10

建筑物饰面材料		城市规模	E2 区		E3 区		E4 区	
名称	反射比 ρ		对应照度 (lx)	功率密度 (W/m²)	对应照度 (lx)	功率密度 (W/m²)	对应照度 (lx)	功率密度 (W/m²)
白色外墙涂料、乳白色外墙釉面砖、浅冷或暖色外墙涂料、白色大理石	0.6～0.8	大	30	1.3	50	2.2	150	6.7
		中	20	0.9	30	1.3	100	4.5
		小	15	0.7	20	0.9	75	3.3

建筑物饰面材料		城市规模	E2 区		E3 区		E4 区	
名称	反射比 ρ		对应照度 (lx)	功率密度 (W/m²)	对应照度 (lx)	功率密度 (W/m²)	对应照度 (lx)	功率密度 (W/m²)
银色铝塑板、浅色大理石、浅色瓷砖、灰色或土黄色釉面砖等	0.3～0.6	大	50	2.2	75	3.3	200	8.9
		中	30	1.3	50	2.2	150	6.7
		小	20	0.9	30	1.3	100	4.5
深色天色花岗石、大理石、瓷砖、人造花岗石、普通砖、暗红色釉面砖	0.2～0.3	大	75	3.3	150	6.7	300	13.3
		中	50	2.2	100	4.5	250	11.2
		小	30	1.3	75	3.3	200	8.9

30. 景观照明节电的主要方面有哪些?

（1）建立完善的法规政策和管理体制，为景观照明工程提供可靠保证。建设部 2006 年发布《"十一五"城市绿色照明工程规划纲要》，一些城市相继出台了城市夜景照明的规划、规范、管理办法。这些，都为城市夜景照明工程建设提供了重要保证。

上海市卢湾区启动绿色照明工程，淮茂绿地采用了 199 个太阳能灯具，全区有 15 个公共卫生间采用太阳能照明；淮海公园的庭院灯全部采用太阳能与风能发电；淮海路商业街的灯光隧道工程 24 座跨街景观灯以节能灯替代白炽灯，淮海路东段 14 栋大楼用 4 万支节能荧光灯组成内江外透工程，节电 66%。

（2）合理规划城市夜景照明专项规划，这是实施景观照明工程建设的依据。2006 年以来，北京、上海、天津、重庆、杭州、成都、深圳等大城市相继制订了城市景观照明专项规划。

（3）选择应用高效节能的照明电器产品，这是实施景观照明工程的基础工作。

景观照明严禁使用强力探照灯、大功率泛光灯、大面积霓虹灯、彩泡、美耐灯等高亮度、高能耗灯具，推荐使用太阳能庭院灯、太阳能草坪灯、LED 灯、T8、T5 荧光灯、节能灯。

以河南省艺术中心夜景照明工程为例，该工程使用的 LED 灯具有：

球形 LED，5500 套，应用在艺术中心屋面；

LED 台阶灯，768 套，应用于艺术中心外沿台阶；

LED 地砖灯，4572 套，应用在艺术中心服务区平台；

LED 水下灯，326 套，在艺术中心的 9 个水池使用；

LED 线型灯，1060 套，在艺术中心 5 个球体底部内外圈使用；

LED 地埋灯，52 套，在艺术中心地下通道使用。

（4）应用先进科学的现代照明控制技术，这是实施景观照明工程的手段。根据景观照明元素的要点，照明载体的形体特征、材质特征和艺术特点，选择科学合理的照明控制方法。

1989 年以前，以轮廓照明为主的景观照明兴起。1989～1999 年期间，是以泛光照明为主的景观照明阶段。1999～2003 年，景观照明进入多样化发展阶段，引进了国外先进的景观照明控制方式。2004 年至今，高科技照明技术进入景观照明领域，特别是智能控制技术和 LED 照明技术的推广，通过应用 LED、霓虹灯、彩色泛光灯、空中激光投射灯、大型动态显示屏，将城市夜景打扮得五颜六色。

例如，海南省南山海上观音圣像开光大典的景观照明，采用了多网络智能控制系统。其主要技术措施有：

1）光纤分段传输；

2）统一网络协议，对于电脑灯具，将网络信号转换成 DMX 信号；

3）设计灯光控制台、开关柜控制台和网络开关柜；

4）采用灯光总服务器。

主要技术效果为：

1）控制范围广；

2）控制光路多，电脑灯光路有 2049 路，灯开关 384 路；

3）控制的灯具种类多样，包括电脑灯、LED 灯、普通调光灯、激光等。

（5）加强城市景观照明建设的管理，建立景观照明管理的长效机制，这也是景观照明工程的重要环节。

31. 怎样制订城市的景观照明规划?

（1）北京市

北京市从 2004 年底开始调研编制北京市中心城区景观照明专项规划，2006 年出台了《北京城市夜景照明技术规范》DB11/T 388.1—2006 至 DB11/T 388.8—2006，2009 年出台了《北京市室外照明干扰光限制规范》DB11/T731。景观照明区划针对不同性质的地块提出照明载体的照明策略，以实现对规划范围内所有载体的景观照明效果进行整体控制和规划。

北京市中心城区景观照明架构为：确定点、线、面的关系，对重要景观排序，提出两轴、三环、十线、16 区、50 桥、80 点等重要区域与节点的照明控制要求，建立与白天相应的富有首都特色的城市夜景意象。2009~2010 年，北京市政市容委对天安门、长安街及其延长线和重要交通枢纽进行了夜景设施改进和增设。在天安门广场，采取了多项新技术和节能新光源，使天安门广场和长安街沿线建筑物夜景的光色配置更加合理。

（2）上海市

上海市世博园区结合《2010 上海世博园区夜景照明规划与设计》的实施，建设了一轴四馆、高架步道、舟桥、城市最佳实践区等园区景观照明重点工程。园区夜景形成三大主要的景观轴线：一是天然景观轴—黄浦江，其开阔的江面自然成为观景的最佳场所，两岸的景观经过江水的倒映，更是一道瑰丽的风景线；二是世博轴，是沿线浦东园区表现内容最为丰富的景观轴线；三是园内高架步道，横穿浦东主要国家馆区，连接几个主要出入口，也是重要的景观轴线之一。

上海市中心城区的景观灯光建设按照《上海市中心城重点地区景观灯光发展布局方案》中的总体布局，分为"3＋2＋4"方案进行，即人民广场及周边地区、南京路商业街和黄浦江两岸等 3 个景观灯光核心区域，小环线和大环线两条景观灯光环线，五角场、花木、徐家汇和真如等 4 个城市副中心的区域灯光中心。在景观灯光建设和管理中，重点推进"3"，综合调整"2"，加速发展"4"。

徐汇区以上海体育场区域为中心，形成了"四圈一线"的景观灯光格局，美罗形球形 LED 超大球幕建设总面积约 3000m²，是目前国内唯一的球形 LED 显示屏。普陀区以"桥、路、河、街"为重点，完成了真北路立交桥、梅州路休闲街及其他 5 条道路的景观灯光建设，展现夜普陀的靓丽形象。杨浦区首个滨江开发项目"东方渔人码头"作为黄浦江两岸综合开发"世纪工程"的重点项目，第一期工程 2010 年完成，一条嵌有历史、文化、休闲、体育等功能的绿色沿江岸线免费向大众开放。

（3）天津市

天津市制订了《天津城市景观照明工程技术规范》DB 29-71—2004，JI 0402—2004，天津市实施了路桥、水系、大型公共建筑、风貌建筑、景观平台等夜景灯光建设，形成了以海河为中心轴线，市区道路和水系组成的灯光廊道为基础框架，灯光组团和特色街区为结点，标志性建筑为重点的景观照明体系。

2010 年，天津市实施了海河沿线夜景照明提升工程、夜景照明网络建设工程，对海河沿线和中心城区的 28 条道路、15 个节点范围的 1036 处建筑和园林绿化设施实施了景观照明建设，网络线路全长 32km。

（4）重庆市

重庆市 2006 年发布了《重庆城市夜景照明技术规范》DB 50/T 234—2006，重庆市结合"一棵树，两江游"工程，加强南山一棵树景观点和长江、嘉陵江沿线的景观照明建设，使节假日前往南山一棵树景点的游客超过 1 万人，而长江、嘉陵江开通"满江红"、"朝天门"、"两江游"等游船，让客人感受"光移车在路，星动水行舟"的重庆夜景。

2010 年，重庆市加快了地处主城区核心位置的渝中半岛夜景照明和全国十大商圈之一的江北商圈建筑物的夜景照明设计与建设工程。

（5）杭州市

杭州市结合西湖、京杭大运河、西溪湿地三大综合保护工程，以及"三口五路"、"一纵三横"、"两口两线"等重点工程，打造以西湖为中心的灯光圈，以城市结点和入城口为灯光点，以城市主要道路和河道为骨架的灯光走廊，形成点、线、面相结合的杭州夜景总体框架。截至2006年底，杭州市主城区有景观灯10万余盏，公园、桥梁等111个公共空间节点实施了亮化，270栋单体大楼实施了亮灯。

（6）成都市

成都市着力体现两江环抱、放射加网状的城市格局特点，突出成都拥有良好的人居环境、丰富的历史文化、充满活力的交通枢纽和旅游中心城市，形成层次分明、富有特色的夜间光环境。规划确定成都景观照明的一个主中心、6个分中心、2条轴线、4条环带、23条景观道路、8条主要河道、61个重要节点的总体布局结构。按照景观照明点、线、面的划分，提出景观照明的要求。

（7）深圳市

深圳市2005年获世界花园城市称号，在景观照明上向现代化和园林化方向发展。景观照明规划以市民中心（广场）为中心，南北中轴线为重点，实施了深南大道两侧建筑物和构筑物的景观照明工程。工程分7个地段，包括火车站、罗湖海关、邓小平画像、深圳大学、金融中心以及世界之窗、锦绣中华、民俗村、欢乐谷等旅游景点。

深圳市中心广场及南中轴景观照明环境工程，要求照明设计满足城市功能和夜间安全要求。夜景采用分级开灯模式，分为平日、节假日和重大节日庆典三种模式；每种模式又分为前半夜和后半夜两个时段开灯。各配电箱按不同的灯光场景和开灯模式组织照明回路。以其中的市民广场景观照明容量为例：

平日：前半夜252kW，后半夜41kW；

节假日：前半夜255kW，后半夜41kW；

重大节日庆典：前半夜316kW，后半夜41kW。

5.3　家用电器节电

🔖32. 什么是空调器的能效标准？

空调的能效比分为两种，分别是制冷能效比 EER 和制热能效比 COP。一般情况下，我国绝大多数地域的空调使用习惯，空调制热只是冬季取暖的一种辅助手段，其主要功能仍然是夏季制冷，所以人们一般所称的空调能效比通常指的是制冷能效比 EER。

能效比是在额定工况和规定条件下，空调进行制冷运行时实际制冷量与实际输入功率之比。这是一个综合性指标，反映了单位输入功率在空调运行过程中转换成的制冷量。空调能效比越大，在制冷量相等时节省的电能就越多。

根据国家 2004 年颁布的空调器能效标准《房间空气调节器能效限定值及能源效率等级》GB 12021.3—2004（见表 5-11），空调能效比分为 5 级，1 级为 3.6，表示能源效率最高；5 级为 2.6，表示能源效率最低。5 级能效比代表了我国空调业的水平，我国制定的 1 级标准是一般企业努力的目标，2 级代表节能型产品，3、4 级代表国家的平均水平，5 级产品是未来淘汰的产品。并不是买能效比越高的产品越省钱，这涉及产品成本与节约电费之间的衡量。综合考虑投入、收益，选择 2 级、3 级能效比的空调较为合适。

2010 年，国家重新颁布了空调器能效标准《房间空气调节器能效限定值及能效等级》GB 12021.3—2010，见表 5-12。相比 GB 12021.3—2004 能效标准的 5 级划分，GB 12021.3—2010 能效标准只有 3 个等级，其中，GB 12021.3—2010 中入门级相当于 GB 12021.3—2004 中的 2 级。也就是说，2010 年 6 月 1 日之后，未能达到市场准入标准的空调产品将被强制淘汰。

与 GB 12021.3—2004 相比，GB 12021.3—2010 的限定值提高了 23％左右。其中，额定制冷量小于或等于 4500W 的分体式房间空调器能效限定值为 3.2，额定制冷量大于 4500W 小于或等于 7100W 的为 3.1，额定制冷量大于 7100W 小于或等于 14000W 的为 3.0。

空调器能效标准（GB 12021.3—2004）　　　表 5-11

	类型	额定制冷量(*CC*)W	1 级	2 级	3 级	4 级	5 级
旧能效标准	分体式	$CC \leqslant 4500$	3.4	3.2	3.0	2.8	2.6
		$4500 < CC \leqslant 7100$	3.3	3.1	2.9	2.7	2.5
		$7100 < CC \leqslant 14000$	3.2	3.0	2.8	2.6	2.4
	整体式		3.1	2.9	2.7	2.5	2.3

空调器能效标准（GB 12021.3—2010）　　　表 5-12

	类型	额定制冷量(*CC*)W	1 级	2 级	3 级
新能效标准	分体式	$CC \leqslant 4500$	3.6	3.4	3.2
		$4500 < CC \leqslant 7100$	3.5	3.3	3.1
		$7100 < CC \leqslant 14000$	3.4	3.2	3.0
	整体式		3.3	3.1	2.9

我国家用空调能效比（额定工况下的制冷量与制冷消耗功率的比值）一般为 2.6~3.0，而高效节能空调的能效比一般可达 3.0~3.5 及以上。采用变频空调等能效比高的节能空调，可有效提高空调的用电效率，节约空调用电。按空调最大负荷同时率为 0.4、民用空调产量年增长 10% 测算，如全部选用变频空调等高效节能空调，可转移高峰负荷 200 万 kW，节约电量 6 亿 kWh。

33. 怎样使用变频空调才能节电?

衡量变频空调是否节能的标准是"季节能效比"，英文缩写为 SEER，季节能效比不是测出空调器的单点能效比，而是从空调器在整个夏季运行时的总耗电量和总的制冷量出发，结合测试与计算得到整个制冷运行季节的综合效率。由于空调器在不同的环境温度下运行效率不同，这种综合考虑空调器在不同运行温度下效率和耗电量的方法对于变频空调能效测定更为科学。

而定频空调节能的标准是"能效比"，英文缩写为 EER，即制冷量/制冷功率。不能用定频空调的标准"能效比"去替代变频空调的"季节能效比"。

要注意的是，变频空调只有使用时间长才能省电。变频空调运行时间在 6h 以上，环境温度和所设置的温度相差不是很大的时候，所运行的功率才会低于平均功率，并处于省电的状态，当变频空调不能达到最佳的运行状态，也就是所设定的温度之前，会一直处在高频运转的状态，这时候就会很费电，因此，家用变频空调只有在长时间的运行之后才会省电。

34. 空调器的节电方法有哪些？

当家庭中使用的空调不是中央空调时，可以通过适当提高（或降低）室内温度、适当提高室内相对湿度、利用室内回风等方法节电。

35. 为什么适当提高（或降低）房间的温度基数能节电？

人体要维持 36.5～37℃ 的自身温度平衡，就要向外界排出多余的热量，或者吸收不足的热量。人的皮肤的临界温度为 33℃，高于 33℃ 时有热的感觉，低于 33℃ 时有冷的感觉。美国供暖制冷空调工程师学会（ASHRAE）手册给出的等效温度图表示，当温度为 25℃、相对湿度为 50%、气流速度为 0.15m/s 时，人体处于最正常的热平衡状态，感到最为舒适。

根据我国人民的生活习惯，空调房间的温度，在夏季设定为 26℃，在冬季设定为 18℃；相对湿度为 40%～60%，是既舒适又节电的空调方式。一般家庭中空调所需要的温度值和相对湿度值如表 5-13 所示。

家庭空调所需要的温度和湿度 表 5-13

室外干球温度(℃)	室内温度(℃)					
	夏季			冬季		
	干球温度(℃)	相对湿度(%)	有效温度(℃)	干球温度(℃)	相对湿度(%)	有效温度(℃)
−23.3～12.2				21.1	37	18.3
−12.2～1.1				21.1	50	18.9
−1.1～10				21.7	51	19.4

室外干球温度(℃)	室内温度(℃)					
	夏季			冬季		
	干球温度(℃)	相对湿度(%)	有效温度(℃)	干球温度(℃)	相对湿度(%)	有效温度(℃)
10~20.1				22.2	50	19.7
26.7	25.6	46	22.2			
29.4	26.1	50	22.8			
32.2	26.7	51	23.4			
33	27.2	52	23.9			
37.8	28.4	50	24.4			

表 5-13 中的有效温度是指与人体感觉到冷热相对应的温度，有效温度与室内温度不是同一个温度值，两者之间存在一定的温度差，有效温度一般比室内空气的温度要低些。例如，室内干球温度为 26.1℃、相对湿度为 50%时，对人体感觉有效的温度是 22.8℃。既然人体感觉有效的温度低于室内空气的温度，那么，将空调器的送风温度调高一些，但人体感到的确没有那么高，利用这一点可以节电。

在夏季使用空调时，人们没有必要将空调的温度调得那么低。单纯追求室内低温，不仅会增加电耗，还会使人感到过冷，对健康也不利。空调的送风温度每降低 1℃，所消耗的制冷量是相当可观的。如果将空调送风温度每提高 1℃，制冷量就会节省一部分，电耗就会相应下降。比如将室内温度设定为 26℃，空调工作后，只要室内达到这个温度了，空调就停止制冷了，主机停机。如果把温度设定为 28℃，空调停机的时间就会更长，从而省电。相反，如果是 24℃，空调就要增加工作时间，也就多消耗电能了。

如果室外温度为 37℃，空调室内空气温度为 28℃，相对湿度为 50%时，对人体的有效温度是 24℃，这个温度对人来说，应该是很舒适的。因此，空调器的温度基数可以提高一些，例如将送风温度提高到 26~28℃，能够取得非常明显的节电效果，而且人体并不感觉到温度高。

根据相关测试，空调设定温度每提高 1℃可省电 6%，以普通 1.5 匹的额定输入功率为 3200W 的壁挂式空调为例，设定温度 25℃，每日使用 5h，耗电约 15kWh，如果把设定温度提高 1℃，即设定为 26℃，一天就可省电 0.9kWh。

在冬季，相应调低室内空气温度基数，同样可以节电。一般调整为 22℃或以下。

36. 为什么适当提高房间的相对湿度能节电?

从舒适的角度来看，控制室内空气的相对湿度，与控制室内温度一样重要。完整的空气调节，应该能够同时满足温度和湿度的要求。

一般来说，冷风型空调器具有一定的去除空气中水蒸气的能力，除湿的单位为 1/h。试验表明，相对湿度降低，在较高的室温下，仍能感觉凉快和舒适。例如，在温度 26℃、相对湿度为 30%时，人体感觉凉快的程度，与在温度 22℃、相对湿度为 90% 时相同。

对于能够加湿或减湿的空调器，用提高相对湿度的方法可以有效节电。经试验，在室温为 23℃时，将相对湿度从 40%提高到 60%，房间的空调负荷减少为 17kJ/h；而在室内相对湿度为 50% 时，将温度从 21℃提高到 25℃，房间的负荷只减少 3kJ/h。从试验可以看出，用增加相对湿度的方法比用提高温度基数的方法，可以节省多得多的能量，也就是说，节电效果更为明显。

但需要注意的是，室内相对湿度太大，会使人感到不舒服，因此，室内相对湿度以控制在 70%以下为宜。

37. 为什么空调安装不当会多耗电?

空调器是利用室外空气冷却冷凝器的，安装方式不合理会使冷凝器的进风量过小，或进风温度过高。例如，在一些比较紧凑的安装场所，常将一侧的进风口百叶窗遮挡，造成冷却风量大幅度下降；一些混凝土钢窗结构的建筑物，为了避免在墙壁上开安装孔或是锯钢窗，就将空调直接搁置在室内阳台上，这样冷却冷凝器的空气是从室内吸入，致使室内冷气大量外流；有一些房间的窗户面对的是过道或较深的阳台，尽管室外部分不在房间内，但进入冷凝器的新鲜空气较少。这些安装方式都将造成空调器负荷加大，电耗明显增加。

空调在使用中，不经常清洗进风口的空气过滤器，将使过滤网的一些网孔被堵塞，这样冷凝器的进风量过小，也将使冷凝压力升高，增加空调器的电耗。

38. 怎样利用室内回风来节电?

室外空气负荷有新风负荷和缝隙风负荷两种。由新风和缝隙风带入的热量为；

$$q = 0.29Q(t_1 - t_2) + 720Q(x_1 - x_2) \tag{5-3}$$

式中　q——带入室内的热量，kcal；

　　　Q——风量，m^3/h；

　　　t_1——室外温度，℃；

　　　t_2——室内温度，℃；

　　　x_1——室外湿度，绝对值；

　　　x_2——室内湿度，绝对值。

新风负荷主要是考虑到室内空气卫生清洁，采用强制通风换气，将一定量的室外新鲜空气送入室内所形成的。在人们长时间停留的房间内，二氧化碳的允许浓度为 $1L/m^3$，而成年人二氧化碳的散发量为 23L/h，儿童二氧化碳的散发量为 12L/h，因此，空调室内必须引入新风。

要减少新风负荷量，就要尽可能利用室内回风循环，在强制通风换气时，将一定量的新风与室内回风混合送入室内，这样就能减少带入室内的热量，从而少用电能。

缝隙风负荷是由门、窗的缝隙，顶棚的缝隙，以及开关门、窗时，室外空气将热量带入室内所引起的。

要减少缝隙风负荷，首先是要求门窗密封好，特别是朝向室外的窗户，最好是安装双层玻璃或推式玻璃。另外，尽量减少开门的次数和控制门的开度，这样也能通过减少热量的带入而少耗电。

39. 怎样减少室内发热设施来节电？

用电设施和人员的发热和散热，是空调器的冷却负荷。安装在空调房间内的发热设施越多，要达到设定的冷却温度，空调器必然要多消耗电能。

空调节电的一个有效方法就是尽可能地减少房间内的发热设施。目前，不少家庭安装了电开水器，要喝开水随时可以取得，既方便，又美观。电开水器实际上就是一个电炉，像这样的发热电器就不要放置在设有空调的客厅中。照明器具也要尽量减少，不宜在装有空调房间内安装吊顶花灯、壁灯。在客厅和卧室中一般都有这些灯具，但在使用空调期间不要开灯。对于必须使用的灯具，要经常擦拭清洁，使其具有一定的照度。

人体要维持自身的温度平衡，就要向外界排出多余的热量，人体排出的热量也是空调器的冷却负荷。一个在空调房间内的成年人，坐着的时候，排热量为120W（130kcal/h）；而在活动，特别是激烈运动，例如唱歌跳舞时的排热量可达440W（380kcal/h）。人体最大的出汗量在0.3g/s左右，如果这些汗液全部蒸发，则排热量高达700～800W（602～688kcal/h）。因此，当人刚从户外活动归来，满头大汗地回到家里，不要急急忙忙到空调房间去，应先洗一下脸，最好先冲一个澡，擦拭干净身体后，再进入空调房间，要知道这样作，不仅有利于健康，还能明显地节约空调器的用电。

40. 电风扇节电的方法有哪些？

电风扇消耗的功率与转速的立方成正比，因此电风扇节电的主要方法是调速。如果慢速档的速度是全速档的70%，则电风扇在慢速档的功率消耗只有全速时功率消耗的34.3%。

电风扇的调速方法主要有电抗扼流圈法和分段励磁绕组法。

（1）电抗扼流圈法。这种方法直接改变了加入风扇电动机的端电压大小，由此控制磁场强度来改变电动机的转矩而调速。不同规格台扇电抗器的技术数控见表 5-14。

台扇调速电抗器的技术数据 表 5-14

台扇规格(mm)	线径(mm)	三档调速线圈匝数	铁芯形式	铁芯厚度(mm)
250	0.17	1550＋250	方形	12
300	0.17	1100＋300	环形	19
350	0.23	870＋150	方形	16
350	0.19	800＋350	方形	18
400	0.23	800＋200	方形	1817
400	0.23	640＋300	环形	

如果购来的台扇不配调速电抗器，可以自行绕制。以制作 400mm 台扇的调速电抗器为例，先选方形铁芯，铁芯迭厚 16mm，用直径为 0.23mm 的 QZ 型高强度漆包线绕 800＋200 匝，在绕线的始端、800 匝处和绕线尾端引线，分别作为低速、中速、高速档，最后淋绝缘清漆烘干。

（2）分段励磁绕组法。这种方法调速只需改变电动机定子绕组的接线方式，不需要用电抗扼流圈；但电风扇生产工序较复杂。

要注意的是，电风扇各档转速与电动机的转矩特性和扇叶特性有关，调速电抗器必须与电风扇和扇叶相匹配，才能获得良好的调速效果，从而达到节电的目的。一般情况下，适用于某种规格型号电风扇的调速电抗器，并不适用于其他机型。

41. 什么是国家标准规定的家用电冰箱电耗限定值？

从节约用电的角度来考虑，选购电冰箱时，要注意电冰箱铭牌上所标注的耗电量是否低于国家电冰箱电耗限定值所规定的数值。1990 年 12 月 1 日开始实施的电耗限定值列入表 5-15 中。间冷式电冰箱的电耗限定值要相应增加 15%。

280

电冰箱分类	有效容积(L)	电耗限定值(kWh/24h)
冷藏箱	100 以下	0.5
	100～129	0.6
	130～149	0.7
	150～179	0.8
	180～209	0.85
	210～250	0.95
冷藏冷冻箱 三星级冷藏箱	100～139	1.0
	140～159	1.1
	160～179	1.2
	180～209	1.3
	210～249	1.4
	250～299	1.5
	300～350	1.6

42. 家用电冰箱的节电方法有哪些?

电冰箱是耗电量较多的一种家用电器，在一般家庭的总用电量中，冰箱的耗电占了一定的比例。

电冰箱的节电方法有：合理调节箱内的温度，及时除霜，减少开箱门的次数，减少开箱门的时间，控制压缩机起动的次数，合理使用节电开关，改变控制电路接线等。

（1）合理调节箱内温度。电冰箱在使用过程中，不要一年四季使用的是温度控制器的同一个档，而要根据环境温度的变化，在保证食物冷藏的前提下，合理调节温度控制器的位置。

以一台 160L 双门冰箱为例介绍怎样合理调节温度控制器。该冰箱温度控制器上有以下档位：停，1，2，3，4，5，急冻。其中 5 个数字并不表示箱内的温度具体值，只是表明，数字越大处，对应的箱内温度越低。当环境温度低于 20℃时，将温度控制器旋钮置于"2"档；当环境温度在 20～30℃之间时，置于"3"档；当环境温度高于 30℃时，旋钮应置于"4"档。

（2）及时除霜。电冰箱在运行中，蒸发器上总是会结霜的。这是因为空气中多多少少总会有一定量的水蒸气，而冷藏室内贮存食物中的水分蒸发，更增加了箱内水蒸气的含量。这些水蒸气与温度在冰点以下的蒸发器相遇，就会在蒸发器表面凝结成霜。霜是一种小颗粒的冰晶，而冰是热的不良导体。蒸发器表面一旦结满厚厚的一层冰霜，就会严重阻碍蒸发器与食物之间的热交换。这样，蒸发器因为冷量不能有效地传出去，本身的温度将过低。蒸发器温度过低，制冷效率也就低，耗电量必定增加。因此，当结霜厚度达5mm时，就应该进行除霜。

手动除霜一般是切断电源，将冷冻室内的食物取出来，让冰霜自然融化。如果在冷冻室内放入一杯温水，利用温水热量化霜，大约10分钟左右冰霜就会熔解软化；然后取出杯子，清除冰霜就可以了。这样既快速又节电。手动除霜可根据冰霜厚度随时进行，一般半个月一次。半自动化霜也是根据霜层厚度决定，只需按下化霜按钮，就会自动进行除霜了。

据测定，如果蒸发器表面结霜厚度超过10mm，冰箱制冷效率将下降30%以上。为了防止蒸发器表面结霜过快，要保持电冰箱内的干燥。如前所述，不要把湿淋淋的食品直接放入箱内，不要把未加盖的液体放入箱内，不要把温度尚未降至室温的食物放入箱内，不要忘了装入水果蔬菜后要盖好果菜盒上的玻璃板。这样，都可以提高压缩机的制冷效率，减少压缩机工作的时间，从而节约电能。

（3）减少开门次数。电冰箱箱内为低温，箱外为室温，不论是夏季，还是在冬季，两者的温差都较大。当打开箱门时，箱内冷空气因重度大而从门下部向外逸出，室内热空气从上部往箱内补充，带进的热量使转箱内温度上升。如果要恢复到原先的温度，需要一定的时间，压缩机也就要多工作一段时间，使耗电量增加。另一方面，室内空气湿度大，开箱门时，热空气带进较多的水蒸气，水蒸气遇冷后凝结成霜，结霜时水蒸气要放出汽化潜热，更增加了电冰箱的耗电量。

（4）减少开门时间。电冰箱开门时，箱内箱外的冷热空气产生对流，开门时间越多，箱内温度升高也越多。因此，开门时间长短，决定了箱内温度升高的程度，也决定了箱内温度再稳定所需要的时间。另外，开门角度越大，冷量损失也越大。

43. 怎样通过控制压缩机起动次数来节电？

当电冰箱压缩机运行 2h，箱内温度稳定在 5℃ 以后，要注意压缩机开停次数和时间。当环境温度为 30℃，箱内未装食物时，以每小时内开停 5 次为宜。开停次数过多，将增加电耗；开停次数过少，箱内温度波动大。当箱内温度在 ±1℃ 之内时，开停次数越少越好。

压缩机的启动次数与很多因素有关：温度控制器的调节，化霜时间的掌握，箱门打开的次数及开门的时间长短都直接影响启动次数。

冷冻室内食物宜装满一些，这样不会因为开箱门而影响冷冻室内的温度。如果冷冻室内食物很少，开门时热空气将会乘机涌入冷冻室内，既影响制冷效果。又增加了结霜，使压缩机启动次数增加。而冷藏室内食物不宜装满，而且食物之间应留有空隙，以利于空气的流动。

压缩机每启动一次，电冰箱的耗电量大约增加 1%。启动次数增加，既增加了启动时的电耗，又增加了压缩机工作时的电耗。这时，可以通过适当调节温度控制器的差额螺母来调整。

44. 怎样使用节电开关来节电？

电冰箱内的温度是根据冷藏室内的温度变化来实现自动控制的。当冷藏室温度高于所设定的温度 T 时，压缩机工作制冷；当冷藏室温度低于 T 时，压缩机停止运转，制冷也就停止了。在压缩机停止制冷的这段时间里，冷藏室中的温度主要是受室内环境温度的影响。夏季的高温较容易使冷藏室的温度上升并超过设定温度 T 值，这时压缩机工作时间就长，这是正常现象，冰箱冷冻室的星级低温容易得到保证，满足人们长期保存食物的要求。

在冬季，由于环境温度低，有时低于设定温度 T，此时电冰箱的压缩机长时间处于停转的不制冷状态，因此冷冻室的星级低温不能保证，食品容易解冻甚至变质，为了防上这一情况，现代冰箱在冷藏室箱体内安装了电热丝。电热丝的作用是在压缩机停止工作时立即接入电路加热，使冷藏室温度回升，促使压缩机工作，从而保证冷冻室的星级低温。

这样一来，电热丝在夏季就没有必要了，而且要多耗电。因此专门设了一个节电开关，通过节电开关来控制电热丝的接入和断开。有的冰箱规定室温低于 10℃ 时，拨动节电开关接入电热丝；高于 10℃ 时，拨动节电开关断开电热丝。节电开关一般与温度控制器组装在一起。正确使用节电开关，既可保证冷冻食品长期不坏，又可节约电能。

有的电冰箱有这种电热丝，但没有装节电开关，虽能保证星级低温，但不节电。这时可以参照电路图装入节电开关，达到节电的目的。

45. 功率小的电冰箱就省电吗？

电冰箱的铭牌上或使用说明书都标明了压缩机的输入功率，一般压缩机的输入功率为电冰箱总输入功率的 90%～100%（有的冰箱有电热元件），如 93W、110W、125W 等。从表面上看，压缩机的输入功率大，电冰箱的耗电量就大；输入功率小，耗电量就小。而事实上输入功率小的电冰箱不一定耗电量就少，耗电量的多少取决于多方面的因素。

由于电冰箱的工作时间系数与电冰箱的设计制造、环境温度、温度控制器调节的位置、箱门的开关次数和开门时间等有关，因此，电冰箱的耗电量不仅与压缩机的输入功率有关，而且受到多方面因素的影响。

在日常使用中，电冰箱压缩机并不是每时每刻都在工作。也就是说，工作时间短的冰箱更省电。

46. 为什么磁性物质不要靠近电冰箱?

电冰箱箱门密封条一般采用软质塑料成型，内部装有磁粉，并加入橡胶或塑料等原材料磁芯，因此，箱门是靠磁力密封的。门封的好坏直接影响电冰箱的耗电多少和压缩机负荷的大小，也可以说，将影响电冰箱的使用寿命。

如果将扬声器等磁性物体放在电冰箱箱顶上，或者摆放在电冰箱附近，这些物件的磁场对冰箱磁性门封来说就是外磁场，外磁场会减弱箱门门封条的磁性，导致箱门不能紧密贴合箱体而产生缝隙。这样，箱内的冷空气将从缝隙中逃逸出来，室内比较潮湿的热空气将从缝隙中漏进去，使冰箱的制冷量散失过快。要使箱内维持原来的低温，压缩机就需要较长时间的运转，导致电冰箱耗电量的增加。

因此电冰箱使用时还要防磁干扰，磁化杯等物体、收录机等电器不要靠近电冰箱。

47. 洗衣机节电的方法有哪些?

洗衣机可以采用的节电方法有：合理选择洗涤时间，合理掌握洗衣量，合理选用洗衣粉，注意节约用水等。

（1）合理选择洗涤时间。洗衣机消耗的功率乘以使用时间，就是洗衣机的耗电量。在满足洗涤质量的前提下，减少洗涤时间是节电的一种方法。

洗涤过程是对附着在衣物上的污垢的渗透、增溶和分解的过程。在洗衣开始的一段时间里，污垢不断地从衣物纤维上分离、剥落，进入洗涤溶液中。但当洗净到一定程度后，再增加洗涤时间，洗涤效果并不明显，而衣物的磨损会增加。洗涤时间的长短还取决于衣物的种类、脏污程度、洗衣机水流形式和水温高低。

波轮式洗衣机的洗涤时间为 6～9min，脱水时间为 1～2min。具体选择如下：

1）洗衣量在 1kg 及以下、选用低水位时：毛、绸织物洗涤

2～4min，脱水 1～2min；棉、麻、化纤混纺织物洗涤 5～7min，脱水 1～2min；工作服类粗厚织物洗涤 8～9min，脱水 2～3min。

2）洗衣量 2～3kg、高水位时：毛、绸织物洗涤 4～6min，脱水 2min；棉、麻、化纤混纺织物洗涤 6～9min，脱水 2～3min；工作服类粗厚织物洗涤 9min，脱水 3min。

滚筒式洗衣机的洗涤时间一般比波轮式洗衣机的洗涤时间要长，例如某品牌全自动滚筒式洗衣机在标准水流程序时，完成整个程序需时 180min；在轻柔水流程序时，完成整个程序需时 114min。

此外，衣服的袖口、领子等比较脏的部位，先用洗衣机粉或肥皂搓洗几次，再开洗衣机，也可以缩短衣物的洗涤时间。

（2）合理掌握洗衣量。每次投入洗衣机的衣物量，应接近洗衣机的额定容量。如果一次投放衣物量过多，会增加电动机和波轮的负担，使电动机的电流增加，甚至超过额定值，电耗增大；另外，衣物过多，绞结现象严重，洗涤均匀性差，不容易洗干净，反过来会增加洗涤时间，也使电耗增大。

如果一次投放衣物量过少，不仅衣物磨损严重，还造成空载损耗，多用电用水。因此，不要为了一件或两件衣服而开动洗衣机。

常见衣物的重量如表 5-16 所示。

常见衣物重量 表 5-16

衣物名称	衣物材质	大约重量(g/件)
童装	混纺	129
短袖汗衫	全棉	130
长袖汗衫	全棉	150
男女衬衣	65%涤纶、35%棉	200
男女衬衣	混纺	200
浴巾	全棉	250
围裙	全棉	250
毛衣	混纺	300
裙子	化纤	400

衣物名称	衣物材质	大约重量(g/件)
浴衣	全棉	400
床单	全棉	500
睡衣	全棉	500
工作服	65%涤纶、35%棉	800
薄毛巾被	全棉	500
厚毛巾被	全棉	1200

（3）合理选用洗衣粉。复合型洗衣粉和加酶洗衣粉适用于洗衣机洗涤。复合型洗衣粉又分为多泡型、中泡型和低泡型三种。低泡复合型洗衣粉的配方中，除了含有阴离子表面活性剂之外，还加有不同特性的多种非离子型高分子表面活性剂和中性高级消泡剂，以及足量的高效助洗剂。它的泡沫少，还可以缩短洗涤时间，因此耗电少。另一方面，由于泡沫少，可以缩短漂洗时间，也可以少耗电。同时，使用低泡复合型洗衣粉还可以节约用水。

洗衣粉的用量不能过多，具体用量已列入第 3 章表 3-8 中。加的洗衣粉多了，会增加洗涤的时间，增加用电用水量。

（4）节省用水量。生产 1 吨自来水，一般要耗电 1.15 度；高住宅楼的用户，自来水需要经过二次加压，耗电还会增加。因此，节省洗衣机用水即可节电。

洗涤用水的多少，应根据衣物的重量和多少来选定。加水过多，容易冲淡洗涤剂的浓度；加水过少，衣物不能处于良好的漂浮状态，容易发生绞结，增加了衣物的磨损，也得不到满意的洗涤效果，要洗涤干净就要增加洗涤时间，也不利于节电。

波轮式洗衣机的洗衣量与用水量之比约为 1：15～1：20。在普通型洗衣机的洗涤桶内，都标有水位线，全自动洗衣机可以通过面板上的旋钮进行水位选择。

滚筒式洗衣机的用水量要小一些，洗衣量与用水量之比为 1：10，洗涤时的水位可加至洗衣筒半径一半的高度，漂洗时的水位可加至洗衣筒半径 4/5 的高度。此外，在洗涤时，先洗浅色衣物，后洗深色衣物，可以节电 50%。在节电的同时，还可以节水。

🔋48. 国外节能型洗衣机的发展情况怎样？

洗衣机制造厂家的发展目标是生产节电、节水、节洗涤剂而且少污染、高效率的洗衣机。

（1）美国。洗衣机大多数使用经处理的高强度工程塑料，用微机控制洗涤时间、洗涤液温度、搅拌速度和用水量。节电的情况是：装有电动机功率因素控制器，当洗涤少量衣服而负载轻时，自动将电流、电压降至最低水平。节水的情况是：采用自动循环水装置和水量控制器。

美国生产的洗衣机以搅拌式为主，也有部分滚筒式洗衣机。洗涤容量以 6～8kg 为主，占 90% 以上；容量在 2.7～4.5kg 的只占 8%。

（2）日本。日本生产的洗衣机向大容量、多功能、电气化控制的方向发展。如气泡洗衣机内设置了一个气泡发生器，能产生一股急速的向上气流使衣物上下左右翻转，气泡促使了洗涤剂的完全溶解，提高了洗涤效率，一台 7.5kg 的洗衣机能提高洗涤效率 20%，消耗电为 450W。有的采用了防缠绕棒和波浪式洗衣桶，洗涤时间节省了 80%。

（3）欧洲。欧洲的洗衣机行业以德国、英国、意大利和法国为代表。德国生产的洗衣机主要是设有加热装置的滚筒式洗衣机，容量为 4～5kg；还推出了一款电子洗衣机，设有一个节电、节水、节洗涤剂的控制系统。英国推出的产品是新型洗衣机/干洗机，设有自动干燥传感器，这是一种快速、安全、节能的干燥处理系统。意大利生产喷雾式洗衣机，通过水流往复循环形成水雾来达到洗涤的目的，可根据衣物的多少自动调节水量和洗涤时间，节电 7%，节水 6%。法国主要产品是容量为 4～5kg 的顶开式滚筒洗衣机，一家法国公司开发出一种使用液体洗涤剂的新型洗衣机，可节省洗涤剂 20%～30%。

🦝49. 电视机节电的方法有哪些?

（1）看完电视后，不能用遥控器关机，要关掉电视机上的电源。遥控式彩色电视机不宜长时间处于暂时关机状态，遥控器上设有"暂停"按键，如果需要短时间关机，可以按下暂停按键，使电视机处于暂时关机状态；但暂时关机状态的时间不能过长，因为遥控关机后，电视机仍处在整机待用状态，还有电路在工作，如机内电子开关、指示灯等还在用电。一般情况下，待机 10h，相当于消耗 0.5kWh 的电。

（2）控制好对比度和亮度。一般彩色电视机最亮与最暗时的功耗能相差 30～50W，建议室内开一盏低瓦数的日光灯，把电视机的对比度和亮度调到中间为最佳，白天看电视选择拉上窗帘，可相应降低电视机亮度。

（3）控制音量。音量大，功耗高，如果增加 1W 的音频功率，电视机则相应地增加了 3～4W 的电耗。最好将音量调节到合适的程度。

（4）观看影碟时，最好在 AV 状态下。因为在 AV 状态下，信号是直接接入的，减少了电视机高频头工作，耗电自然就减少了。

（5）电视机不使用时套上防尘罩，因为灰尘多了就可能漏电，增加电耗，还会影响画面及伴音质量。

🦝50. 液晶电视省电吗?

根据相关统计，如果每天少开 0.5h 电视机，一台电视机每年可以节电约 20kWh，相应减排二氧化碳 19.2kg。如果全国有 1/10 的电视机每天减少 0.5h 可有可无的开机时间，那么全国每年可节约电量 7 亿 kWh，减少二氧化碳排放 67 万 t。

《平板电视能效限定值及能效等级》已于 2010 年 6 月 30 日发布，2010 年 12 月 1 日起正式实施。根据这一标准，平板电视能效分为三级，一级为节能产品的目标值，应为当前市场同类产品的最高水平；二级为节能产品评价等级，指标设定应高于产品市场平均水平；三级为市场准入等级，指标设定主要用于淘汰市场上高耗能产品。

这个标准涵盖的产品包括220V，50Hz电网下普通电视，含有液晶和平板电视标准。这个标准评价体系有两个参数，即平板电视能效指数和被动待机功率，能效指数是能源效率，指的是平板电视屏幕发光强度和能耗的比值，它的物理意义是指光电转换效率。液晶电视与等离子电视是分开的，液晶电视能效指数：一级1.4，二级1.0，三级是0.6；等离子电视：一级1.2，二级1.0，三级0.6。三级能效指数标准出台以后，不达三级产品认为是不合格产品。

工业和信息化部电子技术标准化研究所、中国电子商会也推出了"CESI平板电视节能认证"。各大电视生产厂家加强了节能型平板电视的研发力度，市面上的液晶电视，很多也以节能作为一个重要的卖点。

液晶电视尺寸越大，耗电量也越多。相关机构抽检的结果显示，32″液晶电视平均功耗115W，37″平均功耗160W，40/42″平均功耗200W，46/47″平均功耗245W，52″大屏幕平均功耗270W。

LED液晶电视，是指以LED作为背光源的液晶电视，仍是LCD液晶电视的一种，它用LED光源替代了传统的荧光灯管。由于LED灯比荧光灯耗电少，LED液晶电视更省电，经测试，一款40″LED液晶电视功耗为150～170W。

51. 什么是微波炉的能效等级？

微波炉的能效等级国家标准《家用和类似用途微波炉能效限定值及能效等级》GB 24849—2010于2010年12月1日开始实施，在GB 24849—2010标准中规定了家用微波炉的能效等级、能效限定值、烧烤能耗限定值、待机功耗和关机功耗限定值、目标能效限定值、节能评价值，以及具体的试验方法和检验规则。

（1）能效等级

微波炉的能效等级分为5级，如表5-17所示。其中3级为节能评价值，达到3级的产品就是先进、高效的产品。5级则为非能效限定值，低于 5 级的产品属于淘汰产品。标准明确规定了能效等级的目标评价值，在微波炉能效标准实施两年后，即从 2012 年 12 月 1 日起，能效限定值将升格为现在的 4 级。这也就意味着，2012 年 12 月 1 日起所有现有的 5 级产品都将被淘汰出局。

微波炉能效等级　　　　　　　　　　　　表 5-17

微波炉能效等级	效率值(%)
1	62
2	60
3	58
4	56
5	54

（2）效率

效率值是归档能效等级的直接依据，不同能效等级的背后是不同的效率值区间，一旦某一型号的效率值被确定下来，那么其所在的效率值区间、该型号归为哪一能效等级也同时明确。微波炉能效等级与效率值已列入表 4-14 中。

（3）烧烤能效

微波炉大多带有烧烤功能，能效标识也向消费者说明了产品烧烤能耗情况，并给出烧烤能耗这一指标。

GB 24849—2010 同时规定烧烤能耗的限定值，也就是微波炉烧烤功能的最大允许能耗值的单位是 Wh。具体而言，具有烧烤功能的微波炉，每度温升的能耗不应大于 1.4Wh，也就是烧烤温度每升高 1℃，烧烤耗电量不得超过 0.0014 度。同样，烧烤能效限定值的目标评价值也将在本标准实施两年后（即从 2012 年 12 月 1 日起），烧烤能效限定值将减小为 1.2Wh，也就是烧烤温度每升高 1℃，烧烤耗电不得超过 0.0012kWh。

52. 微波炉的节电方法有哪些？

微波炉是效率较高的电热器具，微波炉的节电方法有：

（1）冷冻食物要先解冻

冷冻食物在进微波炉之间，最好先进行自然解冻。食物的初始温度越高，微波炉加工所需要的时间越短，因而越省电。

（2）食物的大小要适宜

食物吸收微波的过程是：先由厚约 1cm 的食物表层吸收微波的一半，再由表层下厚约 1cm 的内层吸收余下微波的一半。如此下去，越是食物的中心，所吸收的微波就越少。当厚度超过 5cm 时，食物中心就要靠热传递来完成烹饪，相应延长了烹饪时间，所以在实际烹饪时，食物块不宜太厚、太大。

食物的几何形状对烹饪也的一定的影响。形状规则的食物在炉中可以均匀受热；形状不规则的食物，在烹饪时，较薄或较窄小的部分会产生过热现象。因此，在实际烹饪中，食物应切得比较规矩，大小厚薄基本一致为宜。

（3）掌握好食物的加工量

每一种型号的微波炉，都有一个最佳的食物加工量，如果少于这个加工量，就会多用电。例如，一台微波炉食物最佳加工量为 1kg，经测定，烹饪两块 0.5kg 的猪肉需要 3.6min，单独烹饪一块 0.5kg 的猪肉需要 2min。因此，应尽量按最佳加工量来安排烹饪，这样可以节电。

（4）注意食物的比热和密度

不同食物的比热不同，同样的温升对于不同的食物来说，所需的热量不同。例如，比热为 1 的水和比热为 0.5 的脂肪，当把它们升高到同样的温度，水需要的热量是脂肪需要热量的两倍。因此，在实际烹饪中。应注意按照食物的比热来确定烹饪时间，可以节约电能。

一般来说，密度大的食物比密度小的食物所需的烹饪时间长。例如，带骨头的肉、鱼烹饪时，由于骨头吸收的微波少，并且是热的不良导体，所以骨头附近的肉就熟得慢一些，这也是在实际烹饪时要注意的问题。

53. 什么是电磁灶的能效等级？

电磁灶的能效等级国家标准《家用电磁灶能效限定值及能源效

率等级》GB 221456—2008 规定了家用电磁灶的能效限定值、节能评价值、能源效率等级的判定方法、试验方法及检验规则。GB 221456—2008 标准适用于一个或多个加热单的电磁灶，每个加热单的额定功率为 700～2800W。

GB 221456—2008 规定的家用电磁灶能效等级与效率值如表 5-18 所示。

家用电磁灶能效等级与效率值　　　　表 5-18

电磁灶能源效率等级	热效率值(%)	待机状态功率(W)
1	90	2
2	88	2
3	86	5
4	84	5
5	82	5

54. 电磁灶的节电方法有哪些？

一般电阻炉是直接利用电流通过电阻产生热量的，其热能通过对流和辐射传到锅底而使锅加热；而电磁灶的锅底本身就是热源，这就有效地避免了热能在传递过程中的辐射和对流损失，所以热效率就高。例如，煤炉的热效率为 25%，煤气灶和液化石油气灶的热效率为 45%。电饭锅的热效率最高可达 60%，而电磁灶的热效率可达 80% 以上。

电磁灶同微波炉一样，本身就是节能高效的新型灶具，电磁灶的节电方法有：

（1）采用薄形锅具

电磁灶要求使用导磁材料制作的平底铁锅，因为电磁灶消耗功率的大小与三个因素有关，即磁场强度、工作频率、锅具的磁导率和电阻率。前两个因素取决于电磁灶的设计性能。而锅具的磁导率和电阻率的大小与使用的锅具有关，与电磁灶消耗的功率成正比。

用某些铁磁性不锈钢材料制作烹饪锅时，可以在保证机械强度的前提下做得很薄，这样可以进一步提高锅具的发热功率，因此，使用薄形锅具，可以缩短烹饪时间，达到节电的目的。

（2）不要在灶面与锅底之间垫东西

电磁灶灶台表面平滑光亮，干净清洁。有的使用者为了保持其洁白度，在灶面与锅底之间衬垫纸、布等东西，这样将明显降低加热效率，多耗电能。

纸和布都不是铁磁物质，磁导率很低，势必影响锅具的感应加热。而且，锅具经过一定时间后，温度很高，也会引起纸或布起火燃烧，反而弄脏了灶台台面。

（3）电磁灶节电应用

电磁灶有热效率高的优点。在整个烹饪过程中，器皿自身发热加热食物，减少了热量传递的中间环节，使热效率大为提高。除了出色的高热效率，电磁灶与燃气灶相比还有以下优点：绿色环保。无燃烧废气排放、不消耗氧气、无噪声、无污染；无明火燃烧、无废气排放、无燃烧泄露，可避免人员及环境安全隐患，比传统的燃油、燃气炉具更安全，扩大了场地使用限制（例如地下室、高层建筑的顶楼厨房）；减少部分送风和排风装置的工程施工量，免除了天然气管道的施工和配套费用，这部分费用也是一笔很大的开支。

2010年北京某大学在家园教工食堂试验使用了商用电磁灶，到2010年9月全部更换完毕，所以2010年仍有部分液化气灶在使用。对比2009年和2010年的能源费用（电费＋液化气费）/营业额数据见表5-19，2010年电费和液化气费占营业额的比值下降了约一半，如果一次性全部更换为电磁灶，节约的比例会更高。

电磁灶部分替代液化气灶效益对比　　　　表 5-19

年度	营业额（元）	电费（元）	液化气费（元）	（电费＋液化气费）/营业额
2009	1350447.86	12650.93	52230	4.80%
2010	1505307.28	26107.13	10730	2.45%

可以将用气和用电的价格对比，分别以使用相同规格燃气灶和电磁灶所产生的费用计算如下：以全功率使用1h计算，食堂普遍使用的中餐炒灶单眼每小时用气约6m³；相应的电磁炒灶单眼功率

为 12kW，学生食堂和教工食堂的能源价格不同，分别计算。

学生食堂天然气价格为 2.05 元/m³，电价为 0.4883 元/kWh，用气费用为 2.05×6＝12.3 元/小时；用电费用为 0.4883×12＝5.9 元/t。后者仅为前者的 48％，相当于比原来节约了 52％ 的费用。

教工食堂天然气价格为 2.84 元/m³，电价为 0.6683 元/kWh，用气费用为 2.84×6＝17.04 元/h；用电费用为 0.6683×12＝8.02 元/h。相当于比原来节约 53％ 的费用。

实际使用中，考虑到电磁灶热效率远远高于燃气灶，燃气灶改造为电磁灶后所节约费用的比例应该更高。

该大学饮食服务中心 2010 年度总收入约为 2 亿元，燃气费金额为 4128018 元。如果把所有燃气灶具全部改造为电磁灶，2011 年总收入预计仍为 2 亿元，改造为电磁灶后按节约 50％ 费用计算，每年将为中心节省约 200 万元成本。

55. 电取暖器的节电方法有哪些？

电取暖器功率要选择合适。电取暖器都有功率调节旋钮来调节输出功率，选择时不一定功率小就节电。因为小功率的取暖器供热能力差一些，不得不长时间全功率运行；而选用大功率的取暖器，开始用全功率升温，再改为小功率保温，有可能少用电。例如，远红外辐射式电取暖器的功率规格见表 5-20。

远红外辐射式电取暖器的规格　　　　　　　　　　表 5-20

电热元件支数	总功率（W）	功率调节分档（W）	辐射管尺寸（mm）
1	500	0,500	φ12×250
2	1000	0,500,1000	φ12×250
4	2000	0,1000,2000	φ14×400
3	3000	0,1000,2000,3000	φ14×400
4	4000	0,1000,2000,4000	φ14×400

对于石英管式取暖器，不能将水溅到电热元件表面，这样会降低可见光向远红外线转化的效率。当反射罩被尘垢沾污时，也会使

取暖器辐射效率减退热量下降。因此，要及时清洁反射罩，使之保持光亮。对于对流式取暖器，要经常检查其进气口和排气口，看有无杂物堵塞，如果有则要及时排除。PTC等取暖器的过滤器要经常清扫，一般使用一周后要清洁一次，否则会影响供暖能力。

另外。使用取暖器的房间密闭性要好，凡是使用电取暖器的房间应具备一定的保温条件，室内不应有与外界相通的通风口，有时为了增加保暖效果，在房门及窗户上挂上较厚的门帘窗帘，以免热量流失。

56. 电饭锅的节电方法有哪些？

（1）合理选择电饭锅的功率。电饭锅的耗电量与电功率与用电时间的乘积成正比，在耗电量一定时，选用的电功率小，用电时间就长，热量损失就增多，热量的有效利用率就降低。因此，选用电功率过小的电饭锅不仅不节电，反而要多耗电。国产电饭锅的功率与煮米量、容积、可供用餐人数的关系列入表5-21中，供选择时参考。

电饭锅的参数

表 5-21

额定煮米量		额定功率	内锅容积	可供用餐人数
（kg）	（L）	（W）	（L）	（人）
0.48	0.6	350	1.2	1～3
0.8	1.0	450	2.4	2～4
1.2	1.5	550	3.6	3～6
1.6	2.0	650	4.8	5～8
2.0	2.5	750	6.0	7～10
2.4	3.0	950	7.2	8～12
2.88	3.6	1150	8.4	10～14
3.36	4.2	1350	9.6	12～16

（2）尽量提高热效率。淘米用其他容器，不要用内锅，以免内锅经常受碰撞变形，影响热效率而延长用电时间，多耗电能。清洁内锅时，要注意在内锅与电热盘之间不应留有饭粒、尘埃等杂物，

发免影响电饭锅的热效率。

（3）利用余热。用开水打湿毛巾，覆盖在通电的电饭锅锅盖上，可以起到保温层的作用，加快煮饭速度，节约用电。另外，用电饭锅煮粥、做汤时，可由人工控制，在煮开数分钟后，断开电饭锅电源，充分利用余热再熬数分钟。既可节电，又能避免食物太多时汤汁外溢或汤汁烧干食物烤焦。

57. 电熨斗的节电方法有哪些?

（1）集中熨烫衣料

普通型电熨斗底板温度是随通电时间而增加的。300W 的电熨斗，通电 1min 后，升温 20℃；通电 8min 后，底板温度可达150℃；通电 10min，底板温度就上升到 200℃。而各种衣料熨烫需要的温度高低不同，一般说来，化纤织物为 60～125℃，毛织物为150～180℃，棉织物为 180～200℃。在使用电熨斗时，可以将需要熨烫的衣料集中起来，按织物分类，先烫需要较低温度的，例如化纤类；再烫需要较高温度的，例如棉织物。这样，既不会烫伤衣料，也可以节电。

（2）利用余热

电熨斗切断电源后，利用底板和电热元件的余热可以节电。可先烫需要较高温度的衣料，待烫完后，拔下电源插头，利用余热再烫需要温度较低的衣料。在熨烫毛料制服时，待电熨斗升温到所需的高温，开始烫正面的毛料，约 1min 后可关断电源，等正面熨烫完后，利用余热来烫制反面的其他种类布料。

58. 电烤箱的节电方法有哪些?

一般家庭选用功率为 650～750W 的电烤箱就可以满足需要了。烤制整只鸡鸭，或是其他大块的食物，所需的时间就长，耗电量就多。因此，每次烤制食物时，不仅要注意数量的多少，而且要尽量将食物分割成适当的块份，这样就可以在较短时间内完成烤制，以节约用电。

（1）提高热利用率

电烤箱的炉体结构及材料、发热元件的种类及布置、烤盘的表面状况等，都是影响热量利用效率的主要因素。

烤盘有黑色的耐热搪瓷盘，也有铝盘。烤盘的深度为 25～40mm，表面要光滑，四角呈圆弧状。以搪瓷烤盘为佳，因为黑色的搪瓷烤盘比光亮的铝烤盘吸收热量多 7%～9%，热效率高。

（2）减少停炉次数

电烤箱有热惯性，通电时要 2～3min 加热器表面才能达到正常工作温度，断电时也不会立即冷下来。因此，要准确掌握食品烘烤时间。被烤食品送入箱内后，使加热器连续工作，直至烤好。因为电烤箱在停止工作后，再恢复工作，需要一定的预热时间以克服其热惯性，从而多消耗电能。

（3）保证炉门密封

为了提高电烤箱的热效率，防止箱内热量外泄，需要保证炉门的密封性。因为炉门上温度较高，又不宜安装使用衬垫，一般采用弹簧门结构，它依靠拉簧的弹力使门紧压在门框上。使用较长时间的电烤箱，要注意检查拉簧是否有力，发现弹力不够，要及时更换。

（4）保证内腔的光亮清洁

电烤箱的内腔在成型后都进行了表面处理，内腔进行表面处理的目的在于形成具有较高反射率的表面，使加热器的部分辐射热反射到被烤食物上，以提高整个箱体的热效率。

电烤箱附件中的网格栅的作用是搁放鱼、肉等食品，使鱼、肉在烘烤时不被浸泡在油汁中，也避免粘在烤盘上。网格栅用小钢丝焊接而成，表面镀铬并抛光。

电烤箱使用完毕后，要及时清洁内腔、附件及炉门，保持反射面的光亮清洁。

参 考 文 献

[1] 张万奎、张振. 节电技术及其应用［M］. 北京：中国电力出版社，2013.

[2] 张万奎，丁跃浇. 维修电工操作技巧［M］. 北京：中国电力出版社，2013.

[3] 张万奎. 现代家庭用电和节电200问［M］. 北京：科学出版社，1995.

[4] 北京市技术交流站. 电工考工应知题解［M］. 北京：中国农业机械出版社，1981.

[5] 北京供电局用电管理处. 实用电工问答（供用电部分）［M］. 北京：水利电力出版社，1982.

[6] 王曹荣. 电工安全必读［M］. 北京：中国电力出版社，2013.

[7] 刘介才. 工厂供电（第四版）［M］. 北京：机械工业出版社，2008.

[8] 纪江红. 世界重大发明发现百科全书［M］. 北京：北京出版社，2005.

[9] 麻友良. 汽车电路分析与故障检修［M］. 北京：机械工业出版社，2006.

[10] 凌永成. 汽车电气设备（第2版）　［M］. 北京：北京大学出版社，2010.

[11] 湖南大学，湖南省电力行业协会. 大众用电，2012（1）、（4），2013（11）.

[12] 台湾区照明灯具输出业同业公会，中国照明学会. 海峡两岸第十二届照明科技与营销研讨会报告暨论文集，2013.